基于水土交融的土木、水利与海洋工程专业系列教材

SHUIWEN QIXIANGXUE

水文气象学

谭学志　刘丙军　胡茂川

蔡锡填　代　超　等◎编著

中山大学出版社
SUN YAT-SEN UNIVERSITY PRESS
·广州·

图书在版编目（CIP）数据

水文气象学/谭学志，刘丙军，胡茂川，蔡锡填，代超等编著.—广州：中山大学出版社，2024.5
基于水土交融的土木、水利与海洋工程专业系列教材
ISBN 978-7-306-08083-7

Ⅰ.①水…　Ⅱ.①谭…　②刘…　③胡…　④蔡…　⑤代…　Ⅲ.①水文气象学—高等学校—教材　Ⅳ.①P339

中国国家版本馆 CIP 数据核字（2024）第 086671 号

出 版 人：王天琪
策划编辑：李海东
责任编辑：李海东
封面设计：曾　斌
责任校对：梁嘉璐
责任技编：靳晓虹
出版发行：中山大学出版社
电　　话：编辑部 020-84111996，84113349，84111997，84110779
　　　　　发行部 020-84111998，84111981，84111160
地　　址：广州市新港西路 135 号
邮　　编：510275　　　　传　真：020-84036565
网　　址：http://www.zsup.com.cn　　E-mail:zdcbs@mail.sysu.edu.cn
印 刷 者：佛山市浩文彩色印刷有限公司
规　　格：787mm×1092mm　1/16　13.5 印张　350 千字
版次印次：2024 年 5 月第 1 版　2024 年 5 月第 1 次印刷
定　　价：56.00 元

前　言

　　水文气象学是应用气象学与水文学的原理和方法研究水文循环与水量平衡中降水、蒸发、径流、土壤水有关问题的一门应用学科，是气象学与水文学的边缘与交叉学科，既是气象学的一个分支，又是水文学的组成部分。在全球变暖和地表人类活动剧烈影响的背景下，水文气象学是新时期水文科学和大气科学研究中最活跃和最受重视的领域之一。本书是在中山大学水文学原理、气象学与气候学课程多年建设和发展的基础上，融入新时期生态保护、"双碳"目标、灾害防控等重要内容，充分总结多年的课程思政和专业课教学实践经验，吸收水文学和气象气候学最新研究成果，根据新一代土木、水利、海洋、市政、交通、给排水等工程专业培养方案相关要求，针对当前涉水专业本科教学实践的新特点和新要求编写而成。本书主要包括水文循环的大气过程、水汽输送、降水、蒸发与散发、径流形成原理、洪水和干旱、气候变化与水文气象等内容。在编写过程中，坚持理论联系实际、水文学和气象气候学相结合的原则，力求内容体系完整，原理清晰，重点突出，深入浅出，通俗易懂，强化涉水专业应用基础，并尽量反映当前国内外水文气象学发展的新理论和新成果。

　　本书第1、2章由胡茂川、谭学志、蔡锡填编写，第3、4章由谭学志、代超编写，第5、6章由刘丙军、谭学志编写，第7、8章由谭学志编写。由谭学志对全书进行统稿，并最后审定。

　　中山大学土木工程学院各级领导和机关对本书编写给予了大力支持，土木、水利和海洋工程学科的各位同事长期以来为水文气象课程教学和教材建设付出了艰辛劳动，对本教材的编写提出了许多宝贵的意见。在本教材编写过程中，水资源水生态团队研究生刘亚欣、麦杞莹、冯莹莹、李颖、莫浩源等同学在素材收集、图表绘制和文字编辑等方面做了大量工作。本教材的编写和出版得到中山大学 2023 年教学质量工程建设项目资助，在此一并向他们表示衷心的感谢。

由于编者水平有限，书中不足之处在所难免，望读者批评指正。

编著者

2023 年 12 月

第3章　水汽输送 /061

第1章 水文气象学概论

1.1 水文气象学学科概述

1.1.1 水文气象学的大气科学基础

水文气象学是研究水文循环、水量平衡与气象条件相互关系和作用的学科，由水文学科与大气学科交叉、渗透形成。

学习水文气象学要先了解大气与大气学科的基本概念。大气是包围地球的空气的总称，是地球上一切生命赖以生存的重要物质基础与环境条件。气象是大气各种物理、化学状态和现象的统称。气象学是研究气象变化特征和规律的学科，是水文气象学的基础之一。Meteorology(气象学)一词源自古希腊文，由 meteo-roes(上空的)和 logos(推理)构成。大气科学(Atmospheric Science)是研究大气各种物理、化学现象及其演变规律，以及如何利用这些规律为人类服务的一门学科。现代大气科学极大扩充了传统气象学的界限，其研究对象不仅覆盖整个地球表层和大气圈，还包括大气圈与水圈、岩土圈、生物圈等其他圈层之间的复杂关系与相互作用。现代大气科学大量吸收了雷达、卫星遥感、计算机模拟和数值计算等现代信息技术，在发展国民经济、提高人民生活质量和保护生态环境等方面发挥越来越大的作用。大气科学的主要分支有大气探测学、气候学、天气学、动力气象学、大气物理学、大气化学、应用气象学等。

天气和气候是大气学科的两个基本概念。天气以气象要素值和天气现象表征瞬时或较短时期的大气状况。天气学(Synoptic Meteorology)是研究天气形成和演变规律的一门学科，包括天气系统、天气形势和天气现象形成演变规律及分析预报方法。气候则指一个地区多年的大气状况，包括平均状况和极端状况，常通过各种气象要素的统计量来表示。气候学(Climatology)是研究气候形成、分布、变化规律及其与人类活动相互关系的一门学科。小气候指由于下垫面性质以及人类和生物活动的影响而形成的近地层大气的小范围气候，是水文气象学的重要理论基础之一。天气学、气候学和微气候学都是气象学和大气科学的重要分支领域，是学习和研究水文气象学必须掌握的理论基础知识。

1.1.2 水文气象学的水文学基础

水循环(water cycle)又称水文循环(hydrologic/hydrological cycle)，是指地球上各种形

态的水，在太阳辐射、地球引力等的作用下，通过水的蒸发、水汽输送、凝结降落、下渗和径流等环节，不断发生的周而复始的运动过程。即水相不断转变的过程，如地面的水分被太阳蒸发成为空气中的水蒸气。水在地球的存在模式有固态、液态和气态。地球中的水多数存在于大气层、地面、地底、湖泊、河流及海洋中。水会通过一些物理作用，如蒸发、降水、渗透、表面的流动和地底流动等，由一个地方移动到另一个地方，如水由河川流动至海洋。

水循环本身是一种生物地球化学循环，而地表及地下径流是其他生物地球化学循环的一个关键组成部分，它负责将侵蚀的沉积物和磷从陆地运送到水体之中。海洋的盐度来自陆地上溶解盐的侵蚀和运输。湖泊的人为富营养化主要是由于耕地中使用含有丰富磷的肥料且遭遇大雨时，此类肥料被冲至河流之中。地表及地下径流在氮循环中亦有举足轻重的作用，它们皆为水中生物带来大量的氮化物。然而，氮化物亦产生一个很严重的问题，它们在大气中与其他物质反应，形成臭氧和酸雨等污染物，对空气质量和生态系统造成危害。例如，当农场把含有硝酸盐的肥料经河流系统排放至墨西哥湾时，在密西西比河的出口会产生一个缺氧的海洋区域。此外，径流在碳循环中也发挥着重要作用，同样是运输一些已被侵蚀的岩石及泥土。

水循环指水在一个既没有起点亦没有终点的循环中不断移动或改变存在的模式。当水体在地球中移动时，将会在气态、固态和液态三个状态中不断转变。水由一个地方移动至另一个地方所需的时间可以以秒作单位，亦可以千年计。而地球中的总水量约为 $1.37 \times 10^9 \, km^3$，其中包含海洋的水量。尽管水体状态在水循环中不断改变，但地球的总水量基本不变。

水体会通过各种物理变化或生物物理变化而产生移动。蒸发和降水在整个水循环中担当着非常重要的角色，这两个过程每年导致 $505000 \, km^3$ 的水产生移动，这亦令地球中大部分水产生移动。河流所带动的水流只属于中等，而由冰直接升华至水蒸气更是非常少。

水循环的环节(图 1.1)有：

(1)降水。一些空中凝结的水从空中落下至地面或海面，下雨则为最常见的降水现象。雪、冰雹、雾、霰和雨夹雪也都是降水现象。每年大约有 $505000 \, km^3$ 水会通过降水返回到陆地或海洋之中，其中返回海洋的有 $398000 \, km^3$。

(2)植物截留。当发生降水时，部分水分会被植被所拦截。通常这些水会再次蒸发至大气层之中，只有少数被拦截的水分落至地面。

(3)融雪。当雪融化时，则会产生水流。

(4)径流。指降雨及冰雪融水或者浇地的水在重力作用下沿地表或地下流动的水流，按流动方式可分为地表径流和地下径流(下述)。当发生径流时，水会渗入地下、蒸发入空气、储存于湖泊或水库，或被人为提取作农业用途或作其他用途。

(5)下渗。指水由地表流入地下。当水渗入土壤后，会令土壤变得湿润或变成地下水。

(6)地下径流。由天然的或者人工的补给区向着天然的或人工的排泄区流动的地下水称为地下径流。大多数地下水总是处在不停的流动中。当地下水分布于埋深很大的承压含水层、大型盆地的深层、较封闭的单斜储水构造的深处倾伏端以及地势极低平的平原区及山间盆地中央时，其径流流速相当缓慢，甚至处于几乎停滞状态。

（7）蒸发。指发生在液态水表面的水的相变过程，即水从液态转变为气态的过程。蒸发往往涉及植物的蒸腾作用，但整体上仍然会把它们计算为蒸散量。在大气层中，大约90%的水来自蒸发，另外的10%来自植物的蒸腾作用。

（8）升华。指固态水（冰）或雪直接转变成气态（水蒸气）。

（9）水汽输送。指大气中水分因扩散而由一地向另一地运移，或由低空输送到高空的过程。

（10）凝结。指水蒸气在空气中转变成液态的水，从而产生云和雾。

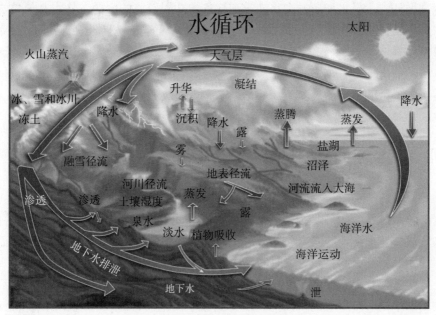

图 1.1　自然水循环过程

（资料来源：http://www.usgs.gov/media/images/tianranshuixunhuan-water-cycle-chinese.）

在过往几个世纪中，由于全球变暖的关系，降水及蒸发的速度加快。暖空气亦提供了一个比较大的空间储存水分。所以水循环变得越来越剧烈。2007 年，联合国政府间气候变化专门委员会（IPCC）在科学范畴上一致通过一个关于政策制定的总结，其目的是要在 21 世纪继续加强对水循环的监测和管理。全球变暖会增加全球部分地区的降水量。但在 21 世纪，亚热带地区的降水量将会下降，令发生干旱的机会增加。纬度越高、越接近两极的亚热带地区（如地中海盆地、南非、澳大利亚南部，以及美国西南部等），干燥的程度越高。赤道地区的气候倾向于变湿，而年降雨量亦相应上升。

冰川退缩是一种水循环的改变。它是指由于全球逐渐变暖等因素，冰川的面积和体积都明显减少，有些甚至消失的现象。一些人为的活动亦可以改变水循环，如农业发展、改变大气层的化学成分、兴建水坝、伐木和造林、从井提取地下水、从河流提取用水、城市化建设等。

水循环的能量主要来自太阳辐射。全球有 86% 的水分蒸发是来自大海，大海则通过蒸发降低温度。当没有来自蒸发的冷却作用时，温室效应会令地球表面温度升至 67 ℃，从而使地球变成一个更暖的行星。

1.1.3 水文气象学的研究对象与任务

水文气象学是水文学与气象学的交叉学科，是应用气象学的原理和方法研究水文循环和水分平衡，与降水、蒸发有关问题的一门学科。水文气象学既是气象学的一个分支，又是水文学的重要组成部分，其研究成果主要应用于河道和水库的防洪兴利、水资源的开发利用、水利水电工程的规划设计和生态环境保护等方面。

在水文循环中，降水和蒸发为水文学和气象学共同研究的问题。从水文气象学的角度研究降水和蒸发，主要用途有与洪水预报相关的降水的监测和预报、可能最大降水量估算、蒸发量估算、水资源评价、灾害防控等。随着气象雷达、气象卫星等探测技术的发展，降水监测的水平有了很大提高，为降水短时预报与洪水预报的结合创造了条件，使水文气象学得到了新的发展。

1.2 水文气象学的重要性

水文气象系统作为一种复杂的、动态变化的非线性系统，容易受到诸多因素的影响，包括诸如气候、地形、地貌等自然因素以及由人类活动引起的直接和间接因素，而且各种因素相互作用、相互影响，不论在时间上还是空间上都表现出强烈的非线性、非平稳性和随机特征。水文气象要素变量的平均变化在供水、地下水补给、水力发电、农业活动和灌溉等人类活动中是非常重要的。因此，水文气象学的重要性主要体现在洪水预报和防洪、干旱监测和灌溉管理、水资源管理以及气象灾害预警和应急响应等方面(图 1.2)。

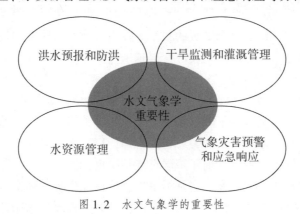

图 1.2 水文气象学的重要性

1.2.1 洪水预报和防洪

洪水是一种自然灾害，往往给人们的生命财产和社会经济造成巨大损失。通过研究气象和水文过程的相互作用，可以预测未来的气象和水文变化趋势，提前预测洪水的发生，及时发出警报，减少损失。例如，利用遥感技术、气象雷达、卫星云图等手段监测降雨量、水位、水流速度等水文数据，进行定量分析和建模，对可能发生的洪水进行预报和预警，帮助当地政府和居民做好防范工作。

防洪是指通过建设防洪设施、制定防洪预案等手段来防止洪水对人们的生命和财产造成损害。在我国，由于山区面积大，地势复杂，气候多变，加之人类活动对自然环境的干扰，洪水灾害频发，给人们的生命财产带来严重威胁。通过水文模型模拟不同洪水流量下的河道流速和水位，根据这些数据设计和改进防洪设施，使其能够有效地抵御不同程度的洪水。此外，还可以通过研究气候变化对洪水的影响，提高防洪工作的预警和应对能力。

1.2.2　干旱监测和灌溉管理

干旱是指区域内水分供应不足的情况，其严重程度取决于气候、降雨量、土壤水分储备、地形等多种因素。利用遥感技术、气象观测、水文模型等手段，可以实时监测气象和水文变化情况，对干旱情况进行评估、预测和预警。

灌溉是农业生产中重要的水利措施，可以提高作物产量和质量，保证粮食安全和农民收入。利用水文模型可以模拟土壤水分储备和蒸散发量，根据气象预测结果制定灌溉计划和策略，精确控制灌溉用水的时间和量，避免水分的浪费和过度利用。通过合理的灌溉管理，可以减轻地下水过度开采、土地退化和环境污染等问题，同时也能提高农业生产的效益。

通过干旱监测和灌溉管理，既能帮助政府和农民采取有效的应对措施，又能保障农作物生产和居民生活用水的需求。

1.2.3　水资源管理

水资源管理是指通过科学的方式，对水资源的开发、利用、保护和管理进行规划和调控，以保证社会经济可持续发展和生态环境的良好状态。水文气象学在水资源管理方面也扮演着非常重要的角色，主要表现在以下方面：

（1）水资源评估与规划。水文气象学通过对气象、水文等相关数据的统计、分析和模拟，对水资源（包括总量、质量、空间分布、季节变化、供需状况等）进行全面的评估和规划。通过对水资源的科学规划，采用水文模型模拟地下水的补给量和排泄量，可以有效地避免水资源的过度开发和污染，提高水资源的利用效率和保护水资源的可持续性，减轻水资源的压力和环境的负担。

（2）水资源监测与预测。通过建立气象、水文监测站点和遥感技术等手段，实现实时、精准地监测水文气象变化，及时预测水资源的供需状况。同时，利用水文模型等技术，对水文气象过程进行预测，以便对未来水资源的供需状况进行合理预测，有效地避免水资源的短缺和浪费，保障社会的用水需求。

（3）水资源应急管理。水文气象学研究还可以为水资源应急管理提供重要的支持。当水资源供应受到突发性事件(如干旱、洪水、地震等)的影响时，水文气象学可以通过实时监测、预测、预警和预报，为应急管理部门提供科学的决策支持，指导合理的应急措施，最大限度地减轻灾害造成的影响。

1.2.4　气象灾害预警和应急响应

气象灾害是指由气象因素(包括台风、龙卷风、暴雨、洪涝、干旱、高温等)引起的灾害。在面对这些气象灾害时，及时准确地进行预警和应急响应是非常重要的。水文气象学在气象灾害预警和应急响应方面发挥着至关重要的作用，具体表现在以下方面：

(1)气象灾害监测和预测。通过建立气象监测网络和气象预报模型，对气象灾害进行实时监测和预测，及时发布预警信息。例如，当台风或龙卷风即将来袭时，对气象数据进行监测和分析，预测出其路径、强度、预计到达时间等信息，并及时发布预警信息，提醒公众采取相应的应对措施。

(2)气象灾害应急响应和风险评估。水文气象学研究可以为气象灾害应急响应提供支持，并对气象灾害风险进行评估。例如，当暴雨导致地区内涝严重时，通过建立水文模型，预测洪水的形成和传播情况，提前制定应急响应预案，协调各部门及时组织抢险救援工作，最大限度地减少灾害损失。此外，建立气象灾害风险评估模型，评估不同气象灾害对社会经济和生态环境的影响程度，为政府制定相应的应对措施和预防措施提供科学依据。

1.3　水文气象研究历程

1.3.1　中国水文气象学进展

中国在大气循环、降水和气候方面的理论研究和技术应用等方面齐头并进，逐步支撑和满足生产和建设发展的需要。大气循环、降水和人工影响作为气象的主要组成部分，尤其与人类趋利避害、开发水资源和气象科技转化为现实生产力紧密相关。目前，大气降水和人工影响气候方面的研究和业务工作正在进行，在中国气象局的指导下，走上了比较健康发展的轨道。经过多年的发展、研究、探索和业务作业，在科研和服务两方面都取得了很大成绩，为进一步提高科技水平奠定了基础。

当前，国家级的科研资金、设备及科技人员投入不足。对此，气象部门、中国科学院相关的研究所、有关高等院校应集中力量共同制定国家级科研计划，筹建国家级外场试验研究基地，增加投入，适当引进国外先进的探测仪器设备并共同协助配置成套，组织攻关，开展针对中国实际的降水云系发生发展的自然过程和催化潜力、催化技术方法和效果检验等方面的应用基础理论和业务作业技术研究。先进行专题研究，然后开展大型综合性试验，逐步深入和发展。大气、降水和气象工作的开展，应依托国家气象事业现代化主干系统的建设，在条件适合的地区，外场试验基地应与中小尺度基地的建设相结合，互相补充，共同促进，以充分发挥效益。

大气降水是中国水资源的主要来源，而蒸发又是水资源损失的主要途径之一。因此，作为气候基本构成要素和气候变化重要内容的大气降水和潜在蒸发变化成为中国天然水资源空间分布和时间演变的决定性因素。中国的降水量时空分布极不均匀，常出现极端现象（如干旱、洪涝），给流域水资源开发、利用和管理带来了很大困难。中国水资源系统对气候变化的响应是十分脆弱的，一些河流的径流量对降水量变化的响应非常敏感，很多流域很小的降水变化就可以引起很大的河川径流量和水资源供应量变化。更重要的是，中国人口众多，经济发展迅速，水消耗不断增加，许多地方面临着水资源短缺问题，在干旱和半干旱、半湿润地区尤其突出。此外，社会对气候变化及变异的适应能力还比较弱，在经济欠发达的中西部地区尤其如此。这些都是气候变化往往引起重大洪旱灾害损失的重要因素。未来的气候将继续变化，自然的年际、年代际气候波动永无停息，人类活动引起的气候变化也必须加以考虑。伴随气候平均态的变化，极端天气气候事件（如强降水和干旱）频率也可能发生变化，降水的频率可能改变。未来的气候变化可能加剧中国的水资源供给压力，改变大气降水的空间分布和时间变异特性、水资源空间配置状态，直接影响到水资源稀缺的华北等地区的可持续发展和人民的生活质量。

显著的气候变化及其大气水资源变化已引起国内外水文、水利学者和有关部门的高度重视。针对水资源的可持续利用问题，国家已制定了许多战略和行之有效的措施。在第二次水资源综合规划工作中，对气候变化及其影响给予了一定考虑。随着更多有关气候和大气水资源演化科学事实的揭示，以及对气候变化机理和影响认识的深入，人们对这个问题重要性的认识将进一步提高。

1.3.2　国际水文气象学进展

人类活动对环境和气候的影响促使天气情况急剧变化。人为因素带来的全球气候变化日益成为国际社会关注的重大问题。气候变化将可能带来不可逆的全球尺度的气候系统的变化，引起降水、气温等一系列非规律性的水文气象的变化，给人类的生存环境带来难以估量的影响和挑战。绝大多数科学家认为，气候变化将主要给人类和地球带来巨大的灾难。为防患于未然，保护现有适宜的生存环境和气候系统，国际科学界先后发起了气候变化的研究计划（国际地圈-生物圈计划和全球环境变化的人类因素国际计划）。这些计划主要针对气候变化的科学问题，特别是 $10 \sim 100$ 年尺度气候变化的物理、化学和生物学过程及其可预测性，以及气候变化的影响与适应性对策。

目前，国际水文气象变化对全球的影响将是全方位、多层次和多尺度的，既存在正面影响，也存在负面效应。种种负面效应会给人类带来难以估量的损失，适应这种变化将付出相当高的代价，如：海平面上升将危及经济发达的沿海城市的发展；大部分热带、亚热带地区和多数中纬度地区普遍存在作物减产的可能；在水资源紧缺的地区，将面临更加严重的水资源短缺问题；受到传染性疾病影响的人口数量将增加；大暴雨事件和海平面升高引起的洪涝将危及许多低洼和沿海居住区。目前，已有一些技术被用于减缓全球温室气体的排放。这些技术的开发和转让对在世界范围内减缓气候变化具有重要的作用。

思考题

1. 水文气象学的基本概念？
2. 水文气象学研究的重要性具体体现在哪些方面？

● **本章参考文献**

郭纯青，方荣杰，代俊峰. 水文气象学[M]. 北京：中国水利水电出版社，2012.

周淑贞. 气象学与气候学[M]. 3 版. 北京：高等教育出版社，1997.

第 2 章　大气过程

本章在第 1 章概述水文循环系统基本概念，了解水文循环因素与大气过程之间的联系的基础上，重点介绍有关大气水汽存在和变化的基本特点，为第 3 章介绍水文循环中水汽输送这一重要环节做铺垫。

2.1　基本大气特性

2.1.1　大气组成成分

大气是由干洁空气、水汽和气溶胶粒子三种成分混合而成的。

2.1.1.1　干洁空气

大气中除去水汽、液体和固体杂质以外的整个混合气体，称为干洁空气。从地面到 25 km 高度范围内的采样分析看，干洁空气的主要成分是氮(N_2)、氧(O_2)、氩(Ar)，它们占干洁空气容积的 99.9% 以上；其余是不定量的二氧化碳、臭氧和其他微量气体氖、氦、氪、氢、氙等，它们所占总容积不到 0.1%(表 2.1)。

表 2.1　干洁空气的成分

气体种类	空气中的含量/%		气体种类	空气中的含量/%	
	按容积	按质量		按容积	按质量
氮(N_2)	78.09	75.52	氦(He)	5.24×10^{-4}	—
氧(O_2)	20.95	23.15	氪(Kr)	1.0×10^{-4}	—
氩(Ar)	0.93	1.28	氢(H_2)	5.0×10^{-5}	—
二氧化碳(CO_2)	0.03	0.05	氙(Xe)	8.0×10^{-6}	—
氖(Ne)	1.8×10^{-3}	—	臭氧(O_3)	1.0×10^{-6}	—

从地面到 90 km 高度范围内，干洁空气中的各种气体的容积百分比相当稳定。90 km 以上，大气的主要成分仍然是氮和氧；但从 80 km 开始，由于太阳紫外线的照射，氧和氮已有不同程度的离解；在 100 km 以上，氮已基本上都离解了。

干洁空气中，以氮、氧、二氧化碳和臭氧为最重要。

（1）氮。氮是大气中含量最多的成分，占干洁空气质量的75.52%。它是地球上生命体的基本成分，也是合成氨的基本原料。大量的氮能够冲淡氧，使氧不致太浓，氧化作用不过于激烈。氮在自然条件下可通过豆科植物根的固氮作用，被改造为易被植物吸收的化合物，它是植物的良好养料。

（2）氧。氧是大气中含量仅次于氮的气体，占干洁空气质量的23.15%，是动植物进行呼吸作用所必需的物质，也是人类呼吸、维持生命的极重要的气体，同时还决定着有机体的燃烧、腐败等过程。在大气中进行的各项化学变化中，氧通常起着重要的作用。

（3）二氧化碳。二氧化碳在大气中很少，仅占整个空气质量的0.05%，多集中在20 km以下，在20 km以上显著减少。它主要来源于有机物的燃烧、腐化和生物的呼吸。二氧化碳含量随时间和地点而变。在人口稠密的工业城市中，二氧化碳含量较高，可占空气总容积的0.05%以上；在农村则大为减少。冬季、夜晚和阴天时，空气中二氧化碳含量高于夏季、白天和晴天。大气中二氧化碳是森林绿色植物进行光合作用不可缺少的原料，有利于植物合成糖类和其他物质。然而，当二氧化碳含量达到0.2%～0.6%的时候，对人类就有害了。近100多年来，随着工业发展、人口增长、化石燃料燃烧量增大，大气中二氧化碳含量有逐年增长趋势。据中国气象局发布的《2019年中国温室气体公报》显示，全球二氧化碳浓度已突破有仪器观测以来的历史记录，截至2019年，CO_2浓度已达到$(410.5\pm0.2)\times10^{-6}$，为工业化前水平$(270\times10^{-6})$的152%。空气中二氧化碳增加，植物光合作用强度有所增长。二氧化碳对于长波辐射能的强烈吸收和放射，引起低层大气变暖，对气候产生一定的影响（温室效应）。

（4）臭氧。大气中臭氧的含量极少，而且变化也很大。它主要集中在20～30 km高的气层中。它能强烈吸收太阳紫外辐射，最强的吸收带位于0.22～0.32 μm的波长范围，对地球生物起到保护作用，使之免受过多的紫外辐射的伤害，而透过来的少量紫外辐射则可以起到杀菌治病的作用。因臭氧吸收紫外辐射，故有增温作用，使大气在40～50 km高度附近形成一个暖层。

2.1.1.2 水汽

大气中的水汽来源于江、河、湖、海及潮湿的物体表面，以及植物叶面的蒸发或蒸腾作用。大气中的水汽含量变化很大，按容积计算，水汽含量变化在0～4%之间，在低温干燥陆地上空接近于零，而在温度较高的洋面上空则达4%。大气中的水汽含量随纬度和时间也有变化，一般来说，低纬大于高纬，夏季大于冬季。由于大气的垂直运动，水汽一般从下垫面输送到上层，因此高度越高，空气中水汽含量越少。观测表明，大气中水汽主要集中在地面附近，在1.5～2 km的高度上即减少为地面的一半，在5 km高度已减少为地面的1/10，再向上含量就更少了。

大气中的水汽含量少，却是大气中唯一能发生相变的成分，是形成云、雨、雾、雪等天气现象的主要角色。水汽蒸发和凝结要吸收和散发潜热，又能强烈地吸收和放射长波辐射，直接影响着地面和空气的温度，并影响大气的升降运动。

2.1.1.3　气溶胶粒子

大气中气溶胶粒子是指悬浮于空气中的固态和液态的微粒，主要包括大气尘埃、悬浮在空气的其他杂质，还有水汽变成的水滴和冰晶，是低层大气中的重要成分。它们主要来源于自然界和人类活动，如土壤微粒、岩石风化、森林火灾、火山爆发、海浪溅沫形成的盐粒、陨石燃烧、宇宙尘等。

大气中的气溶胶粒子浓度因时间、地区、高度而异，一般是城市大于农村，陆地大于海洋，冬季大于夏季，白天大于夜晚。这些气溶胶粒子悬浮在空中，会使大气能见度变低，但对辐射的吸收和散射、云雾降水的形成、大气光学电学现象的产生都具有重要作用。

除了上述的正常成分之外，由于人类活动、工业和交通运输发展产生的一些含有害物质的污染物也进入了大气。这些污染物约有 100 种，一般可以概况为两大类：一类为有害气体，以气体状态存在于大气中，如二氧化硫、一氧化碳、氟化氢、硫化氢、碳化氢等；一类为灰尘烟雾，以固态或液态微粒悬浮在空气中，如煤烟、煤尘、水泥和金属粉尘、光化学烟雾等。这些污染物对人类和生物会造成极大危害，如氟化氢和二氧化氮污染会使柑橘叶片脱落，二氧化硫污染能使落叶松嫩枝皱裂和部分落叶，光化学烟雾甚至能致人死亡等。

2.1.2　大气结构

2.1.2.1　大气的上界

根据观测所得，大气按其物理性质来说是不均匀的，特别是在铅直方向上各气象要素的变化急剧。大体上说，5 km 以下空气占有大气总质量的 50%，10 km 以下占 75%，20 km 以下占 95%，其余 5% 的空气散布在 20 km 以上的高空。再往高处，地球大气就和星际气体(分布在宇宙中各个星体之间密度极小的、类似气体的弥漫物质)连接起来了。可以认为，大气顶界的空气是逐渐向星际空间过渡的，很难找到一个明显的边界。在理论上，气压为零或接近于零的高度应为大气的顶层，但这种高度是不可能出现的。因为即使高度上逐渐到达星际空间，也找不到完全没有空气分子存在的地方。为了有一个基本数量的概念，根据气象卫星探测资料，大气顶界在 2000～3000 km，在实际研究中一般把大气顶界取为 1000～1200 km。

2.1.2.2　大气的垂直分层

不同高度范围内的大气层各有其不同的特点，这些特点就是由在某高度上取得支配地位的主要性质所确定的。在垂直方向上，按照大气温度、成分、电离等不同性质一般将大气分为五层(表 2.2)。表中各层的平均高度是对中纬度而言的，对不同的纬度、季节和天气形势来说，其高度与平均高度有较大的偏离。

表2.2　大气中各层的名称和高度

层次	平均高度/km	过渡层	平均高度/km
对流层	0～10	对流层顶	10～11
平流层	11～50	平流层顶	50～55
中间层	55～80	中间层顶	80～85
暖　层	85～（600～800）		
逸散层	＞800		

（1）对流层。对流层是大气中最低的一层。对流层的厚度，在低纬度地区平均为17～18 km，在中纬地区平均为10～12 km，在高纬度地区平均为8～9 km。它集中了整个大气3/4 的质量和几乎全部的水汽，是天气变化最主要而复杂的一层，对人类活动和地球生物影响也最大。对流层有三个主要特征：

A. 气温随高度的增加而降低。这是因为对流层空气增热主要依靠地面的长波辐射，愈近地面空气受热愈多，反之愈少。在不同地区、不同季节、不同高度，气温随高度的降低值(气温直减率)是不相同的。就平均情况而言，每上升100 m，气温约下降0.65 ℃。这一特性的形成，一方面是按分子运动原理，由于空气密度、气压都随高度减小，气温也因而降低；另一方面又由于太阳辐射通过大气时被吸收的极少，而地球辐射却被大气低层中的二氧化碳和水汽吸收较多，这就使下层温度增高，距地面较远的高层温度降低。

B. 空气具有强烈对流运动。这是由地面不均匀加热所引起。通过这种对流运动，高层空气和低层空气得以交换和混合，使地面的热量、水汽和杂质等向上输送，这对于成云致雨有重要作用。

C. 温度、湿度的水平分布不均匀。这是地面的海陆和地形等的不均匀性对大气的影响所致，主要表现在气团和锋的活动。在对流层内，存在着各种不同性质的气团，在气流辐合的情形下，不同性质的两种气团逐渐接近时，就会在两者之间的过渡地带产生锋面。随着气团的移动，锋面跟着移动，各地区的天气现象也跟着发生变化。例如寒带大陆的空气，因缺水汽源和受热较少，就比较干燥、寒冷；热带海洋的空气，因水汽充分，受热较多，就比较潮湿、炎热。对流层中温度和湿度水平分布不均匀，从而经常发生大规模的空气水平运动。

按照气流和天气现象的特点，还可以把对流层细分为下层、中层、上层和对流层顶等四层。

A. 下层，又称摩擦层或行星边界层，其范围是自地面至1.5 km 高度左右。这层气流受地面摩擦作用很大，有强烈的湍流交换作用。风速随高度增加而增大，气温日变化也很显著。在2 km 高度上的平均温度为5 ℃。下层本身也不均匀。在接近地面30～50 m 高的一层，称为近地面层；2 m 以下贴近地面的一薄层，称为贴地层，是微气候研究的主要对象。

B. 中层，为2～6 km 高度，在6 km 高度上的平均温度为-13.5 ℃。中层有中云和直展云出现，由云滴增大成雨滴的过程多在此进行，因而是形成降水的重要气层。

C. 上层，自6 km 至对流层顶，平均温度在11 km 高度上为-48.5 ℃，在17 km 高度上为-75 ℃。上层水汽很少，有高云、浓积云和积雨云的顶部。在中纬度和热带地区，上层中常出现风速≥30m/s 的强风带，即所谓的急流。

D. 对流层顶，为对流层向平流层的过渡层，厚度由几百米至 1～2 km。其气温随高度的增加而变化很小，甚至呈等温状态。对流层顶对铅直气流有很大的阻挡作用，上升气流携带的水汽和尘埃等多聚集在它下面，使能见度变低。对流层顶的气温在低纬度地区平均为-83 ℃，在高纬度地区平均约为-53 ℃。

(2)平流层。对流层以上是平流层。平流层的特性是：垂直气流显著减弱，温度随高度的分布由等温分布变成逆温分布；平流现象成为不同纬度间热量交换的重要因素；水汽极少，基本上没有云雨现象。平流层温度有随高度增加而上升之势，平均由底部的-48.5 ℃而增高到顶部的-21 ℃。这种温度分布的特点与这层所含臭氧、二氧化碳和水汽对辐射的影响有关。平流层的臭氧浓度是随高度增加而增大的，臭氧对太阳紫外辐射的吸收很强成为大气增温的主要一面；二氧化碳和水汽对太阳红外辐射的吸收很弱，不足以抵消辐射冷却又成为大气降温的主要一面。这就意味着由臭氧作用的辐射差额是正的，由二氧化碳和水汽作用的辐射差额是负的，前者补偿后者。由对流层顶进入平流层下层，大气中辐射收支接近平衡，温度趋于均匀；随着高度增加，特别是达到上层，收入大于支出，于是温度随高度增加而上升。因此，平流层的热状态，辐射因素起主导作用，但热量平流、铅直方向的对流和乱流热交换在一定程度上也是有作用的。

平流层受到温度季节交替的明显影响。冬季冷"极夜"，平流层会出现"爆发性增温"现象，25 km 附近的温度在两天之中会从-80 ℃突然升到-40 ℃，这同晚冬或早春环流变化时的下沉作用有关。而秋季的冷却是一个渐变的过程。

在平流层中，气流比较平稳，空气阻力较小，天气晴好，对于航空活动比较有利。因此，随着航空、航天事业的发展，对平流层的研究显得愈来愈重要。近代气象学研究表明，平流层对对流层也有影响。例如，平流层大气流动情况的改变可以导致对流层里大范围的天气变化，这一点已经受到气象学家愈来愈大的关注。

(3)中间层。中间层位于平流层上面，平均高度由 55 km 伸展到 85 km 左右。中间层的特性是：气温随高度增加而迅速下降，顶界温度降至-113～-83 ℃，即下降了 90 ℃左右，于是下暖上凉，再次出现空气的垂直运动。但由于空气稀薄，垂直运动强度不能与对流层相比拟。中间层的 80 km 高度上，有一个白天出现的电离层，叫作 D 层。

(4)暖层。暖层位于中间层顶至 800 km 的高度上，这层空气密度很小。据探测，在 120 km 高度以上的空间，空气密度已小到声波难以传播的程度。暖层的特性是温度随高度增加而迅速上升，到顶部气温可达 1000 ℃以上，这是因为所有波长小于 0.175 μm 的太阳紫外辐射都被暖层气体所吸收。根据火箭和卫星的资料，在 100 km、120 km、140 km、160 km 高度上的温度分别达到-63 ℃、82 ℃、207 ℃、302 ℃，在 300 km 至 800 km 高度上则达到 1000 ℃至 1200 ℃的高温。暖层空气多被离解成离子，具有很强的导电性能。空气在吸收和辐射活动中，在离解过程中，可以产生许多复杂过程，如分子氧对短波辐射的吸收使气层加热、由电离而产生的高热等，这些过程维持着暖层大气的高温状态。从 80 km 到暖层顶以上的 1000～1200 km 的范围内常出现一种大气光学现象——极光。它是由太阳喷焰中发射的高能微粒子与高层大气中的空气分子相撞，使之电离，并在地球磁场作用下偏于两极上空而形成的。对极光的观测是了解高层大气结构的一种较为可靠的手段。

同时，暖层也是电离层的 E 层和 F 层所在的高度。

（5）逸散层。800 km 高度以上称为逸散层，是大气的外层。其上界高度为 3000 km 左右，是大气层与星际空间的过渡区域，但无明显边界。逸散层中空气极其稀薄，大气质点碰撞频率很小。据研究，逸散层中气温也随高度的增高而上升。由于温度很高，远离地面，受地心的引力作用小，因而大气质点能不断地向星际空间逸散。

据宇宙火箭资料证明，在地球大气圈外的空间，还围绕由电离气体组成的极稀薄的大气层，称为"地冕"。它一直伸展到 22000 km 的高度。在它以外的星际空间也不是真空，每立方米体积中仍有数十个离子。由此可见，地球大气圈的顶部并没有截然界限，而是逐渐过渡到星际空间的。

2.1.3 大气的热能

大气内部始终存在着冷与暖、干与湿、高气压与低气压三对基本矛盾。其中冷与暖这对矛盾所表现出来的地球及大气的热状况、温度的分布和变化，制约着大气运动状态，影响着云和降水的形成。因此，大气的热能和温度成了天气变化的一个基本因素，同时也是气候系统状态及演变的主要控制因子。

2.1.3.1 辐射基本知识

1. 辐射与辐射能

自然界中的一切物体都以电磁波的方式向四周放射能量，这种传播能量的方式称为辐射。通过辐射传播的能量称为辐射能，也简称为辐射。辐射是能量传播方式之一，也是太阳能传输到地球的唯一途径。辐射能是通过电磁波的方式传输的。电磁波的波长范围很广，从波长 10^{-10} μm 的宇宙射线，到波长达几千米的无线电波。肉眼看得见的是 $0.4 \sim 0.76$ μm 的波长，这部分电磁波称为可见光。可见光经三棱镜分光后，在光屏上会形成一条由红、橙、黄、绿、青、蓝、紫等 7 种颜色组成的光带，其中红光波长最长，紫光波长最短，其他各色光的波长则依次介于其间。波长长于红色光波的，有红外线和无线电波；波长短于紫色光波的，有紫外线、X 射线、γ 射线等。这些射线虽然不能为肉眼看见，但是用仪器可以测量出来（图 2.1）。气象学着重研究的是太阳、地球和大气的热辐射。它们的波长范围为 $0.15 \sim 120$ μm。在气象学中，通常以焦耳（J）作为辐射能的单位。

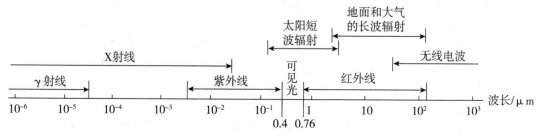

图 2.1 各种辐射的波长范围

辐射通量密度没有限定辐射方向，辐射接受面可以垂直于射线或与之成某一角度。如果指的是投射来的辐射，则称之为入射辐射通量密度；如果指的是自物体表面射出的辐射，则称之为放射辐射通量密度。其数值的大小反映物体辐射能力的强弱。

单位时间内，通过垂直于选定方向上的单位面积（对球面坐标系，即单位立体角）的辐射能，称为辐射强度（I）。其单位是 W/m^2。辐射强度与辐射通量密度（E）有密切关系。在平行光辐射的特殊情况下，辐射强度与辐射通量密度的关系为：

$$I = \frac{E}{\cos \theta}。 \tag{2.1}$$

式中：θ 为辐射体表面的法线方向与选定方向间的夹角。

2. 物体对辐射的吸收、反射和投射

不论何种物体，在它向外放出辐射的同时，必然会接收到周围物体向它投射过来的辐射。但投射到物体上的辐射并不能全部被吸收，其中一部分被反射，一部分可能透过物体。

设投射到物体上的总辐射能为 Q_0，被吸收的为 Q_a，被反射的为 Q_r，透过的为 Q_d。根据能量守恒原理，有：

$$Q_a + Q_r + Q_d = Q_0。 \tag{2.2}$$

将上式等号两边同时除以 Q_0，得：

$$\frac{Q_a}{Q_0} + \frac{Q_r}{Q_0} + \frac{Q_d}{Q_0} = 1。 \tag{2.3}$$

式中：左边第一项为物体吸收的辐射与投射于其上的辐射之比，称为吸收率（a）；第二项为物体反射的辐射与投射于其上的辐射之比，称为反射率（r）；第三项为透过物体的辐射与投射于其上的辐射之比，称为透射率（d）。则有：

$$a + r + d = 1。 \tag{2.4}$$

a、r、d 都是在 0～1 之间变化的无量纲量，分别表示物体对辐射吸收、反射和透射的能力。

物体的吸收率、反射率和透射率的大小随着辐射的波长和物体的性质不同而改变。例如，干洁空气对红外线是近似透明的，而水汽对红外线却能强烈地吸收；雪面对太阳辐射的反射率很大，但对地面和大气的辐射则几乎能全部吸收。

3. 有关辐射基本定律

（1）基尔霍夫（Kirchhoff）定律。设有一真空恒温器（温度为 T），放出黑体辐射 $I_{\lambda Tb}$。在其中用绝热线悬挂一个非黑体物体，它的温度与恒温器一样亦为 T，它的辐射强度为 $I_{\lambda T}$，吸收率为 $K_{\lambda T}$。这样，器壁放射的辐射能、非黑体物体放射的辐射能和未被吸收的非黑体反射辐射能三者将达到平衡，则：

$$I_{\lambda Tb} - (1 - K_{\lambda T})\, I_{\lambda Tb} - I_{\lambda T} = 0。 \tag{2.5}$$

等式两边同时除以 $I_{\lambda Tb}$，得：

$$\frac{I_{\lambda T}}{I_{\lambda Tb}} = K_{\lambda T}。 \tag{2.6}$$

从辐射率的定义得：

$$e_{\lambda T} = \frac{I_{\lambda T}}{I_{\lambda Tb}}。 \tag{2.7}$$

所以，
$$K_{\lambda T} = e_{\lambda T}。 \tag{2.8}$$
式(2.8)是基尔霍夫定律的基本形式，它表明：①在一定波长、一定温度下，一个物体的吸收率等于该物体同温度、同波长的辐射率。即对不同物体，辐射能力强的物质，其吸收能力也强；辐射能力弱的物质，其吸收能力也弱；黑体吸收能力最强，所以它也是最好的辐射体。②下标 λ 表示在一定温度(T)下，不同波长的 K_λ、e_λ 及 I_λ 的数值不同。即同一物体在温度 T 时放射某一波长的辐射，那么，在同一温度下也吸收这一波长的辐射。

式(2.6)还可写成：
$$\frac{I_{\lambda T}}{K_{\lambda T}} = I_{\lambda Tb}。 \tag{2.9}$$
这表明某温度、某波长下，一个物体的辐射强度与其吸收率之比值等于同温度、同波长下的黑体辐射强度。在同温度条件下，这条规律适用于各种波长的辐射体。因此，基尔霍夫定律又可写成：
$$\frac{I_T}{K_T} = I_{Tb}。 \tag{2.10}$$
上面讨论表明，在辐射平衡条件下，一物体在某波长 λ 下的辐射强度和对该波长的吸收率之比值与物体的性质无关，对所有物体来讲，这一比值只是某波长 λ 和温度 T 的函数。从式(2.6)得：
$$I_{\lambda T} = K_{\lambda T} I_{\lambda Tb}。 \tag{2.11}$$
上式表明，基尔霍夫定律把一般物体的辐射、吸收与黑体辐射联系起来，从而有可能通过对黑体辐射的研究来了解一般物体的辐射，这就极大简化了一般辐射的问题。

基尔霍夫定律适用于处于辐射平衡的任何物体。对流层和平流层以及地球表面的大气都可认为是处于辐射平衡状态，因而可直接应用这一定律。

(2)斯蒂芬(Stefan)–玻尔兹曼(Boltzman)定律。由实验得知，物体的辐射能力是随温度、波长的不同而改变的。图 2.2 是根据实测数据绘出的温度分别为 300 K、250 K 和 200 K 时黑体的辐射能力随波长的变化。

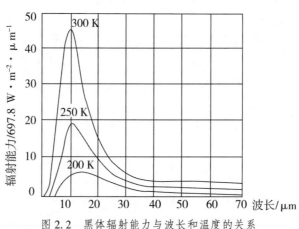

图 2.2　黑体辐射能力与波长和温度的关系

由图 2.2 可见，随着温度的升高，黑体对各波长的辐射能力都相应地增强。因而物体辐射的总能量（即曲线与横坐标之间包围的面积）也会显著增大。根据研究，黑体的总辐射能力 E_{Tb} 与它本身的绝对温度的四次方成正比，即

$$E_{Tb} = \sigma T^4。 \tag{2.12}$$

上式称为斯蒂芬-玻尔兹曼定律。式中 $\sigma = 5.67 \times 10^{-8}$ W/(m^2·K^4)，为斯蒂芬-玻尔兹曼常数。

根据式（2.12）可以计算黑体在温度 T 时的辐射强度，也可以由黑体的辐射强度求得其表面温度。

（3）维恩（Wien）位移定律。由图 2.2 还可看出，黑体单色辐射极大值所对应的波长（λ_m）是随温度的升高而逐渐向波长较短的方向移动的。根据研究，黑体单色辐射强度极大值所对应的波长与其绝对温度成反比，即：

$$\lambda_m T = C。 \tag{2.13}$$

上式称为维恩位移定律。如果波长以 μm 为单位，则常数 $C = 2986$ μm·K。于是（2.13）式变为：

$$\lambda_m T = 2986 \ \mu m·K。 \tag{2.14}$$

上式表明，物体的温度愈高，其单色辐射极大值所对应的波长愈短；反之，物体的温度愈低，其辐射的波长则愈长。

2.1.3.2　太阳辐射

1.　太阳辐射光谱和太阳常数

太阳辐射中辐射能按波长的分布，称为太阳辐射光谱。大气上界太阳光谱中能量的分布曲线（图 2.3 中实线）与 $T = 6000$ K 时，根据黑体辐射公式计算的黑体光谱能量分布曲线（图 2.3 中虚线）相比较，非常相似。因此，可以把太阳辐射看作黑体辐射，有关黑体辐射的定律都可应用于太阳辐射。例如，利用斯蒂芬-玻尔兹曼定律和维恩定律，可以根据太阳辐射强度计算出太阳表面的温度；反过来，利用天文仪器测得的太阳表面温度，也可以计算出太阳的辐射强度以及辐射最强的波长。

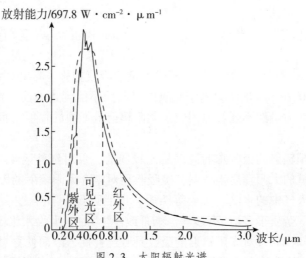

图 2.3　太阳辐射光谱

太阳是一个炽热的气体球，其表面温度约为 6000 K，内部温度更高。根据维恩定律可以计出太阳辐射最强的波长 λ_m 为 0.475 μm。这个波长在可见光范围内相当于青光部分。因此，太阳辐射主要是可见光线(0.4～0.76 μm)，此外也有不可见的红外线(>0.76 μm)和紫外线(≤0.4 μm)，但在数量上不如可见光多。在全部辐射能之中，波长为 0.15～4 μm 的占 99% 以上，且主要分布在可见光区和红外区，前者占太阳辐射总能量的 50%，后者占 43%；紫外区的太阳辐射能很少，只占总能量的 7%。

太阳辐射通过星际空间到达地球。就日地平均距离来说，在大气上界，垂直于太阳光线的 1 cm² 面积内，1 min 内获得的太阳辐射能量，称太阳常数，用 I_0 表示。太阳常数虽经多年观测研究，由于观测设备、技术以及理论校正方法的不同，其数值常不一致，变动于 1359～1418 W/m² 之间。1957 年国际地球物理年决定采用 1380 W/m²。近年来，根据标准仪器，在高空气球、火箭和人造卫星上约 25000 次以上的探测，得出太阳常数值约为 (1367±7) W/m²，这也是 1981 年世界气象组织推荐的太阳常数的最佳值。多数文献上采用 1370 W/m²。据研究，太阳常数也有周期性的变化，变化范围为 1%～2%，这可能与太阳黑子的活动周期有关。在太阳黑子最多的年份，紫外线部分某些波长的辐射强度可为太阳黑子最少年份的 20 倍。

2. 太阳辐射在大气中的减弱

太阳辐射光通过大气圈，然后到达地表。由于大气对太阳辐射有一定的吸收、散射和反射作用，使投射到大气上界的太阳辐射不能完全到达地面，所以在地球表面所获得的太阳辐射强度比 1370 W/m² 要小。太阳辐射通过大气要受到三种减弱作用。

(1)大气对太阳辐射的吸收。太阳辐射穿过大气层时，大气中某些成分具有选择吸收一定波长辐射能的特性。大气中吸收太阳辐射的成分主要有水汽、氧、臭氧、二氧化碳及固体杂质等。太阳辐射被大气吸收后变成了热能，因而使太阳辐射减弱。

水汽虽然在可见光区和红外区都有不少吸收带，但吸收最强的是在红外区，从 0.93～2.85 μm 之间的几个吸收带。最强的太阳辐射能是短波部分，因此水汽从进入大气中的总辐射能量内吸收的能量并不多。据估计，太阳辐射因水汽的吸收可以减弱 4%～15%。所以大气因直接吸收太阳辐射而引起的增温并不显著。

大气中的主要气体是氮气和氧气，只有氧气能微弱地吸收太阳辐射，在波长小于 0.2 μm 处为一宽吸收带，吸收能力较强，在 0.69 μm 和 0.76 μm 附近各有一个窄吸收带，吸收能力较弱。

臭氧在大气中含量虽少，但对太阳辐射能量的吸收很强。在 0.2～0.3 μm 处为一强吸收带，使得小于 0.29 μm 的辐射由于臭氧的吸收而不能到达地面。在 0.6 μm 附近又有一宽吸收带，吸收能力虽然不强，但因位于太阳辐射最强烈的辐射带里，所以吸收的太阳辐射量相当多。

二氧化碳对太阳辐射的吸收总的说来是比较弱的，仅对红外区 4.3 μm 附近的辐射吸收较强，但这一区域的太阳辐射很微弱，被吸收后对整个太阳辐射的影响不大。

此外，悬浮在大气中的水滴、尘埃等杂质，也能吸收一部分太阳辐射，但其量甚微。只有当大气中尘埃等杂质很多(如有沙暴、烟幕或浮尘)时，吸收才比较显著。

由以上分析可知，大气对太阳辐射的吸收具有选择性，因而使穿过大气后的太阳辐射光谱变得极不规则。由于大气中主要吸收物质(臭氧和水汽)对太阳辐射的吸收带都位于太阳辐射光谱两端能量较小的区域，因而对太阳辐射的减弱作用不大。也就是说，大气直接吸收的太阳辐射并不多，特别是对于对流层大气来说，太阳辐射不是主要的直接热源。

（2）大气对太阳辐射的散射。太阳辐射通过大气层，遇到空气分子或微小质点时，如果这些质点的直径比入射的太阳辐射波长还小，太阳辐射中的部分能量就会以电磁波的形式从散射质点向四面八方传播出去，这种作用称为散射(分子散射)。散射只是改变辐射的方向，使一部分太阳辐射不能到达地面。

根据瑞利(Rayleigh)散射定律，散射辐射能力与波长的四次方成反比。波长愈短，愈容易散射。在可见光谱区内，蓝紫光的散射能力最强，所以晴朗无云的天空呈现蔚蓝色。

大气中较大的质点，如云滴、雾滴及其他气溶胶颗粒，直径大于入射辐射的波长，这时瑞利定律已不适用，投射到质点上的所有波长都被散射，入射光为白光，散射光仍是白光，一般称为粗粒散射。粗粒对不同波长辐射的散射能力大致相同。因此，当大气含有较多云滴、雾滴等粗粒时，天空呈白色。

据估计，由于大气中的分子散射和粗粒散射，使太阳辐射通过大气层减弱6%的能量。

（3）大气的云层和尘埃对太阳辐射的反射。太阳辐射通过大气层，除了被大气吸收和散射以外，还会被云层和颗粒较大的气溶胶粒子所反射，使一部分太阳辐射返回宇宙空间去，从而削弱了到达地面的太阳辐射。其中主要是云层的反射作用，云量愈多、云层愈厚，反射作用也愈强。

据估计，太阳辐射通过大气时约有20%的能量被反射，不能到达地面。可见，太阳辐射经过深厚的大气层后，由于大气的吸收、散射、反射三种减弱作用，使太阳辐射能量大约损失了一半。地面可能接受的太阳辐射只有大气圈外的一半左右。

上述三种方式中，反射作用最重要，尤其是云层对太阳辐射的反射最为明显，另外还包括大气散射回宇宙以及地面反射回宇宙的部分；散射作用次之，形成了到达地面的散射辐射；吸收作用相对最小。以全球平均而言，太阳辐射约有30%被散射和漫射返回宇宙（称之为行星反射），20%被大气和云层直接吸收，50%到达地面被吸收。

3. **到达地面的太阳辐射**

到达地面的太阳辐射有两部分：一是太阳以平行光线的形式直接投射到地面上的，称为太阳直接辐射；一是经过散射后自天空投射到地面的，称为散射辐射。两者之和称为总辐射。

（1）直接辐射。太阳直接辐射的强弱和许多因子有关，其中最主要的有两个，即太阳高度角和大气透明度。太阳高度角不同时，地表面单位面积上所获得的太阳辐射也不同。这有两方面的原因：

第一，太阳高度角愈小，等量的太阳辐射散布的面积就愈大，因而地表单位面积上所获得的太阳辐射就愈小。如图2.4所示，设有一水平地段AB，其面积为S'，太阳光线以高度角h倾斜地照射到它上面，在单位面积上每分钟所受到的太阳辐射能为I'。引一垂直于太阳光的平面AC，其面积为S，在此垂直受射面上的太阳辐射强度为I，则到达水平面AB与垂直受射面AC上的辐射量，将分别等于IS'和IS，显然这两个辐射量是相等的，由图2.4可知：$\dfrac{S}{S'}=\dfrac{AC}{AB}=\sin h$，则：

$$I'=I \sin h。 \tag{2.15}$$

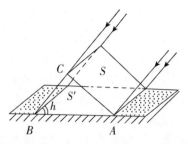

图 2.4　太阳高度与受热面大小的关系

第二，太阳高度角愈小，太阳辐射穿过的大气层愈厚，如图 2.5 所示。当太阳高度角最大时，通过大气层的射程为 AO；当太阳高度角变小，光线沿 CO 方向斜射，通过大气的射程为 CO。显然，大气厚度 $CO>AO$，因此太阳辐射被减弱也较多，到达地面的直接辐射就较少。

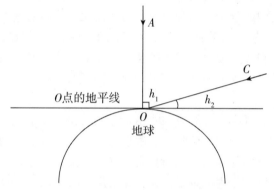

图 2.5　太阳高度角与太阳辐射穿过大气质量的关系

在地面为标准气压(1013 hPa)时，太阳光垂直投射到地面所经路程中，单位截面积的空气柱的质量，称为一个大气质量。在不同的太阳高度下，阳光穿过的大气质量数(m)也不同。不同太阳高度时的大气质量数如表 2.3 所示。

表 2.3　不同太阳高度时的大气质量数

太阳高度角(h)	90°	60°	30°	10°	5°	3°	1°	0°
大气质量数(m)	1	1.15	2	5.6	10.4	15.4	27	35.4

在相同的大气质量下，到达地面的太阳辐射也不完全一样，因为还受大气透明度的影响。大气透明度的特征用透明系数(p)表示，它是指透过一个大气质量的辐射强度与进入该大气的辐射强度之比。即当太阳位于天顶处，在大气上界太阳辐射通量为 I_0，而到达地面后为 I，则

$$\frac{I}{I_0}=p。 \tag{2.16}$$

p 值表明辐射通过大气后的削弱程度。实际上，不同波长的削弱程度也不相同，p 仅表征对各种波长的平均削弱情况，如 $p=0.80$，表示平均削弱了 20%。

大气透明系数决定于大气中所含水汽、水汽凝结物和尘粒杂质的多少。这些物质愈多，大气透明程度愈差，透明系数愈小，太阳辐射受到的减弱愈强，到达地面的太阳辐射

也就相应地愈少。

太阳辐射透过大气层后的减弱与大气透明系数和通过大气质量之间的关系，可用布格
（Bouguer）公式表示：

$$I = I_0 \, p^m。 \tag{2.17}$$

式中：I 为到达地面的太阳辐射强度；I_0 为太阳常数；p 为大气透明系数；m 为大气质量
数。从上式可以看出，如果大气透明系数一定，大气质量数以等差级数增加，则透过大气
层到达地面的太阳辐射以等比级数减小。

直接辐射有显著的年变化、日变化和随纬度的变化。这种变化主要由太阳高度角决
定。在一天当中，日出、日没时太阳高度角最小，直接辐射最弱；中午太阳高度角最大，
直接辐射最强。同样道理，在一年当中，直接辐射在夏季最强，冬季最弱（图 2.6）。以纬
度而言，低纬度地区一年各季太阳高度角都很大，地表面得到的直接辐射较中、高纬度地
区大得多。

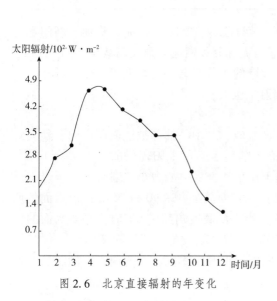

图 2.6　北京直接辐射的年变化

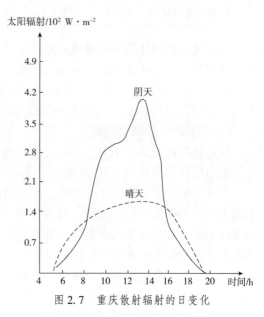

图 2.7　重庆散射辐射的日变化

（2）散射辐射。散射辐射的强弱也与太阳高度角及大气透明度有关。太阳高度角增大
时，到达近地面层的直接辐射增强，散射辐射也就相应地增强；相反，太阳高度角减小
时，散射辐射也减弱。大气透明度不好时，参与散射作用的质点增多，散射辐射增强；反
之，减弱。云也能强烈地增大散射辐射。图 2.7 是在我国重庆观测到的晴天和阴天的散射
辐射值。由图可见，阴天的散射辐射比晴天的大得多。

同直接辐射类似，散射辐射的变化也主要取决于太阳高度角的变化。一日内正午前后
最强，一年内夏季最强。

（3）总辐射。在分析了直接辐射和散射辐射后，就较容易理解总辐射的变化情况。日
出以前，地面上总辐射的收入不多，其中只有散射辐射；日出以后，随着太阳高度的升
高，太阳直接辐射和散射辐射逐渐增加。但前者增加得较快，即散射辐射在总辐射中所占
的成分逐渐减小；当太阳高度升到约等于 8° 时，直接辐射与散射辐射相等；当太阳高度为
50° 时，散射辐射值仅相当于总辐射的 10%～20%；到中午，太阳直接辐射与散射辐射强

度均达到最大值；中午以后二者又按相反的次序变化。云的影响可以使这种变化规律受到破坏。例如，中午云量突然增多时，总辐射的最大值可能提前或推后，这是因为直接辐射是组成总辐射的主要部分，有云时直接辐射的减弱比散射辐射的增强要大的缘故。在一年中总辐射强度(指月平均值)在夏季最大，冬季最小。

总辐射随纬度的分布一般是：纬度愈低，总辐射愈大；反之就愈小。表 2.4 是根据计算得到的北半球年总辐射纬度分布的情况，其中可能总辐射是考虑了受大气减弱之后到达地面的太阳辐射，有效总辐射是考虑了大气和云的减弱之后到达地面的太阳辐射。由于赤道附近云多，太阳辐射减弱得也多，因此有效辐射的最大值并不在赤道，而在 20° N。

表 2.4　北半球年总辐射随纬度的分布

纬度	64°	50°	40°	30°	20°	0°
可能总辐射/W·m⁻²	139.3	169.9	196.4	216.3	228.2	248.1
有效总辐射/W·m⁻²	54.4	71.7	98.2	120.8	132.7	108.8

据研究，我国年辐射总量最高地区在西藏，为 212.3～252.1 W/m²；青海、新疆和黄河流域次之，为 159.2.212.3 W/m²；长江流域与大部分华南地区则反而减少，为 119.4～159.2 W/m²。这是因为西北、华北地区晴朗干燥的天气较多，总辐射也较大；长江中、下游云量多，总辐射较小；西藏海拔高，总辐射量也大。

4. 地面对太阳辐射的反射

投射到地面的太阳辐射，并非完全被地面所吸收，其中一部分被地面所反射。地表对太阳辐射的反射率取决于地表面的性质和状态。陆地表面对太阳辐射的反射率为 10%～30%。其中深色土比浅色土反射能力小，粗糙土比平滑土反射能力小，潮湿土比干燥土反射能力小。雪面的反射率很大，约为 60%，洁白的雪面甚至可达 90%(表 2.5)。水面的反射率随水的平静程度和太阳高度角的大小而变。当太阳高度角超过 60° 时，平静水面的反射率为 2%，高度角 30° 时为 6%，10° 时为 35%，5° 时为 58%，2° 时为 79.8%，1° 时为 89.2%。对于波浪起伏的水面来说，其平均反射率为 10%。因此，总的说来水面的反射率比陆面稍小一些。

表 2.5　不同性质地面的反射率　　　　　　　　　　　　　　单位:%

地面	反射率	地面	反射率	地面	反射率
砂土	29～35	黑钙土(干)	14	干草地	29
黏土	20	黑钙土(湿)	8	小麦地	10～25
浅色土	22.32	耕地	14	新雪	84～95
深色土	10～15	绿草地	26	陈雪	46～60

由此可见，即使总辐射的强度一样，不同性质的地表真正得到的太阳辐射仍有很大差异，这也是导致地表温度分布不均匀的重要原因之一。

2.1.3.3 地面和大气的辐射

太阳辐射虽然是地球上的主要能源，但因为大气本身对太阳辐射直接吸收很少，而水、陆、植被等地球表面（又称下垫面）却能大量吸收太阳辐射，并经转化供给大气，从这个意义来说，下垫面是大气的直接热源。为此，在研究大气热状况时，必须了解地面和大气之间交换热量的方式及地-气系统的辐射差额。

1. 地面、大气的辐射和地面有效辐射

地面能吸收太阳短波辐射，同时按其本身的温度不断地向外放射长波辐射。大气对太阳短波辐射几乎是透明的，吸收很少，但对地面的长波辐射却能强烈吸收。大气也按其本身的温度，向外放射长波辐射。通过长波辐射，地面和大气之间，以及大气中气层和气层之间，相互交换热量，同时也将热量向宇宙空间散发。

（1）地面和大气辐射的表示。地面和大气都按其本身的温度向外放出辐射能。由于它们不是绝对黑体，运用斯蒂芬-玻尔兹曼定律，可写成如下形式：

$$E_g = \delta\sigma T^4, \tag{2.18}$$
$$E_a = \delta'\sigma T^4。 \tag{2.19}$$

式中：E_g 和 E_a 分别表示地面和大气的辐射能力；T 表示地面和大气的温度；δ 和 σ 分别称为地面和大气的相对辐射率，又称比辐射率。其大小为地面或大气的辐射能力与同一温度下黑体辐射能力的比值，在数值上等于吸收率。如地面温度为 15 ℃，以 $\delta=0.9$，则可算得：

$$E_g = 0.9 \times 5.67 \times 10^{-8} \times 288^4 = 346.7 (\text{W/m}^2)。$$

同样，当地面温度为 15 ℃，根据维恩定律可算得：

$$\lambda_m = \frac{C}{T} = \frac{2896}{288} \approx 10 \ (\mu m)。$$

即该温度下地面最强的辐射能位于波长 10 μm 左右的光谱范围内。地面平均温度约为 300 K，对流层大气的平均温度约为 250 K，故其热辐射中 95%以上的能量集中在 3～120 μm 的波长范围内（属于肉眼不能直接看见的红外辐射）。其辐射能最大的波长在 10～15 μm 范围内，所以我们把地面和大气的辐射称为长波辐射。

（2）地面和大气长波的辐射特点。

A. 大气对长波辐射的吸收。大气对长波辐射的吸收非常强烈，吸收作用不仅与吸收物质及其分布有关，而且还与大气的温度、压强等有关。大气中对长波辐射的吸收起重要作用的成分有水汽、液态水、二氧化碳和臭氧等。它们对长波辐射的吸收同样具有选择性。图 2.8 描绘了整个大气对长波辐射的放射与透射光谱。由图看出，大气在整个长波段，除 8～12 μm 一段外，其余的透射率近于零，即吸收率为 1.8～12 μm 处吸收率最小，透明度最大，称为"大气窗口"。这个波段的辐射，正好位于地面辐射能力最强处，所以地面辐射有 20%的能量透过这一窗口射向宇宙空间。在这一窗口中 9.6 μm 附近有一狭窄的臭氧吸收带，对于地面放射的 14 μm 以上的远红外辐射，几乎能全部吸收，故此带可以看成近于黑体。

水汽对长波辐射的吸收最为显著，除 8～12 μm 波段的辐射外，其他波段都能吸收，并以 6 μm 附近和 24 μm 以上波段的吸收能力最强。液态水对长波辐射的吸收性质与水汽相仿，只是作用更强一些，厚度大的云层表面可当作黑体表面。二氧化碳有两个吸收带，中心分别位于 4.3 μm 和 14.7 μm。第一个吸收带位于温度为 200～300 K 绝对黑体的放射能量曲线的末端，其作用不大；第二个吸收带位于 12.9～17.1 μm，比较重要。

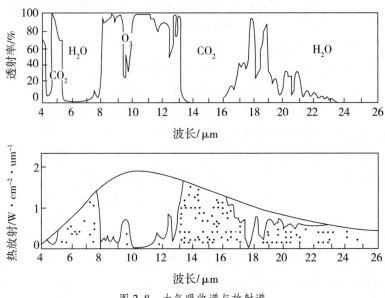

图 2.8　大气吸收谱与放射谱

B. 大气中长波辐射的特点。长波辐射在大气中的传输过程与太阳辐射的传输有很大不同。第一，太阳辐射中的直接辐射是作为定向的平行辐射进入大气的，而地面和大气辐射是漫射辐射。第二，太阳辐射在大气中传播时，仅考虑大气对太阳辐射的削弱作用，而未考虑大气本身的辐射作用。这是因为大气的温度较低，所产生的短波辐射是极其微弱的。但考虑长波辐射在大气中的传播时，不仅要考虑大气对长波辐射的吸收，而且还要考虑大气本身的长波辐射。第三，长波辐射在大气中传播时，可以不考虑散射作用。这是由于大气中气体分子和尘粒的尺度比长波辐射的波长要小得多，散射作用非常微弱。

C. 大气逆辐射和地面有效辐射。

a. 大气逆辐射和大气保温效应。大气辐射指向地面的部分称为大气逆辐射。大气逆辐射使地面因放射辐射而损耗的能量得到一定的补偿，由此可看出大气对地面有一种保暖作用，这种作用称为大气的保温效应。据计算，如果没有大气，近地面的平均温度应为 −23 ℃，但实际上近地面的均温是 15 ℃，也就是说大气的存在使近地面的温度提高了 38 ℃。

b. 地面有效辐射。地面放射的辐射（E_g）与地面吸收的大气逆辐射（δE_a）之差，称为地面有效辐射。以 F_0 表示，则有：

$$F_0 = E_g - \delta E_a。\tag{2.20}$$

通常情况下，地面温度高于大气温度，地面有效辐射为正值。这意味着通过长波辐射的放射和吸收，地表面经常失去热量。只有在近地层有很强的逆温及空气湿度很大的情况下，有效辐射才可能为负值，这时地面才能通过长波辐射的交换而获得热量。

影响有效辐射的主要因子有地面温度、空气温度、空气湿度和云况。一般情况下，在湿热的天气条件下，有效辐射比干冷时小；有云覆盖时比晴朗天空条件下有效辐射小；空气混浊度大时比空气干洁时有效辐射小；在夜间风大时有效辐射小；海拔高度高的地方有效辐射大；当近地层气温随高度显著降低时，有效辐射大；有逆温时有效辐射小，甚至可出现负值。此外，有效辐射还与地表面的性质有关，平滑地表面的有效辐射比粗糙地表面的有效辐射小；有植物覆盖时的有效辐射比裸地小。

有效辐射具有明显的日变化和年变化。其日变化具有与温度日变化相似的特征。在白天，由于低层大气中垂直温度梯度增大，所以有效辐射值也增大，12—14 时达到最大；在夜间，由于地面辐射冷却的缘故，有效辐射值也逐渐减小，在清晨达到最小。当天空有云时，可以破坏有效辐射的日变化规律。有效辐射的年变化也与气温的年变化相似，夏季最大，冬季最小。但由于水汽和云的影响，使有效辐射的最大值不一定出现在盛夏。我国秦岭、淮河以南地区有效辐射秋季最大，春季最小；华北、东北等地区有效辐射则春季最大，夏季最小。

D. 地面及地-气系统的辐射差额。地面和大气因辐射进行热量的交换，其能量的收支状况是由短波和长波辐收支作用的总和来决定的。物体收入辐射能与支出辐射能的差值称为净辐射或辐射差额。即

辐射差额 = 收入辐射 - 支出辐射。

在没有其他方式进行热交换时，辐射差额决定物体的升温或降温。辐射差额不为零，表明物体收支的辐射能不平衡，会有升温或降温产生；辐射差额为零时，物体的温度保持不变。

a. 地面的辐射差额。地面由于吸收太阳总辐射和大气逆辐射而获得能量，同时又以其本身的温度不断向外放出辐射而失去能量。某段时间内单位面积地表面所吸收的总辐射和其有效辐射之差值，称为地面的辐射差额。若以 R 表示单位水平面积、单位时间的辐射差额，则有：

$$R_g = (Q+q)(1-a) - F_0。 \tag{2.21}$$

式中：$Q+q$ 是到达地面的太阳总辐射，即太阳直接辐射和散射辐射之和；a 为地面对总辐射的反射率；F_0 为地面的有效辐射。

显然，地面辐射能量的收支取定于地面的辐射差额。当 $R_g > 0$ 时，即地面所吸收的太阳总辐射大于地面的有效辐射，地面将有热量的积累；当 $R_g < 0$ 时，则地面因辐射而有热量的亏损。

影响地面辐射差额的因子很多，除考虑到影响总辐射和有效辐射的因子外，还应考虑地面反射率的影响。反射率是由不同的地面性质决定的，所以不同的地理环境、不同的气候条件下，地面辐射差额值有显著的差异。

地面辐射差额具有日变化和年变化。一般夜间为负，白天为正，由负值转到正值的时刻一般在日出后 1 h，由正值转到负值的时刻一般在日落前 1～1.5 h。在一年中，一般夏季辐射差额为正，冬季为负，最大值出现在较暖的月份，最小值出现在较冷的月份。图 2.9 表示无云情况下，辐射差额各分量的日变化。其中地面辐射和有效辐射曲线对正午来

说是不对称的，其绝对最大值发生在 12 时以后，这是由于地表最高温度出现在 13 时左右造成的，因而也导致辐射差额曲线对正午的不对称。图 2.10 是上海 7 月晴天辐射差额日变化的情况。图 2.11 给出了我国不同地区辐射差额年变化的情况。由图 2.11 可以看出，赣州代表我国南部地区，地面辐射差额月最大值出现在 7 月；北部地区以北京为例，沙漠地区以敦煌为例，地面辐射差额月最大值都出现在 6 月。地面辐射差额的最小值均出现在 12 月。

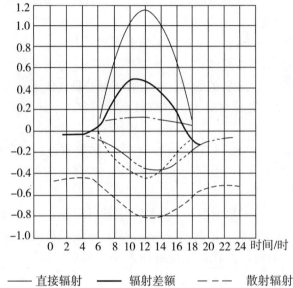

辐射差额/697.8 W·m⁻²

$$辐射差额/697.8\ \mathrm{W\cdot m^{-2}}$$

—— 直接辐射 　—— 辐射差额 　——— 散射辐射

--- 反射辐射 　····· 地面辐射 　———— 有效辐射

图 2.9　地面辐射差额各分量的日变化

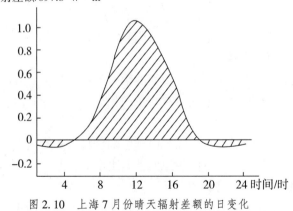

辐射差额/697.8 W·m⁻²

图 2.10　上海 7 月份晴天辐射差额的日变化

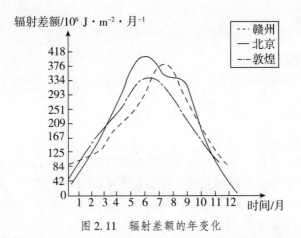

图 2.11 辐射差额的年变化

辐射差额的年振幅随地理纬度的增加而增大。对同一地理纬度来说，陆地的年振幅大于海洋的年振幅。全球各纬度绝大部分地区地面辐射差额的年平均值都是正值，只有在高纬度地区和某些高山终年积雪区才是负值。就整个地球表面平均来说是收入大于支出的，也就是说地球表面通过辐射方式获得能量。

b. 大气的辐射差额。大气的辐射差额可分为整个大气层的辐射差额和某一层大气的辐射差额。这也是考虑某气层降温率的最重要的因子。由于大气中各层所含吸收物质的成分、含量不同，以及其本身温度不同，所以其辐射差额的差别还是很大的。

若 R_a 表示整个大气层的辐射差额，q_a 表示整个大气层所吸收的太阳辐射，F_0、F_∞ 分别表示地面及大气上界的有效辐射，则整个大气层辐射差额的表达式为：

$$R_a = q_a + F_0 - F_\infty 。 \tag{2.22}$$

F_∞ 总是大于 F_0 的，并且 q_a 一般小于 $F_\infty - F_0$，所以整个大气层的辐射差额是负值，大气要维持热平衡，还要靠地面以其他的方式，如对流及潜热释放等来输送一部分热量给大气。图 2.12 描绘了大气辐射差额随纬度的分布情况。

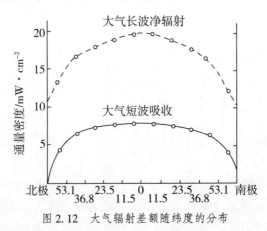

图 2.12 大气辐射差额随纬度的分布

c. 地-气系统的辐射差额。如果把地面和大气看作一个整体，其辐射能的净收入为：

$$R_s = (Q + q)(1 - a) + q_a - F_\infty 。 \tag{2.23}$$

式中：q_a 和 F_∞ 分别为大气所吸收的太阳辐射和大气上界的有效辐射。

2.2 温度和湿度

2.2.1 大气温度

气温是空气温度的简称，是表示空气冷热程度的物理量。气温决定着空气的干、湿与降水，决定着气压的大小，是影响大气运动和大气变化的基本因素。气温随地点、高度和时间都有变化。通常所说的气温，是在离地面 1.5 m 高的百叶箱内用水银温度表测得的。我国常用摄氏温标(℃)表示气温的高低。在气象学的计算中，常用到绝对温标，以 K 表示，这种温标中 1 度的间隔和摄氏度相同，但其零度称为"绝对零度"，规定等于-273.15 ℃，所以它们的换算关系为：

$$T = 273.15 + t。 \tag{2.24}$$

式中：T 为绝对温度，K；t 为摄氏温度，℃。

此外，有的国家用华氏温标(℉)。它和摄氏温标的换算关系为：

$$\begin{cases} t_F = \dfrac{9}{5} t + 32 \\ t = \dfrac{9}{5} t_F - 32 \end{cases}。 \tag{2.25}$$

式中：t 为摄氏温度，℃；t_F 为华氏温度，℉。

华氏温标的单位较小，只相当于 5/9 摄氏温标；在华氏温标中，水的冰点为 32 ℉，而在摄氏温标中为 0 ℃。目前，对气温的观测已经十分完善，整个对流层的大气温度都可以通过观测得到。

2.2.2 大气湿度

表示大气中水汽量多少的物理量称为大气湿度，它和云、雾、露、霜等物理现象有关。表示大气湿度的方法有很多种，生产领域不同，或研究的问题不同，可采用不同的表示方法。大气湿度常用下述多种物理量表示。

2.2.2.1 水汽压和饱和水汽压

大气中的水汽所产生的那部分压力称为水汽压(e)，它的单位和气压一样，也用 hPa 表示。水汽压随高度增加而迅速减少，1500 m 高度的水汽压为地面的 1/2，5000 m 高空则减少为地面的 1/10。水汽压的地理分布与气温相同，赤道区最大，约为 26 hPa，向两极逐渐减少，35° N 处为 13 hPa，65° N 处为 4 hPa，极地为 1～2 hPa。

自然条件下水汽压存在一个极大值，当水汽压接近这一极大值时便有水汽凝结出来，以保持水汽压不超过这一极值。如果水汽含量达到此限度，空气就呈饱和状态，这时的空气称为饱和空气。饱和空气的水汽压称为饱和水汽压(e_s），也称为最大水汽压。实验和理论都可证明，饱和水汽压是温度的函数，随温度的升高而增大。在不同的温度条件下，饱和水汽压的数值是不同的。根据实验结果用公式表示为：

$$e_s = 6.11 \times 10^{\frac{at}{b+t}}。 \tag{2.26}$$

式中：e_s 为饱和水汽压，hPa；t 为温度，℃；a 和 b 为常数。a、b 的数值为：在冰面上 $a=9.5$，$b=265.5$；在水面上 $a=7.63$，$b=241.9$。

含有水汽但未达到饱和的空气称为湿空气，水汽含量达到饱和的空气则称为饱和空气。自然条件下空气中的实际水汽压可能出现大于同温度下的饱和水汽压的情况。但在实验室中，在人工清除了所有凝结核的情况下，实际水汽压可能远大于饱和水汽压，这种情况被称为过饱和空气。

2.2.2.2 绝对湿度

单位体积空气中所含的水汽质量称为绝对湿度，实际上也就是水汽密度，以 g/m^3 表示。它可用下式计算：

$$\rho_\omega = \frac{e}{R_\omega T} \times 10^3。 \tag{2.27}$$

式中：ρ_ω 为水汽密度，g/m^3；e 为水汽压，hPa；T 为气温，K；R_ω 为水汽的比气体常数，$R_\omega = 461.5\ J/(kg \cdot K)$。当水汽达到饱和时，用饱和水汽压 e_s 值代入上式中计算，即得到饱和绝对湿度值。

2.2.2.3 比湿

在一团湿空气中，水汽的质量与该团空气总质量(水汽质量加上干空气质量)的比值，称为比湿(q）。其值是一个比值，本来没有量纲，但其单位常标以 g/g，即表示每克湿空气中含有多少克的水汽。因该量很小，也可以用每千克质量湿空气中所含水汽质量的克数表示，即 g/kg。其计算公式为：

$$q = \frac{m_\omega}{m_d + m_\omega}。 \tag{2.28}$$

式中：m_ω 为该团湿空气中水汽的质量；m_d 为该团湿空气中干空气的质量。据式(2.28)和气体状态方程可导出：

$$q = 0.622\frac{e}{p - 0.378e}。 \tag{2.29}$$

由式(2.29)知，对于某一团湿空气而言，只要其中水汽质量和干空气质量保持不变，不论发生膨胀或压缩，体积如何变化，其比湿都保持不变。因此，在讨论空气的垂直运动时，通常用比湿来表示空气的湿度。当空气达到饱和时，其饱和比湿 q_s 可按下式计算：

$$q_s = 0.622\frac{e_s}{p - 0.378e_s}。 \tag{2.30}$$

计算中水汽压和大气总压力要用同样的单位 hPa。由于 e_s 是温度的函数，公式中又包含 p，所以饱和比湿是温度和气压的函数。

2.2.2.4 混合比

一团湿空气中，水汽质量与干空气质量的比值称为水汽混合比(ω)，与比湿一样，常标以 g/g 或 g/kg。其计算公式为：

$$\omega = \frac{m_\omega}{m_d}。 \tag{2.31}$$

据其定义和气体状态方程可导出：

$$\omega = 0.622 \frac{e}{p-e}。 \tag{2.32}$$

因为 $e \ll p$，所以按照式(2.29)算出的 q 与按式(2.32)算出的 ω 差别很小，而且可以近似认为有：

$$q \approx \omega \approx 0.622 \frac{e}{p} \quad (\text{g/g})。 \tag{2.33}$$

2.2.2.5 相对湿度

相对湿度(f)就是空气中实际水汽压与同温度下饱和水汽压的比值(用百分数表示)，即

$$f = \frac{e}{e_s} \times 100\%。 \tag{2.34}$$

相对湿度的大小直接反映空气中水汽含量距离饱和的程度。当空气中水汽含量达到饱和时，相对湿度为 100%，未饱和时则 $f < 100\%$。很明显，相对湿度值还可由以下公式计算：

$$f = \frac{\rho}{\rho_s} \times 100\% = \frac{q}{q_s} \times 100\%。 \tag{2.35}$$

从相对湿度的计算公式可以看出，当水汽压不变时，气温升高，饱和水汽压增大，相对湿度会减小。

2.2.2.6 露点和霜点

在空气中气压和水汽含量不变的条件下降温，使水汽相对于水面达到饱和($t > 0 ℃$)时的温度，称为露点温度，简称露点，其单位与气温相同。同样的过程使水汽相对于冰面达到饱和($t < 0 ℃$)时所应降低到的温度，称为霜点温度，简称霜点。地面温度降低到露点则出现露，地面温度降低到霜点则出现霜冻。已知水汽压，由式(2.26)，计算露点或霜点温度 t_d 时可应用以下关系式：

$$e = 6.11 \times 10^{\frac{at_d}{b+t_d}} \circ \tag{2.36}$$

式中：e 为实际水汽压，hPa；t_d 为露点（或霜点）温度，℃。当计算露点时，$a = 9.5$，$b = 265.5$ ($t_d > 0$ ℃)；当计算霜点时，$a = 7.5$，$b = 237.3$ ($t_d < 0$ ℃)。

对式(2.36)两边取常用对数，经过运算可得到以下根据水汽压 e 求露点（或霜点）温度 t_d 的公式：

$$t_d = \frac{b \ln(e/6.11)}{[a - \ln(e/6.11)]} \circ \tag{2.37}$$

由式(2.37)可以看出，在气压一定时，露点（或霜点）的高低只与空气中的水汽含量有关，水汽含量越多，露点（或霜点）越高，所以露点（或霜点）也是反映空气中水汽含量的物理量。在实际大气中，空气经常处于未饱和状态，露点（或霜点）温度常比气温低（$t_d < t$）。因此，根据 t 和 t_d 的差值，可以大致判断空气距离饱和的程度。

2.2.2.7　饱和差

实际大气处于未饱和状态是经常的，饱和状态时较少，因此露点温度总比实际大气温度低。只有当空气在饱和状态时，气温(t)等于露点温度(t_d)。因此在一定温度下，饱和水汽压与实际空气中水汽压之差被称为饱和差(d)，也称为湿度差，即 $d = e_s - e$，表示实际空气距离饱和的程度。在研究水面蒸发时常用到 d，它能反映水分子的蒸发能力。

上述各种表示湿度的物理量(水汽压、比湿、混合比、露点)基本上表示空气中水汽含量的多少，相对湿度、饱和差则表示空气距离饱和的程度。

2.2.3　气温的分布

热量平衡中各个分量，如辐射差额、潜热和显热交换等，都受不同的控制因子影响。这些因子诸如纬度、季节等天文因子有着明显的地带性和周期性。而下垫面性质、地势高低，以及天气条件，如云量多少、大气干湿程度等，均带有非地带性特征。同时，不同地点，这些因子的影响也不相同，因而在热量的收支变化中引起的气温分布也呈不均匀性。

2.2.3.1　气温的水平分布

气温的分布通常用等温线图表示。所谓等温线就是地面上气温相等的各地点的连线。等温线的不同排列，反映出不同的气温分布特点。如等温线稀疏，表示各地气温相差不大；等温线密集，表示各地气温悬殊。等温线平直，表示影响气温分布的因素较少；等温线弯曲，表示影响气温分布的因素较多。等温线沿东西向平行排列，表示温度随纬度而不同，即以纬度为主要因素；等温线与海岸平行，表示气温因距海远近而不同，即以距海远近为主要因素。

影响气温分布的主要因素有三，即纬度、海陆和高度。但是，在绘制等温线图时，常把温度值订正到同一高度即海平面上，以便消除高度的因素，从而把纬度、海陆及其他因素更明显地表现出来。

在一年内的不同季节，气温分布是不同的。通常以1月代表北半球的冬季和南半球的夏季，7月代表北半球的夏季和南半球的冬季。图2.14和图2.15分别为1月和7月全球海平面的等温线图。对冬季和夏季地球表面平均温度分布的特征，可做如下分析。

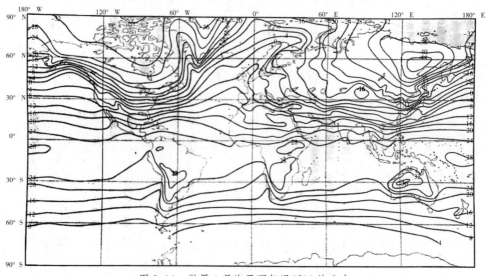

图2.14　世界1月海平面气温(℃)的分布

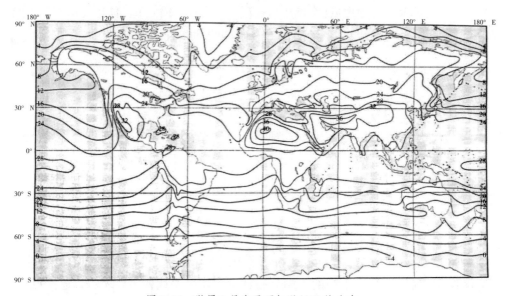

图2.15　世界7月海平面气温(℃)的分布

首先，在全球平均气温分布图上，明显地看出，赤道地区气温高，向两极逐渐降低，这是一个基本特征。在北半球，等温线7月比1月稀疏。这说明1月北半球南北温度差大于7月。这是因为1月太阳直射点位于南半球，北半球高纬度地区不仅正午太阳高度较低，而且白昼较短，而北半球低纬度地区，不仅正午太阳高度较高，而且白昼较长，因此1月北半球南北温差较大。7月太阳直射点位于北半球，高纬度地区有较低的正午太阳高度和较长的白昼，低纬度地区有较高的正午太阳高度和较短的白昼，以致 7 月北半球南北温差较小。

其次，冬季北半球的等温线在大陆上大致凸向赤道，在海洋上大致凸向极地，而夏季相反。这是因为在同一纬度上，冬季大陆温度比海洋温度低，夏季大陆温度比海洋温度高的缘故。南半球因陆地面积较小，海洋面积较大，因此等温线较平直，遇有陆地的地方，等温线也发生与北半球相类似的弯曲情况。海陆对气温的影响，通过大规模洋流和气团的热量传输才显得更为清楚。例如，最突出的暖洋流和暖气团是墨西哥湾暖洋流和其上面的暖气团，这使位于 60° N 以北的挪威、瑞典 1 月平均气温达 $-15 \sim 0$ ℃，比同纬度的亚洲及北美洲东岸气温高 $10 \sim 15$ ℃。盛行西风的 40° N 处，在欧亚大陆靠近大西洋海岸，由于海洋影响，1 月平均气温在 15 ℃ 以上；在亚洲东岸，受陆上冷气团的影响，1 月平均气温在 -5 ℃ 以下。大陆东西岸 1 月份同纬度平均气温竟相差 20 ℃ 以上。在 40° N 处的北美洲西岸 1 月平均气温接近 10 ℃，在东面大西洋海岸仅为 0 ℃，相差达 10 ℃。至于冷洋流对气温分布的影响，在南美洲和非洲西岸也是明显的。此外，高大山能阻止冷空气的流动，也能影响气温的分布。例如，我国的青藏高原、北美的落基山、欧洲的阿尔卑斯山均能阻止冷空气不向南而向东流动。

再次，最高温度带并不位于赤道上，而是冬季在 5°—10° N 处，夏季移到 20° N 左右。这一带平均温度 1 月和 7 月均高于 24 ℃，故称为热赤道。热赤道的位置从冬季到夏季有向北移的现象，因为这个时期太阳直射点的位置北移，同时北半球有广大的陆地，使气温强烈受热。

最后，南半球不论冬夏，最低温度都出现在南极。北半球仅夏季最低温度出现在极地附近，冬季最冷地区出现在东部西伯利亚和格陵兰地区。

极端温度的度数和出现地区，往往在平均温度图上不能反映出来。根据现有记录，2019 年在南极记录到新的世界绝对最低气温为 -100 ℃；1913 年在美国加利福尼亚州死亡谷测得世界绝对最高气温为 56.7 ℃。在我国境内，绝对最高气温出现在新疆维吾尔自治区吐鲁番市三堡乡，2023 年 7 月 16 日测得 52.2 ℃；绝对最低气温出现在黑龙江省漠河市劲涛镇，2023 年 1 月 22 日测得 -53 ℃。

2.2.3.2　对流层中气温的垂直分布

在对流层中，总的情况是气温随高度而降低。这首先是因为对流层空气的增温主要依靠吸收地面的长波辐射。因此，离地面愈近，获得地面长波辐射的热能愈多，气温愈高；离地面愈远，气温愈低。其次，愈近地面空气密度愈大，水汽和固体杂质愈多，因而吸收地面辐射的效能愈大，气温愈高；愈向上空气密度愈小，能够吸收地面辐射的物质——水汽、微尘愈少，因此气温愈低。整个对流层的气温直减率平均为 0.65 ℃/100 m。实际上，在对流层内各高度的气温垂直变化是因时因地而不同的。

对流层的中层和上层受地表的影响较小，气温直减率的变化比下层小得多。中层气温直减率平均为 $0.5 \sim 0.6$ ℃/100 m，上层平均为 $0.65 \sim 0.75$ ℃/100 m。对流层下层（由地面至 2 km）的气温直减率平均为 $0.3 \sim 0.4$ ℃/100 m。但由于下层受地面增热和冷却的影响很大，气温直减率随地面性质、季节、昼夜和天气条件的变化亦很大。例如，夏季白昼，在大陆上，当晴空无云时，地面剧烈地增热，底层(自地面至 $300\sim500$ m 高度)气温直减率可大于干绝热直减率(可达 $1.2\sim1.5$ ℃/100 m)。但在一定条件下，对流层中也会出现气温随高度增高而升高的逆温现象。造成逆温的条件是地面辐射冷却、空气平流冷却、空气下沉增温、空气湍流混合等。但无论哪种条件造成的逆温，都对天气有一定的影响。例如，它可以阻碍空气垂直运动的发展，使大量烟、尘、水汽凝结物聚集在其下面，使能见度变低，等等。下面分别讨论各种逆温的形成过程。

(1)辐射逆温。由于地面强烈辐射冷却而形成的逆温，称为辐射逆温。图 2.16 表明辐射逆温的生消过程。图 2.16(a)为辐射逆温形成前的气温垂直分布情形。在晴朗无云或少云的夜间，地面很快辐射冷却，贴近地面的气层也随之降温。由于空气愈靠近地面，受地表的影响愈大，所以，离地面愈近降温愈多，离地面愈远降温愈少，因而形成了自地面开始的逆温[图 2.16(b)]；随着地面辐射冷却的加剧，逆温逐渐向上扩展，黎明时达最强[图 2.16(c)]；日出后，太阳辐射逐渐增强，地面很快增温，逆温便逐渐自下而上地消失[图 2.16(d-e)]。

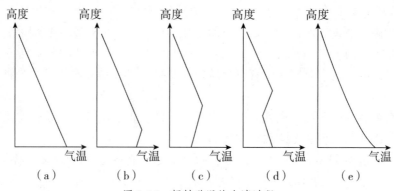

图 2.16 辐射逆温的生消过程

辐射逆温厚度从数十米到数百米，在大陆上常年都可出现，以冬季最强。夏季夜短，逆温层较薄，消失也快；冬季夜长，逆温层较厚，消失较慢。在山谷与盆地区域，由于冷却的空气还会沿斜坡流入低谷和盆地，因而常使低谷和盆地的辐射逆温得到加强，往往持续数天而不会消失。

(2)湍流逆温。由于低层空气的湍流混合而形成的逆温，称为湍流逆温。其形成过程可用图 2.17 来说明。图中 AB 为气层原来的气温分布，气温直减率(γ)比干绝热直减率(γ_d)小，经过湍流混合以后，气层的温度分布将逐渐接近于干绝热直减率。这是因为湍流运动中，上升空气的温度是按干绝热直减率变化的，空气升到混合层上部时，它的温度比周围的空气温度低，混合的结果使上层空气降温；空气下沉时，情况相反，会使下层空气增温。所以，空气经过充分的湍流混合后，气层的温度直减率就逐渐趋近于干绝热直减率。图中 CD 是经过湍流混合后的气温分布。这样，在湍流减弱层(湍流混合层与未发生湍流的上层空气之间的过渡层)就出现了逆温层 DE。

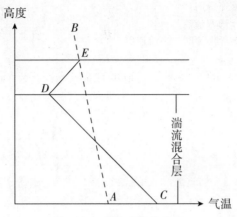

图 2.17　湍流逆温的形成

（3）平流逆温。暖空气平流到冷的地面或冷的水面上，会发生接触冷却作用，愈近地表面的空气降温愈多，而上层空气受冷地表面的影响小，降温较少，于是产生逆温现象。这种因空气的平流而产生的逆温，称为平流逆温（图 2.18）。但是平流逆温的形成仍和湍流及辐射作用分不开。因为既是平流，就具有一定风速，这就产生了空气的湍流，较强的湍流作用常使平流逆温的近地面部分遭到破坏，使逆温层不能与地面相连，而且湍流的垂直混合作用使逆温层底部气温降得更低，逆温也愈加明显。另外，夜间地面辐射冷却作用可使平流逆温加强，白天地面辐射增温作用则使平流逆温减弱，从而使平流逆温的强度具有日变化。

（4）下沉逆温。如图 2.19 所示，当某一层空气发生下沉运动时，因气压逐渐增大，以及因气层向水平方向的辐散，使其厚度减小（$h' < h$）。如果气层下沉过程是绝热的，而且气层内各部分空气的相对位置不发生改变，这样空气层顶部下沉的距离要比底部下沉的距离大，其顶部空气的绝热增温要比底部多。于是可能有这样的情况：当下沉到某一高度上，空气层顶部的温度高于底部的温度，而形成逆温。例如，设某气层从空中下沉，起始时顶部为 3500 m，底部为 3000 m（厚度 500 m）。它们的温度分别为-12 ℃ 和-10 ℃，下沉后顶部和底部的高度分别为 1700 m 和 1500 m（厚度 200 m）。假定下沉是按干绝热变化的，则它们的温度分别增高到 6 ℃ 和 5 ℃，这样逆温就形成了。这种因整层空气下沉而造成的逆温，称为下沉逆温。下沉逆温多出现在高气压区内，范围很广，厚度也较大，在离地数百米至数千米的高空都可能出现。冬季，下沉逆温常与辐射逆温结合在一起，形成一个从地面开始有着数百米厚的逆温层。由于下沉的空气层来自高空，水汽含量本来就不多，加上在下沉以后温度升高，相对湿度显著减小，空气显得很干燥，不利于云的生成，原来有的云也会趋于消散，因此在有下沉逆温的时候，天气总是晴好的。

此外，冷暖空气团相遇时，较轻的暖空气爬到冷空气上方，在界面附近也会出现逆温，称为锋面逆温。

上面分别讨论了各种逆温的形成过程。实际上，大气中出现的逆温常常是由多种原因共同形成的。因此，在分析逆温的成因时，必须注意到当时的具体条件。

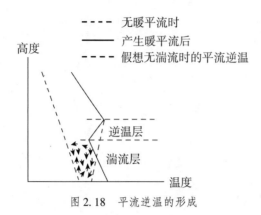

图 2.18　平流逆温的形成

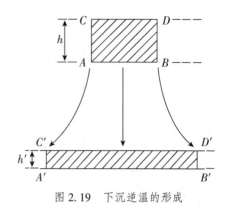

图 2.19　下沉逆温的形成

2.2.4　湿度随时间的变化

影响蒸发的诸多因子随时间均有强弱变化，因而近地层大气的湿度也表现出明显的日、年变化的规律，由绝对湿度和相对湿度两种方法表示的大气湿度随时间具有不同的变化规律。

水汽压是大气中水汽绝对含量的表示方法之一，它的日变化有两种类型。一种是双峰型，主要在大陆上湍流混合较强的夏季出现。水汽压在一日内有两个最高值和两个最低值。最低值出现在清晨温度最低时和午后湍流最强时，最高值出现在 9—10 时和 21—22时（图 2.20 中实线）。峰值的出现是因为蒸发增加水汽的作用大于湍流扩散对水汽的减少作用所致。另一种是单波型，以海洋上、沿海地区和陆地上湍流不强的秋冬季节为多见。水汽压与温度的日变化一致，最高值出现在午后温度最高、蒸发最强的时刻，最低值出现在温度最低、蒸发最弱的清晨（图 2.20 中虚线所示）。水汽压的年变化与温度的年变化相似，有一最高值和一最低值。最高值出现在温度高、蒸发强的 7—8 月份，最低值出现在温度低、蒸发弱的 1—2 月份。

相对湿度的日变化主要取决于气温。气温增高时，虽然蒸发加快，水汽压增大，但饱和水汽压增大得更多，反使相对湿度减小；温度降低时则相反，相对湿度增大。因此，相对湿度的日变化与温度的日变化相反，其最高值基本上出现在清晨温度最低时，最低值出现在午后温度最高时（图 2.21）。

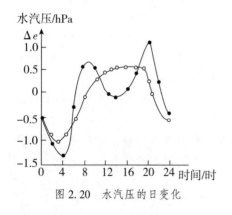

图 2.20　水汽压的日变化

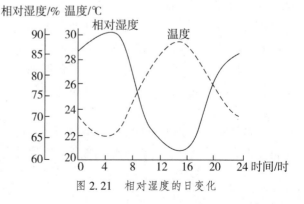

图 2.21　相对湿度的日变化

相对湿度的年变化一般以冬季最大，夏季最小。某些季风盛行地区，由于夏季盛行风来自海洋，冬季盛行风来自内陆，相对湿度反而夏季大，冬季小。湿度这种有规律的年、日变化的特征有时会因天气变化等因素而遭破坏，其中起主要作用的是湿度平流。由于各地空气中水汽含量不一样，当空气从湿区流到干区时(称为湿平流)，引起所经地区的湿度增加；当空气从干区流到湿区时(称为干平流)，引起所经地区的湿度减小。

2.3　大气运动

2.3.1　气压随高度和时间的变化

2.3.1.1　气压随高度的变化

一个地方的气压值经常有变化，变化的根本原因是其上空大气柱中空气质量的增多或减少。大气柱质量的增减又往往是大气柱厚度和密度改变的反映。当气柱增厚、密度增大时，则空气质量增多，气压就升高；反之，则气压减小。因而，任何地方的气压值总是随着海拔高度的增高而递减。如图 2.22 所示，甲气柱从地面到 1000 m 和从 1000 m 到 2000 m，虽然都是减少同样高度的气柱，但是低层空气密度大于高层，因而低层气压降低的数值大于高层。据实测，在地面层中，高度每升高 100 m，气压平均降低 12.7 hPa；在高层则小于此数值。确定空气密度大小与气压随高度变化的定量关系，一般是应用静力学方程和压高方程。

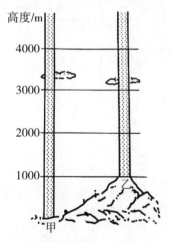

图 2.22　气压随高度递减的快慢和空气密度的关系

1. 静力学方程

假设大气相对于地面处于静止状态，则某一点的气压值等于该点单位面积上所承受铅直气柱的重量。如图 2.23，在大气柱中截取面积为 1 cm^2，厚度为 ΔZ 的薄气柱。设高度 Z_1 处的气压为 P_1，高度 Z_2 处的气压为 P_2，空气密度为 ρ，重力加速度为 g。在静力平衡条件下, Z_1 面上的气压 P_1 和 Z_2 面上的气压 P_2 间的气压差应等于这两个高度面间的薄气柱重量:

$$P_2 - P_1 = -\Delta P = -\rho g(Z_2 - Z_1) = -\rho g \Delta Z。$$

式中负号表示随高度增高, 气压降低。若 ΔZ 趋于无限小, 则上式可写成:

$$-dP = \rho g dZ。 \tag{2.38}$$

式(2.38)是气象上应用的大气静力学方程。方程说明, 气压随高度递减的快慢取决于空气密度(ρ)和重力加速度(g)的变化。重力加速度(g)随高度的变化量一般很小, 因而气压随高度递减的快慢主要取决于空气的密度。在密度大的气层里, 气压随高度递减得快, 反之则递减得慢。实践证明, 静力学方程虽是静止大气的理论方程, 但除在有强烈对流运动的局部地区外, 其误差为1%, 因而得到广泛应用。将式(2.38)变换得:

$$-\frac{dP}{dZ} = \rho g。$$

将状态方程 $\rho = \dfrac{P}{R_d T}$ 代入, 得:

$$-\frac{dP}{dZ} = \frac{g}{R_d} \frac{P}{T}。$$

$-\dfrac{dP}{dZ}$ 称为铅直气压梯度或单位高度气压差, 它表示每升高 1 个单位高度所降低的气压值。

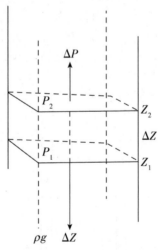

图 2.23　空气静力平衡

实际工作中还经常引用气压高度差(h), 它表示在铅直气柱中气压每改变一个单位所对应的高度变化值。显然它是铅直气压梯度的倒数, 即

$$h = \frac{R_d T}{P g}。$$

式中: $R_d = 287$ J/(kg·K), 为干空气的气体常数。将 R_d、g 值代入, 并将 T 换成摄氏温标 t, 则得:

$$h \approx \frac{8000}{P}\left(1 + \frac{t}{273}\right)(\text{m/hPa})。 \tag{2.39}$$

表 2.6 是根据式(2.39)计算出的不同气温和气压下的 h 值。

表 2.6 不同温度、气压条件下的 h 值

P/hPa	t/℃				
	40	−20	0	20	40
1000	6.7	7.4	8.0	8.6	9.3
500	13.4	14.7	16.0	17.3	18.6
100	67.2	73.6	80.0	86.4	92.8

从表 2.6 中可以看出：①在同一气压下，气柱的温度愈高，密度愈小，气压随高度递减得愈缓慢，单位气压高度差愈大；反之，气柱温度愈低，单位气压高度差愈小。②在同一气温下，气压值愈大的地方，空气密度愈大，气压随高度递减得愈快，单位高度差愈小；反之，气压愈低的地方单位气压高度差愈大。例如，愈到高空，空气愈稀薄，虽然同样取上下气压差一个百帕，气柱厚度却随高度增加而迅速增大。

通常，大气总处于静力平衡状态。当气层不太厚和要求精度不太高时，式(2.39)可以用来粗略地估算气压与高度间的定量关系，或者用于将地面气压订正为海平面气压。如果研究的气层高度变化范围很大，气柱中上下层温度、密度变化显著时，该式就难以直接运用，就需采用适合于较大范围气压随高度变化的关系式，即压高方程。

2. 压高方程

为了精确地获得气压与高度的关系，通常将静力学方程从气层底部到顶部进行积分，即得出高压方程：

$$\int_{P_1}^{P_2} dP = -\int_{Z_1}^{Z_2} \rho g dZ 。 \tag{2.40}$$

式中：P_1、P_2 分别是高度 Z_1 和 Z_2 处的气压值。该式表示任意两个高度上的气压差等于这两个高度间单位截面积空气柱的重量。用状态方程替换式中的 ρ，得：

$$P_2 = P_1 e^{-\int_{Z_1}^{Z_2} \frac{g}{RT} dZ} 。 \tag{2.41}$$

式(2.41)是通用的压高方程。它表示气压是随高度的增加而按指数递减的规律。而且在大气低层，气压递减得快，在高层则递减得慢；在温度低时，气压递减得快，在温度高时则递减得慢。利用式(2.41)，原则上可以进行气压和高度间的换算，但直接计算还比较困难。因为在公式中指数上的子式中，g 和 T 都随高度变化而有变化，而且 R 因不同高度上空气组成的差异也会随高度变化而变化，因而进行积分是困难的。为了方便实际应用，需要对方程做某些特定假设。例如忽略重力加速度的变化和水汽影响，并假定气温不随高度发生变化，此条件下的压高方程称为等温大气压高方程。在等温大气中，式(2.41)中的 T 可视为常数，于是得：

$$Z_2 - Z_1 = \frac{RT}{g} \ln \frac{P_1}{P_2} 。 \tag{2.42}$$

式中负号取消是因为将 P_1 和 P_2 的位置上下调换了。从式(2.42)中可以看出，等温大气中，气压随高度增加仍是按指数规律递减的，其变化曲线如图 2.24 中实线。将 T 换成 t，自然对数换成常用对数，并将 g、R 代入，则式（2.42）变成气象上常用的等温大气压高方程：

$$Z_2 - Z_1 = 18400\left(1+\frac{t}{273}\right)\lg\frac{P_1}{P_2}。 \tag{2.43}$$

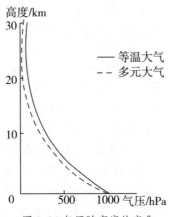

图 2.24 气压随高度的变化

实际大气并非等温大气，所以应用式（2.43）计算实际大气的厚度和高度时，必须将大气划分为许多薄层，求出每个薄层的 t_m；然后分别计算各薄层的厚度；最后把各薄层的厚度求和，便是实际大气的厚度。表 2.7 是利用式（2.43）计算的标准大气中气压与高度的对应值。

表 2.7　标准大气中气压与高度的对应值

气压/hPa	1013.3	845.4	700.8	504.7	410.4	307.1	193.1	102.8	46.7
高度/m	0	1500	3000	5500	7000	9000	12000	16000	21000

式（2.43）中把重力加速度 g 当成常数，实际上 g 随纬度和高度不同而有变化，要求得精确的 Z 值，还必须对 g 做纬度和高度的订正。一般说，在大气低层 g 随高度的变化不大；但将此式应用到 100 km 以上的高层大气时，就必须考虑 g 的变化。此外，式（2.43）是把大气当成干空气处理的，当空气中水汽含量较多时，就必须用虚温代替式中的气温。

假设温度直减率（γ）不随高度变化的大气称为多元大气。若取海平面的气温为 T_0，于是任意高度 Z 处的气温 $T = T_0 - \gamma Z$。令 $Z_0 = 0$，海平面气压为 P_0，任意高度 Z 上的气压为 P_z，应用式（2.41），得：

$$P_z = P_0\left(1-\frac{\gamma Z}{T_0}\right)^{\frac{g}{R\gamma}}。 \tag{2.44}$$

式（2.44）表示在多元大气中，气压随高度增加也是按指数规律递减的。当 $y = 0.6/100$ m，$T_0 = 273$ K，$P_0 = 1000$ hPa 时，气压随高度增加而降低的情况如图 2.24 中的虚线所示。图中实线是等温大气的情况，其气压随高度的递减比多元大气慢一些。实际大气与多元大气更为接近。

2.3.1.2　气压随时间的变化

1. 气压变化的原因

某地气压的变化，实质上是该地上空空气柱重量增加或减少的反映，而空气柱的重量是其质量和重力加速度的乘积。重力加速度通常可以看作定值，因而一地的气压变化就取决于其上空气柱中质量的变化。气柱中质量增多了，气压就升高；质量减少了，气压就下降。空气柱质量的变化主要由热力和动力两个因子引起。热力因子是指温度的升高或降低引起的体积膨胀或收缩、密度的增大或减小以及伴随的气流辐合或辐散所造成的质量增多或减少。动力因子是指大气运动所引起的气柱质量的变化，根据空气运动的状况可归纳为下列三种情况。

（1）水平气流的辐合与辐散。空气运动的方向和速度常不一致。有时运动的方向相同而速度不同，有时速度相同而方向各异，也有时运动的方向、速度都不相同。这样可能引起空气质量在某些区域堆聚，而在另一些地区流散。图 2.25 a、c 表示各点的空气都背着同一线或同一点散开，而且前面的空气质点运动速度快，后面的运动速度慢。显然，这个区域里的空气质点会逐渐向周围流散，引起气压降低，这种现象称为水平气流辐散。相反，图 2.25 b、d 表示各点空气向着同一线或同一点集聚，而且前面的空气质点运动速度慢，后面的运动速度快，结果这个区域里空气质点会逐渐聚积起来，引起气压升高，这种现象称水平气流辐合。实际大气中空气质点水平辐合、辐散的分布比较复杂，有时下层辐合、上层辐散，有时下层辐散、上层辐合，在大多数情况下，上下层的辐散、辐合交互重叠非常复杂。因而某一地点气压的变化要依整个气柱中是辐合占优势还是辐散占优势而定。

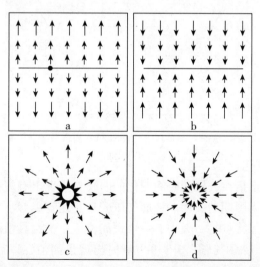

箭头方向表示空气质点运动方向，箭头长度表示空气质点运动快慢

图 2.25　水平气流的辐散（a、c）和辐合（b、d）

（2）不同密度气团的移动。不同性质的气团，密度往往不同。如果移到某地的气团比原来气团密度大，则该地上空气柱质量会增加，气压随之升高；反之该地气压就会降低。

例如，冬季大范围强冷空气南下，流经之地空气密度相继增大，地面气压随之明显上升；夏季时暖湿气流北上，引起流经之处密度减小，地面气压下降。

（3）空气垂直运动。当空气有垂直运动而气柱内质量没有外流时，气柱中总质量没有改变，地面气压不会发生变化。但气柱中质量的上下传输，可造成气柱中某一层次空气质量改变，从而引起气压变化。图2.26中位于A、B、C三地上空某一高度上a、b、c三点的气压，在空气没有垂直运动时应是相等的。而当b点有空气上升运动时，空气质量由低层向上输送，b点因上空气柱中质量增多而气压升高。C地有空气下沉运动，空气质量由上层向下层输送，c点因上空气柱中质量减少而气压降低。由于近地层空气垂直运动通常比较微弱，以致空气垂直运动对近地层气压变化的影响也较微小，可略而不计。

实际大气中气压变化并不由单一情况决定，而图2.25水平气流的辐散（a、c）和辐合（b、d）往往是几种情况综合作用的结果，而且这些情况之间又是相互联系、相互制约、相互补偿的。如图2.27所示，上层有水平气流辐合、下层有水平气流辐散的区域必然会有空气从上层向下层补偿，从而出现空气的下沉运动；反之，则会出现空气上升运动。同理，在出现空气垂直运动的区域也会在上层和下层出现水平气流的辐合和辐散。

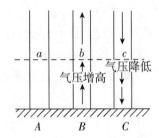

图2.26　空气垂直运动和气压变化关系

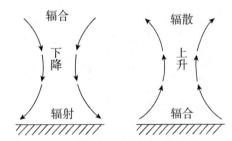

图2.27　水平气流的辐合、辐散和垂直运动的相互关系

2. 气压的周期性变化

气压的周期性变化是指在气压随时间变化的曲线上呈现出有规律的周期性波动，明显的是以日为周期和以年为周期的波动。地面气压的日变化有单峰、双峰和三峰等型式。其中以双峰型最为普遍，其特点是一天中有一个最高值、一个次高值和一个最低值、一个次低值（图2.28）。一般是清晨气压上升，9—10时出现最高值，以后气压下降，到15—16时出现最低值，此后又逐渐升高，到21—22时出现次高值，以后再度下降，到次日3—4时出现次低值。最高值、最低值出现的时间和变化幅度随纬度而有区别，热带地区气压日变化最为明显，日较差可达3～5 hPa。随着纬度的增高，气压日较差逐渐减小，到纬度50°日较差已减至不到1 hPa。

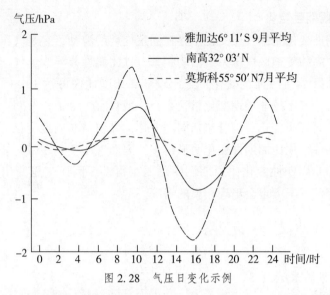

图 2.28　气压日变化示例

气压日变化的原因比较复杂，现在还没有公认的解释。一般认为同气温日变化和大气潮汐密切相关。例如气压一日波(单峰型)同气温的日变化关系很大。当白天气温最高时，低层空气受热膨胀上升，升到高空向四周流散，引起地面减压；清晨气温最低时，空气冷却收缩，气压相应升到最高值。只是由于气温对气压的影响作用需要经历一段过程，以致气压极值出现的相时落后于气温。同时，气压日变化的振幅同气温一样随海陆、季节和地形而有区别，表现出陆地大于海洋、夏季大于冬季、山谷大于平原。气压的半日波(双峰型)可能与同一日间增温和降温的交替所产生的整个大气半日振动周期，以及由日月引起的大气潮相关。至于三峰型气压波，似应与一日波、半日波以及局部地形条件等综合作用有关。

气压年变化是以一年为周期的波动，受气温的年变化影响很大，因而也同纬度、海陆性质、海拔高度等地理因素有关。在大陆上，一年中气压最高值出现在冬季，最低值出现在夏季，气压年变化值很大，并由低纬度向高纬度逐渐增大。海洋上一年中气压最高值出现在夏季，最低值出现在冬季，年较差小于同纬度的陆地。高山区一年中气压最高值出现在夏季，是空气受热，气柱膨胀、上升，质量增加所致；最低值出现在冬季，是空气受冷，气柱收缩、下沉，质量减少的结果(图 2.29)。

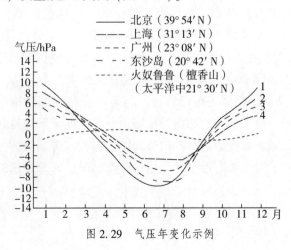

图 2.29　气压年变化示例

3. 气压的非周期性变化

气压的非周期性变化是指气压变化不存在固定周期的波动，它是气压系统移动和演变的结果。通常在中高纬度地区气压系统活动频繁，气团属性差异大，气压非周期性变化远较低纬度明显。如以 24 h 气压的变化量来比较，高纬度地区可达 10 hPa，低纬度地区因气团属性比较接近，气压的非周期变化量很小，一般只有 1 hPa。

一个地方的地面气压变化总是既包括周期变化，又包括非周期变化。只是在中高纬度地区气压的非周期性变化比周期性变化明显得多，因而气压变化多带有非周期性特征；在低纬度地区气压的非周期性变化比周期性变化弱小得多，因而气压变化的周期性比较显著。当然，遇有特殊情况下也会出现相反的情况。

2.3.2　气压场

2.3.2.1　气压场的表示方法

气压场可以用等高面上的等压线分布图和等压面上的等高线分布图表示。

(1)等高面图。高度处处相等的面叫作等高面。等高面上气压的分布情况可用等压线来表示。所谓等压线是指某一等高面上气压相等的点的连线。绘制出等高面上的等压线，就可看出这个水平面上的气压分布情况。目前我国气象台绘制的地面天气图，就是高度为零的海平面图。由它可以看出海平面上的气压分布。

(2)等压面图。空间气压相等的点所组成的面叫作等压面。因为同一高度上各地的气压不一样，所以等压面不是一等高面，而是类似地形一样起伏不平的曲面。等压面的起伏形势是和它附近的水平面上气压分布相对应的。由于气压总是随高度增加而降低的，气压值小的等压面总在上面。等压面上高度高的地方，正是附近水平面上气压高的地方；高度低的地方，正是附近水平面上气压低的地方。根据这种对应关系，我们可以采用类似绘制地形等高线的方法，求出某一等压面在各地上空相对于海平面的高度，然后绘制出等高线，即等压面图。

根据等压面图上等高线的分布，就可以了解空间气压场的形势。如图 2.22 中，P 为等压面，H_1、H_2、H_3……为高度间隔相等的若干等高面，它们分别与等压面相截(以虚线表示截线)，因每条截线都在等压面 P 上，故截线上各点的气压均等于 P，将这些截线投影到水平面上，便得出 P 等压面上距海平面高度分别为 H_1、H_2、H_3……的许多等高线，其分布如图 2.22 下方所示。从图上可以看出，与等压面凸起部位相应的，是由一组闭合等高线组成的高值区域，高度值由中心向外递减；与等压面下凹部位相应的，是由一组闭合等高线组成的低值区域，高度值由中心向外递增。因此，等高线的分布，表示了等压面的起伏形势，也即表示了等压面附近空间气压的分布情况。气象台所绘制的高空图，就是等压面图。

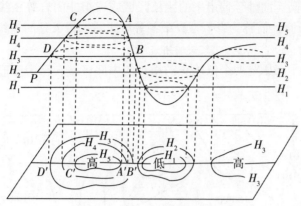

图 2.22　等压面和等高线的关系

还需指出，等压面形势图中所用的等高线高度，单位不是米，而是"位势什米"。位势就是将单位质量空气从海平面提升到某一高度 Z 处，克服重力所做的功，也就是单位质量空气在海平面以上某高度 Z 处的位能。设重力加速度 $g = 9.8$ m/s^3，则 1 位势米等于单位质量的空气抬升 1 m 所做的功。10 位势米 = 1 位势什米。位势高度(H)与几何高度(Z)的换算关系为：

$$H = \frac{g}{9.8} Z。\qquad (2.45)$$

式中：g 为重力加速度，其数值接近于 9.8，所以位势米与几何米数值上很接近，因此 1 位势什米约等于 10 m，但单位含义是截然不同的。

目前气象台在天气形势广播中所说的等高线的数值，就是位势什米数。等高线每隔 4 位势什米分析一条。例如，850 hPa 等压面(其海拔高度约为 1500 m)图上有 144、148、152 等位势什米等高线，700 hPa 等压面(其海拔高度约为 3000 m)图上有 296、300、304 等位势什米等高线，500 hPa 等压面(其海拔高度约为 5500 m)图上有 548、552、556 等位势什米等高线。

2.3.2.2　气压场的基本型式

由于各地气压高低不一，而且还时刻变化着，所以在等高面图和等压面图上反映出来的气压场的型式是多种多样的。可以将其概括为下列基本型式(图 2.23)：

(1)低压。由闭合等压线构成的低气压区，气压从中心向外增高。空间等压面向下凹陷，形如盆地。

(2)高压。由闭合等压线构成的高气压区，气压从中心向外降低。空间等压面向上凸起，形如山丘。

(3)低压槽。由低压向外延伸出来的狭长区域或一组非闭合等压线向气压较高的一方突出的部分，称为低压槽，简称为槽。低压槽中，各等压线曲率最大处的连线，称为槽线。在北半球中纬度地区，大多数槽的尖端指向南方。槽的尖端指向北方的称为倒槽，指向东西方向的称为横槽。槽附近的空间等压面形如山谷。

(4)高压脊。由高压向外延伸出来的狭长区域或一组非闭合等压线向气压较低的一方突出的部分，叫高压脊，简称为脊。在脊中各等压线曲率最大处的连线，称脊线。脊附近空间等压面形如山脊。

(5)鞍形场。两个高压与两个低压交错相对的中间区域，称为鞍形场。其附近空间等压面形如马鞍。

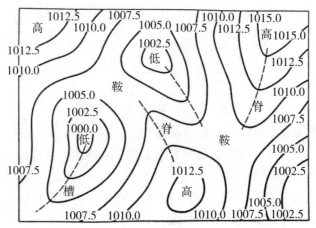

图 2.23　气压场的基本型式

上述几种气压场的基本型式，统称为气压系统。在不同的气压系统中，有着不同的天气。例如在低压内，由于有气流的辐合上升，容易造成阴雨天气；在高压内，由于有气流的辐散下沉，天气一般晴好。掌握这些气压系统的移动和演变，是天气预报工作的重要内容。

此外，在等压面图上，常按照系统移动的方向，把槽和脊分成槽前、槽后或脊前、脊后。

2.3.3　大气的水平和垂直运动

2.3.3.1　作用于空气的力

空气时刻都在运动，而且运动的形式是多种多样的。正是由于空气的运动，使不同地区之间、不同高度之间的热量和水分得以交换，不同性质的气团得以相互接近，相互作用，产生了各种各样的天气和天气变化。空气运动可以分为水平运动和垂直运动两种形式。空气的水平运动就是我们常说的风。下面讨论空气的水平运动。

空气运动是由于受到力的作用而引起的，所以，讨论空气的水平运动时，必须弄清楚作用于空气的力有哪些，它们是怎样产生的。作用于空气并使之产生水平运动的力有以下四种：①由于水平方向气压分布不均匀而产生的水平气压梯度力；②当空气运动时，由于地球自转而产生的水平地转偏向力；③由于空气层之间、空气与地面之间存在相对运动而产生的摩擦力；④当空气做曲线运动时，还要受惯性离心力的作用。

1. 水平气压梯度力

气压梯度是由于空间气压分布不均而作用在单位体积空气上的力。它在水平方向的分力称为水平气压梯度力，其方向垂直于等压线，由高压指向低压，大小为这个方向上单位距离内气压的改变量$\left(-\dfrac{\Delta P}{\Delta N}\right)$。

由于单位体积空气所含有空气质量的多少随空气性质不同而有差异，即相同的水平气压梯度，对于密度不同的空气所产生的运动速度是不相同的，密度大的空气运动速度要小于密度小的空气。所以用气压梯度难以比较各地空气的运动速度。因此，在气象学上讨论空气运动时，通常取单位质量空气作为对象，把由于水平气压梯度存在而作用在单位质量空气上的力称为水平气压梯度力，简称气压梯度力，用 G 表示：

$$G=-\frac{1}{\rho}\frac{\Delta P}{\Delta N}。 \tag{2.46}$$

式中：ρ 为空气密度，负号表示水平气压梯度力的方向是从高压指向低压。由式(2.46)可见，水平气压梯度力的大小与水平气压梯度成正比，与空气密度成反比。若水平方向上没有气压差，则水平气压梯度为零，空气即不会有水平运动。只要水平方向上存在气压差，就有水平气压梯度力，空气即会在水平气压梯度力的作用下，由高压向低压方向运动。因此，水平方向上气压分布不均，是促使空气产生水平运动的直接原因。

2. 水平地转偏向力

空气在不断自转的地球上运动着，当运动的空气质点依其惯性顺着水平气压梯度力方向前进时，由于地球自转而产生的使空气偏离气压梯度力方向的力，叫作水平地转偏向力。水平地转偏向力 A 的大小可表示为：

$$A=2\omega v \sin \varphi。 \tag{2.47}$$

式中：ω 为地球自转角速度，$\omega = 7.292 \times 10^{-5}\ \text{s}^{-1}$；$v$ 为风速；φ 为纬度。

由式(2.47)可见：①水平地转偏向力和风速成正比，当风速为零，则水平地转偏向力不出现；风速愈大时，水平地转偏向力也愈大。②水平地转偏向力大小与纬度有关，赤道($\varphi = 0°$)上没有水平地转偏向力，水平地转偏向力随纬度增高而增大。③在北半球，水平地转偏向力垂直指向运动方向的右方，使空气运动的方向向右偏转；在南半球，使运动向左偏转。④水平地转偏向力只改变空气运动的方向，不改变运动的速度。

3. 摩擦力

空气运动时，空气与地面之间、空气与空气之间因产生相互摩擦而使运动减速，这种因摩擦作用而产生的阻力，称为摩擦力。摩擦力(R)的方向与运动方向相反，其大小与运动速度(v)和摩擦系数(K)成正比：

$$R=-Kv。 \tag{2.48}$$

式中负号表示摩擦力的方向与运动方向相反。

摩擦力的大小在不同高度上是不相同的，以近地面层最为显著。高度愈高，摩擦力愈小。通常以 1500 m(850 hPa)作为界线，1500 m 以上，摩擦力影响很小，可以忽略不计，称之为自由大气；1500 m 以下，必须考虑摩擦力影响，称为摩擦层或行星边界层。

4. 惯性离心力

当空气做曲线运动时，受到惯性离心力的作用。惯性离心力的方向与运动垂直，由曲率中心指向外缘。其大小与空气运动速度(v)的平方成正比，与运动轨迹的曲率半径(r)成反比。若用 C 表惯性离心力，则有：

$$C = \frac{v^2}{r} \text{ 。}$$ (2.49)

在实际大气中，空气运动的曲率半径一般都很大，所以空气受的惯性离心力通常都很小。当空气运动速度很大，且曲率半径很小时，惯性离心力才能达到较大的数值。

上述四个力都是在水平方向上作用于空气的力，它们对空气水平运动的影响是不同的。一般说来，水平气压梯度力是主要的，它是使空气产生运动的直接动力；没有水平气压梯度力，空气就不会产生水平运动。至于其他的力，则视情况而具体分析。例如说讨论低纬度地区的空气运动时，有时可以不考虑水平地转偏向力；在空气近似做直线运动时，惯性离心力可以忽略不计；在讨论自由大气中的空气运动时，一般不考虑摩擦力。

2.3.3.2　自由大气中的空气水平运动

在自由大气中，摩擦力对空气运动的作用一般可以忽略不计，所以空气运动的规律比在摩擦层中要简单一些。当自由大气中空气做直线运动时，只要考虑气压梯度力和地转偏向力的作用就够了；当空气做曲线运动时，则除了这两个力以外，还必须考虑惯性离心力的作用。

1. 地转风

气压梯度力和地转偏向力相平衡的风，称为地转风。如图 2.24 所示，在平直等压线的气压场中，原来静止的单位质量空气，因受气压梯度力的作用，自南向北运动。当它一开始运动后，地转偏向力立即产生，并迫使它向右方偏转（北半球）；往后，在气压梯度力的不断作用下，它的速度越来越大，而地转偏向力使它向右偏转的程度也越来越大；最后，当地转偏向力增大到与气压梯度力大小相等，方向相反时，空气就沿着等压线作等速直线运动，地转风就形成了。地转风方向与水平气压场之间存在着一定的关系，这个关系就是白贝罗风压定律：在北半球，背风而立，高压在右，低压在左；南半球则相反。

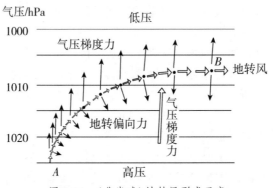

图 2.24　（北半球）地转风形成示意

地转风的大小可根据地转风的概念推出。地转风出现时，水平地转偏向力与水平气压梯度力相等，令 v 代表地转风风速，则有：

$$-\frac{1}{\rho}\frac{\Delta P}{\Delta N}=2\omega v_g \sin\varphi, \tag{2.50}$$

$$v_g=-\frac{1}{2\rho\omega\sin\varphi}\frac{\Delta P}{\Delta N}。 \tag{2.51}$$

式(2.51)就是水平面上的地转风公式。由式(2.51)可以看出，地转风风速大小与水平气压梯度力成正比，与空气密度及纬度的正弦成反比。

2. 梯度风

当自由大气中的空气做曲线运动时，作用于空气的力，除了气压梯度力和地转偏向力以外，还有惯性离心力，这三个力达到平衡时的风叫作梯度风。出现梯度风时，空气沿等压线作等速曲线运动，仍遵循白贝罗风压定律。

由于做曲线运动的气压系统有高压和低压之分，而且在高压和低压系统中，力的平衡状况不同，其梯度风也各不相同(图2.25)。在低气压内，气压梯度力 G 指向中心，地转偏向力 A 和惯性离心力 C 指向外，达到平衡状态时出现梯度风，有：

$$G=A+C。$$

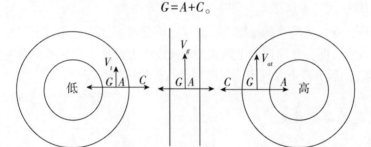

图 2.25　高压、低压中梯度风与地转风的比较

在北半球，低压中的梯度风沿等压线按逆时针方向吹，高压中的梯度风则沿等压线按顺时针方向吹；南半球则相反。

3. 摩擦风

在摩擦层中，摩擦力的大小与气压梯度力相近似，对空气的运动有着重要的影响。在平直等压线的气压场中，作用于空气的有气压梯度力、地转偏向力和摩擦力。水平气压梯度力垂直于等压线，由高压指向低压；水平地转偏向力和风垂直，并指向它的右方(北半球)；地面摩擦力与风向相反。这三个力达到平衡时的风称为摩擦风。

由于地面摩擦力对空气水平运动的阻碍作用，摩擦风比相应气压场中的地转风风速要小。同时，因为水平地转偏向力不再单独与水平气压梯度力平衡，而是它和地面摩擦力的合力与水平气压梯度力相平衡，所以风斜穿等压线，且偏向低压一侧(图2.26)。

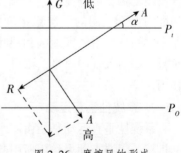

图 2.26　摩擦风的形成

对于受到摩擦力影响的地面风而言，白贝罗风压定律仍然有效，不过要稍加修正，即在北半球，背风而立，高压在右后方，低压在左前方。至于风偏离等压线的角度和风速减小的程度，根据统计，在中纬度地区，陆上地面风(地面以上 10～12 m 高度上的风)风速为该气压场所应有之地转风风速的 35%～45%，在海上

为 60%～70%；风与等压线的交角，陆上为 35°～45°，海上为 15°～20°。

在曲线等压线的气压场中，结论与上述相类似，即风速比气压场所应有的梯度风风速小，风向偏向低压一方。因此，在北半球摩擦层中，低压中的空气做逆时针方向流动，且向内辐合；高压中的空气做顺时针方向流动，且向外辐散(图 2.27)。

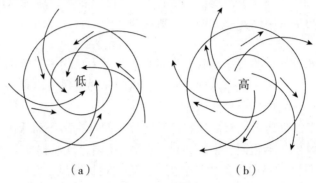

（a）　　　　　　　　　　　　（b）

图 2.27　低压和高压

在摩擦层内，空气运动受的摩擦力，除了地面摩擦力之外，还有上层空气对它的乱流摩擦力。观测事实表明，在摩擦层中风速是随高度增加而增大的，风向随高度增加而向右偏转(在北半球)；到了自由大气中，风向变得与等压线平行了。

2.3.3.3　空气的垂直运动

大气运动经常满足静力学方程，基本上是准水平的，因而空气的垂直运动速度很小，一般仅为水平速度的百分之一，甚至千分之一或更小。然而垂直运动却与大气中云雨的形成和发展及天气变化有着密切关系。

1. 对流运动

对流运动是由于某团空气温度与周围空气温度不等而引起的。当某空气团的温度高于四周空气温度时，气团获得向上的浮力产生上升运动，升至上层向外流散，而低层四周空气便随之辐合以补充上升气流，这样便形成了空气的对流运动。对流运动的高度、范围和强度同上升气团的气层稳定度有关。大气中这种热力对流的水平尺度多在 0.1～50 km，是温暖的低、中纬度地区和温暖季节经常发生的空气运动现象。它的规模较小、维持时间短暂，但对大气中热量、水分、固体杂质的垂直输送和云雨形成、天气发展演变具有重要作用。

2. 系统性垂直运动

系统性垂直运动是指由于水平气流的辐合、辐散、暖气流沿锋面滑升以及气流受山脉的机械、阻滞等动力作用所引起的大范围、较规则的上升或下降运动。这种运动垂直速度很小，但范围很广，并能维持较长时间，对天气的形成和演变产生着重大影响。

大气是连续性流体，当空气发生水平辐合运动时，位于辐合气流中的空气必然受到侧向的挤压，便从上侧面或下侧面产生上升或下降气流。同理，当空气向四周辐散时，在垂直方向上也会产生下沉或上升气流以补偿辐散气流的流散。

在系统性的垂直运动中，上升区或下降区的范围可达几百至几千千米，而升降速度却只有 $1 \sim 10$ cm/s。然而，这样的升降速度在持续较长的时间(例如一昼夜)里，空气在垂直方向上可以移动数百米至数千米，对天气的形成和变化有很大影响。系统性垂直运动的发生往往同天气系统相联系，如与高压、低压、槽、脊和锋面等有密切关系。

2.3.4 大气层结稳定性

2.3.4.1 大气层结的稳定度

大气中的温度、湿度随高度的分布即大气层结，它可以利用探空仪等仪器测知。不同的温度和温度的层结对于发生在其中的垂直运动的作用也不同。

静止大气中，当某一气块受到外力作用在垂直方向产生扰动后，周围大气有使它返回起始位置的趋势时，这种大气层结是稳定的；反之，若周围大气使它更加远离其起始位置，则这种大气层结是不稳定的；气块随时都和周围大气取得平衡的大气层结称为中性的。因此，层结稳定度是周围大气使气块返回或远离起始位置的趋势和程度。

2.3.4.2 大气层结稳定度的判据

当气块位于平衡位置时，具有与周围大气相同的气压、温度和密度，即为 P_0、T_0 和 ρ_0(图 2.28)。当它受到扰动后，就按绝热过程上升，经 ΔZ 后其状态各为 P'、T' 和 ρ'，四周大气这时为 P、T、ρ，除 $P'=P$ 外，一般 $T' \neq T$，$\rho' \neq \rho$。

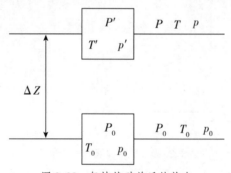

图 2.28　气块扰动前后的状态

单位体积气块受到两个力的作用：一是周围大气对它的浮力 ρg，方向垂直向上；二是其本身的重力 $\rho' g$，方向垂直向下。该两力的合力称为层结内力，以 f 表示：

$$f = \rho g - \rho' g。$$

单位质量所受的力就是加速度，所以有：

$$a = \frac{\rho' - \rho}{\rho} g。$$

利用气体状态方程及准静力平衡条件，则有：

$$a = \frac{T' - T}{T} g。 \tag{2.52}$$

式(2.52)就是判别稳定度的基本公式。如果空气块温度比周围空气温度高，即 $T'>T$，它将受到一向上的加速度；反之，若 $T'<T$，它将受到一向下的加速度。由此可以判别作垂直运动的气块的运动是进一步发展还是趋于减弱。但它只表示气块处于空间某层次的情况，如果要知道气块在整层空气中运动的情况，就得逐层加以判别，使用不方便。因此，需要找出与大气层结相联系的稳定度判据。

1. 干空气和未饱和空气的稳定度判据

这种空气受到扰动而上升时，将按干绝热减温率降低温度，而周围空气按环境温度减温率降低温度。

$$a=g\frac{\gamma'-\gamma}{\gamma}\Delta Z。 \tag{2.53}$$

$(\gamma'-\gamma)$ 的符号，决定了加速度 a 与扰动位移 Δz 的方向是一致还是相反，亦即决定了大气是否稳定，因此称之为干空气和未饱和湿空气的稳定度判据。

当 $\gamma<\gamma_d$ 时，若 $\Delta Z>0$，则 $a<0$，加速度与位移方向相反，层结是稳定的；

当 $\gamma>\gamma_d$ 时，若 $\Delta Z>0$，则 $a>0$，加速度与位移方向一致，层结是不稳定的；

当 $\gamma>\gamma_d$ 时，$a=0$，层结是中性的。

利用温度对数压力图来判别大气层结是否稳定，更为方便。将层结曲线 γ 绘于图上，如图 2.29 所示，从 γ 线与 γ_d 线的交点向上，若 γ 线在 γ_d 的右侧，则 $\gamma<\gamma_d$，层结稳定；若 γ 线在 γ_d 线的左侧，则层结不稳定；若 γ 线与 γ_d 线平行或重合，则层结中性。

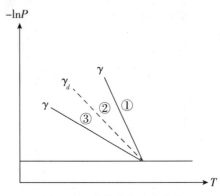

图 2.29　层结曲线和稳定度

2. 饱和湿空气的稳定度判据

饱和湿空气在上升过程中，温度按湿绝热减温率 (γ_m) 递减，有：

$$T'=T_0-\gamma_m\Delta Z; \tag{2.54}$$

周围空气的温度为：

$$T=T_0-\gamma\Delta Z。 \tag{2.55}$$

与干空气相类似，$(\gamma-\gamma_m)$ 则为饱和湿空气的稳定度判据：

当 $\gamma<\gamma_m$ 时，层结稳定；

当 $\gamma>\gamma_m$ 时，层结不稳定；

当 $\gamma=\gamma_m$ 时，层结中性。

3. 绝对不稳定与条件性不稳定

从公式 $\gamma_m = \gamma_d + \dfrac{L}{C_p}\dfrac{\mathrm{d}q_s}{\mathrm{d}z}$ 的分析中可知，恒有 $\gamma_m < \gamma_d$ 关系存在，因此：

当 $\gamma > \gamma_d$ 时，也一定是 $\gamma > \gamma_m$，这时层结无论对干绝热过程还是湿绝热过程来说，都是不稳定的，称为绝对不稳定；

当 $\gamma < \gamma_m$ 时，则也一定是 $\gamma < \gamma_d$，这时层结对干、湿绝热过程来说都是稳定的，称为绝对稳定；

当 $\gamma_m < \gamma < \gamma_d$ 时，层结对湿绝热过程来说是不稳定的，对干绝热过程来说则是稳定的，称为条件性不稳定。

绝对不稳定的情形，多发生在夏季的局部地区，因强烈的太阳辐射，近地层空气急剧增温，使其与上层空气间的温差加大，达到 $\gamma > \gamma_d$ 的程度，夏季午后的热雷雨多因此产生。

绝对稳定发生在气层上下温差极小的情况下，尤其是在等温层及逆温层附近。这时大气中的对流及垂直上升运动受到阻碍，云体将在稳定层的下方平衍、伸展为层状云。

条件性不稳定是自然环境中较常见的情况。在此情况下，气层稳定与否取决于气层中水汽含量的多少。图 2.30 上，实线代表层结曲线 γ，点断线代表干绝热线 γ_d，断线代表湿绝热线 γ_m，则 $\gamma_m < \gamma < \gamma_d$。

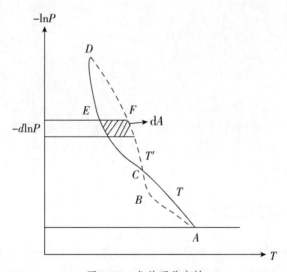

图 2.30　条件不稳定性

气块在 A 处未饱和，按干绝热抬升至 B 达到饱和，由 B 向上，气块按湿绝热上升，至 C 与 γ 相交。可以看出，自 C 点以上，因 $\gamma > \gamma_m$ 气块温度高于环境温度，即 $T' > T$，因此不需外力抬升，气块就可继续上升；在 C 点以下，气块温度低于环境温度，必须依靠外力抬升，才能上升。于是便把 C 点所在的高度称为自由对流高度。自由对流高度愈低，对流愈易发展；自由对流高度愈高，则对流发展愈困难。在 C 点以前，气块必须取得相当的能量才能上升。所以，ABC 区的面积即气块自 A 上升至 C 所需的能量，称为负面积区（以下简称"负区"）；CDE 区面积为气块上升过 C 以上时气层所释放的能量，称为正面积区（以下简称"正区")。正负区的差数即是可用的能量。依照正区是否大于负区及正区是否存在，将条件性不稳定分成三种类型：①真潜不稳定型——正区大于负区；②伪潜不稳定型——负区大于正区；③稳定型——无正区。

上升气块的湿度大，抬升凝结高度 B 就低，正区大于负区的情况就容易出现；如果湿度小，抬升凝结高度就增高，使负区增大而正区减小，倘若空气很干燥，这时仅有负区而无正区。只有在真潜不稳定大气中，空气经扰动后才易有对流的发生和发展。因此，条件性不稳定的条件就是要大气的湿度很大。夏季，条件性不稳定的大气较易形成，所以常常能造成局地性的雷阵雨天气。

4. 对流性不稳定

原来稳定的未饱和气层被整层抬升时，由于水汽垂直分布不同，气层内不同高度的空气可能先后达到饱和，凝结时放出的相变潜热将会改变垂直减温率，从而改变气层的稳定度。

大气中的水汽主要来源于地表，因此常是低层湿度大而高层干燥，大范围气层被抬升时，往往下部先达到饱和。这种原来稳定的未饱和气层，由于整层被抬升到一定高度而变成不稳定的气层，称为对流性不稳定或位势不稳。

具有对流性不稳定层结的气团，多为夏季来自热带洋面，低层高温高湿，当受到大规模的冷空气或地形抬升，或气流的辐合上升时，常可产生大范围内高强度的暴雨天气，形成洪涝灾害。

2.4　大气环流

为什么副热带地区的地面风自东向西吹，中纬度地区的地面风则自西向东吹？为什么信风较中纬度西风带更稳定？这些问题对认识大气环流(即全球意义上的大尺度大气运动的统计特征)有重要意义。

2.4.1　大气环流形成的主要因素

大气环流一般是指地球大气层中具有稳定性的各种气流运行的综合表现。由于大气热力性质的不均匀，在低层出现自冷区指向暖区的空气的运动，在高层又出现自暖区指向冷区的空气运动。又由于大气动力变化的多样性，因而在大气中出现各种气流形式。大气环流的主要表现形式有全球尺度的东西风带、三圈环流(哈德来环流、费雷尔环流以及极地环流)、定常分布的平均槽脊、行星尺度的高空急流、西风带的大型扰动和世界气候带的分布等(图 2.31)。

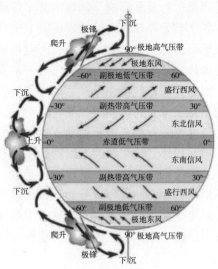

图 2.31　大气环流示意

决定大气环流的重要因素有太阳辐射、地球表面的摩擦作用、大气的水平和垂直尺度、地转偏向力、地球表面状态和大气扰动等。这些因素是共同起作用的，有的是全球性的，有的是局部性的，在它们的综合影响下，就形成了大气环流的整体。

由辐射因素所引起的热量随纬度分布的不均匀性正是大气环流的根本原动力。对于以半球为尺度的西风带和东风带，基本上取决于不均匀的加热。由于自赤道向两极的辐射差额不均匀，如每隔 10 个纬度间的辐射差额用温度表示，如表 2.8 所示。

表 2.8　纬度与辐射差额温度关系

纬　度	0°	10°	20°	30°	40°	50°	60°	70°	80°	90°
辐射差额温度/℃	39	36	32	22	8	−6	−20	−32	−41	−44
差值/℃	3	4	10	14	14	14	12	9	3	

表 2.8 中指出：辐射差额沿纬度方向分布的不均匀造成温度分布的不均匀，以中纬度 30°—60° 范围内的温度梯度最大。这说明这里是西风急流所在的位置，实际上各月西风急流位置的纬度变异与各月温度梯度最大值位置的变异基本上是一致的。

大气尺度是指大气的厚度，它与地球半径相比较只不过是很薄的一层而已。由于大气质量主要是集中在下层，对于天气变化有重要影响的气层铅直范围主要限于 20 km 以下，但是与大气环流有关的水平尺度可以用地球半径来度量。因此，可以把大气看成盖着地球表面很薄的一层气体。这表明空气铅直运动的尺度很小，水平运动的尺度很大，在整个大气环流内，铅直速度的数量级为 cm/s，水平速度的数量级为 m/s。这样，水平运动就成为大气环流中气流的基本形式。

地转偏向力在各纬度的不同对大尺度水平气流有着重要的影响，使得大气运动的基本状态也随纬度不同而不同。在中高纬，偏向力较大，大气上层和下层都以相似的准水平运动为最明显。在低纬，偏向力较小，大规模水平运动不易维持，大气上下层运动也不相同，非水平运动的强度比中高纬更大，下层的非水平运动又比上层更大。

地球表面状态对于大气环流也有显著影响。例如南北半球环流状况不同，平均槽脊及其所联系的大气活动中心在各季节始终在固定的地理位置上出现等，都说明了这种影响。

很明显，海陆分布和地形起伏的不均匀就是地面状态对环流影响的两个主要方面。海陆分布造成对空气的不均匀加热。地形起伏在大气中作为一个固定而不规则的边界，对气流产生热力和动力的作用，因它能强迫气流作升降运动或绕过。

大气扰动对环流的影响也是很重要的。当大气发生扰动时，具有基本作用的是在空间各不同的点上由于空气运动速度不同而形成涡旋运动，这是动力原因的扰动。还有因下垫面受热不均匀而产生空气的铅直位移，这是热力原因的扰动。在西风环流中，当扰动还是很小时，气流方向近于纬向。随着空气涡旋运动的形成和扩大，于是经向环流出现，发生大规模南北气团的交换，结果使纬度之间的温度差趋于减小以至消灭。此后由于太阳辐射热量的继续流入，纬度间的温度差又随时间而增大，这时中纬度又恢复到比较平直的西风环流形势。因此，强大的纬向环流与强大的经向环流就这样相继循环出现，大气扰动在这种周期变化中起着重要作用。

2.4.2 大气环流模式

大气环流就是大范围的大气运动状态。就水平尺度而言，有某大地区（如欧亚地区）、某半球或全球范围的大气环流；就铅直尺度而言，有对流层、平流层、中间层或整个大气圈的大气环流；就时间尺度而言，有一至几天、一月、一季、半年、一年直至多年平均的大气环流。大气环流既是地气系统进行热量、水分等交换的重要基础，又是这些物理量的输送、平衡和转换的重要结果。大气环流不仅决定着某地区的天气状况，同时在一定程度上也决定了气候的形成，所以研究大气环流具有重要意义。

2.4.2.1 热力环流原理

在 A、B 两处，地面和大气中的温度及气压在水平方向分布均匀，等压面与水平面平行，在这种条件下没有空气的水平运动。若由于某种原因使 B 处气柱增暖，则等压面将由 B 点上空向 A 点上空倾斜。这样就使得 B 点上空某高度上的气压高于同高度 A 点上空的气压，因此将产生由 B 点上空指向 A 点上空的水平气压梯度，空气将会由 B 点上空流向 A 点上空。这样就造成了 A 点上空空气质量的流入，使低层 A 点的气压高于 B 点，产生了低层由 A 点指向 B 点的水平气压梯度，空气将由 A 点流向 B 点。同时 B 点处空气因增暖而上升，A 点处空气下沉，因此形成了一个环流。由于这种环流是因温度分布不均而产生的，所以称为热力环流。由此可以看出，在地球表面上，只要有冷、热的差异就会产生热力环流。例如，在地球的极地和赤道之间、陆地与海洋之间都存在着热力的差异，因此均可形成热力环流。

2.4.2.2 极地赤道间的经向环流-圈环流

极地上空因有空气流入，再加上气温较低，空气冷却下沉，地面气压就会升高，形成高压区，称为极地高压。于是在低层就产生了空气自极地流向赤道。这支气流在赤道地区受热上升，补偿了赤道上空流走的空气。这样，在极地赤道间就构成了南北向的闭合环流，称为圈环流。

2.4.2.3　三圈环流

由于地球的自转，空气相对于地球运动就会受到地转偏向力的作用。在北半球使空气运动向右偏转，在南半球使空气运动向左偏转。并且地转偏向力随着地理纬度的增高而加大，所以在考虑了地球自转的条件下，上述圈环流模式将不会存在，大气环流将变得更复杂一些。

(1)热带环流。热带环流又称信风-反信风环流，形成在赤道到30°—35°之间。如前所述，当空气由赤道上空向极地流动时，它将要受到地转偏向力的作用，逐渐向右偏(在南半球向左偏)。随着地理纬度的增高及风速的加大，偏向力也逐渐加大。在纬度30°—35°时，气流接近和纬度圈平行，从赤道上空流来的空气在这里堆积下沉，使地面气压升高，形成高压，称为副热带高压带。在这里地面气流分为两支，一支流向赤道，一支流向极地。这样就形成了在对流层中由赤道到30°—35°之间的闭合环流。其中流向赤道的气流在地转偏向力的作用下，在北半球成为东北风，在南半球成为东南风，分别称为东北信风和东南信风。这两支信风到了赤道附近辐合上升，在高空北半球吹西南风，南半球吹西北风，称为反信风。这样，由信风和反信风构成的热带环流又称信风-反信风环流。

(2)极地环流。来自副热带高压带和极地高压带的南、北两股气流在副极地低压带处辐合上升，其中一股由高空返回极地，在地转偏向力的作用下形成与低层相反的气流，从而形成极地与60°—65°间的闭合环流，称为极地环流。

(3)中纬度环流。中纬度环流形成在30°—60°之间。低层由极地流向低纬的空气与副热带下沉流向极地的空气在副极地地区相遇而辐合上升，一部分流向副热带上空，与热带来的高空气流合并，再一起下沉，完成中纬度的间接环流。

2.4.3　大气环流的变化

大气环流在演变过程中既有形态的变化，也有强度、位置的变化。这些变化集中表现为随季节交替的年变化和与大型环流调整相联系的中短期变化。

2.4.3.1　年变化

大气环流的基本状态取决于地表热力分布的特征，而地表热力状况在一年中具有明显的季节性变化，进而引起大气环流的季节交替。

在中高纬度，一年中环流状态的季节转换，一般是以西风带上槽脊的数量、结构形式和西风的强弱表现出来。从北半球500 hPa多年平均流场来分析，1—4月(冬季)中高纬度西风带上有三个槽、三个脊，而且槽脊的位置和强度基本稳定，6—8月(夏季)西风带上原有的三个槽已变为四个比较浅的槽，因此冬季和夏季的环流形势比较稳定，且占全年相当长的时间，成为中高纬度高层大气环流的基本形态，并在一年中交替出现。环流在从冬季形态转变为夏季形态中，只通过短暂的春季环流（5 月）过渡阶段。同样，从夏季环流形态转变为冬季环流形态时，也只经过秋季（9—10 月）短促的过渡阶段。这种以一年为周期的环流形态的变化，称为环流的年变化（图 2.32）。

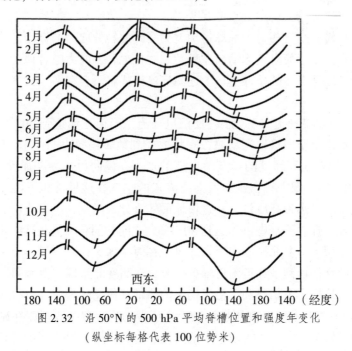

图 2.32 沿 50°N 的 500 hPa 平均脊槽位置和强度年变化

（纵坐标每格代表 100 位势米）

对流层上层（200 hPa）的纬向环流形势也有季节性转换，主要表现在高空急流的变换上。冬季时位于北纬 30°附近的副热带急流非常明显，4 月份开始减弱，5 月底突然消失，同时在 40° N 以北出现中纬度急流；9—10 月中纬度急流又突然消失，副热带急流又迅速建立。

2.4.3.2 中短期变化

大气环流的中短期变化是由不同尺度的高空和低空天气系统的发生、发展和消亡过程所引起的。这种变化主要表现在西风带纬向环流和经向环流的相互转换上。纬向环流型，即 500 hPa 上，环流比较平直，并在平直的西风带上多小槽、小脊，很少有大槽、大脊。经向环流型，即 500 hPa 西风带上发展出深槽、大脊，能引起强烈的冷、暖空气活动。纬向型和经向型环流经常交替出现，其交替周期大约 2.6 周。这种交替演变规律一般用环流指数来表示。

环流指数分纬向环流指数（I_Z）和经向环流指数（I_M）两种。纬向环流指数又称西风指数，表示平均地转风速中西风分量的一个指标，可以定量地表述纬向环流的强弱。它是在所取范围（一般取 35°—55°或 5°—65°为南北范围，经度范围根据需要而定，可取自然天气区，也可取东半球或西半球，但范围不宜过大）各点上地转西风分量的总平均值。一般在

500 hPa 等压面图上计算西风指数，我国经常使用亚洲地区的西风指数，所选范围是 45°—65° N，60°—150° E，其计算公式为：

$$I_Z = \frac{1}{\Delta\varphi \cdot n} \sum_1^n (\Phi_{45} - \Phi_{65})。 \tag{2.56}$$

式中：Φ 为位势高度；n 为计算范围内所取点的数目；φ 为纬度。计算西风指数的时间单位可以是季节，也可以是月、候。西风环流指数并不能完全反映出纬向、经向环流特征。例如，经向环流明显、锋区很强时，西风指数可能很高；相反，经向环流很弱，锋区也弱时，西风指数可能很低。因而需引进经向环流指数作为补充。

经向环流指数是用某一经度范围内，沿经圈上地转风的平均南北分量表示经向环流的一个指标。其计算公式为：

$$I_M = \frac{1}{\Delta\lambda \cdot n} \sum_1^n \frac{\Delta\Phi}{R\cos\varphi}。 \tag{2.57}$$

式中：λ 为经度，$\Delta\lambda$ 为沿纬圈上每个小区的固定距离。

西风指数的高低、振幅大小和演变特征，基本上能反映出环流形势的特征及其转换趋势。就个别地区来说，地气系统的辐射差额既可以为正，也可以为负。但就整个地气系统来说，这种辐射差额的多年平均应为零。因观测表明，整个地球和大气的平均温度多年来是没有什么变化的。这也就说明整个地-气系统所吸收的辐射能量和放射出的辐射能量是相等的，从而使全球达到辐射平衡。

图 2.33 描绘了南北半球各纬度辐射收支情况，以及各纬圈行星反射率。由图可以看出，无论南、北半球，地-气系统的辐射差额在纬度 35°处是一转折点。北纬 35°以南的差额是正值，以北是负值。这样会不会造成低纬度地区的不断增温和高纬度地区的不断降温？多年的观测事实表明，不会如此。

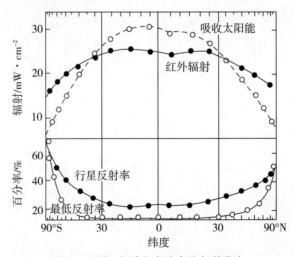

图 2.33　地-气系统各纬度的辐射收支

从长期的平均情况来看，高纬及低纬度地区的温度变化是很微小的。这说明必定有另外一些过程将低纬度地区盈余的热量输送至高纬度地区。这种热量的输送主要是由大气及海水的流动来完成的。

思考题

1. 大气的垂直结构有哪些？请简要阐述对流层的特征。
2. 地面和大气长波的辐射有什么特点？
3. 简述饱和水汽压、湿度、比湿、相对湿度、露点和霜点、饱和差的概念。
4. 全球夏、冬地球表面平均温度分布有什么特征？
5. 简述对流层4种逆温的形成过程。
6. 简述气压场的基本型式及特点。
7. 简述大气层结稳定度的判断依据。
8. 大气环流的主要因素有哪些？
9. 简述常见的大气环流模式及特点。

● **本章参考文献**

郭纯青，方荣杰，代俊峰. 水文气象学[M]. 北京：中国水利水电出版社，2012.

华莱士，霍布斯. 大气科学[M]. 何金梅，等译. 北京：科学出版社，2008.

王蔼娟. 2019 年全球二氧化碳浓度继续升高[N]. 人民政协报，2021-07-22(6).

周淑贞. 气象学与气候学[M]. 3 版. 北京：高等教育出版社，1997.

第 3 章　水汽输送

　　水汽输送指的是大气中的水分随着气流从一个地区输送到另一个地区或由低空输送到高空的现象，是水文循环的一个环节。大气中的水汽虽然只占地球总水量的极小部分，但由于空气的流动性很大，以及大气同地球表面的水分交换率极高，使水汽输送成为全球水文循环中最活跃的一环。水汽输送分为水平输送和垂直输送两种：前者主要把海洋上的水汽带到陆地，是水汽输送的主要形式；后者由空气的上升运动，把低层的水汽输送到高空，是成云致雨的重要原因。水汽在运移输送过程中，水汽的含量、运动方向与路线，以及输送强度等随时会发生改变，从而对沿途的降水产生重大影响。

　　水汽输送过程中，还伴随有动量和热量的转移，因而会影响沿途的气温、气压等其他气象因子发生改变。所以水汽输送是水循环过程的重要环节，也是影响当地天气过程和气候的重要原因。水汽输送主要有大气环流输送和涡动输送两种形式，并具有强烈的地区性特点和季节变化，时而以环流输送为主，时而以涡动输送为主。水汽输送主要集中于对流层的下半部，其中最大输送量出现在近地面层的 900～850 hPa 的高度，由此向上或向下，水汽输送量均迅速减小，到 500～400 hPa 以上的高度处，水汽的输送量已很小，以致可以忽略不计。

3.1　水蒸气输送

3.1.1　大气水汽含量

　　任一单位截面积大气柱中所含的水汽质量称为该气柱的水汽含量（mositure content, water vapor content），或称可降水量（precipitable water），单位为 g·cm^{-2} 或 mm。它的含义是：如果气柱内的水汽全部凝结降落后，在气柱底部所形成的水层深度。

　　对气柱任意截取一段 dz，其中所含水汽质量为 d$W=\rho_w$dz，应用流体静力学方程 d$p=-\rho g$dz 并注意到 $q=\dfrac{\rho_w}{\rho}$，则可得到自地面（气柱底部）至任一高度 z 的气柱内水汽含量 W 为：

$$W = g^{-1}\int_{p_z}^{p_s} q\mathrm{d}p \;。 \tag{3.1}$$

式中：p_s 为地面气压；p_z 为 z 高度处的气压。当取比湿 q 的单位为 g·kg^{-1}、重力加速度的单位为 cm · s⁻² 时，式(3.1)可写为：

$$W = 0.01 \int_{p_z}^{p_s} q \mathrm{d}p \, 。 \tag{3.2}$$

实际应用时采用式(3.2)的差分形式（图 3.1），计算气层常取地面 850 hPa、700 hPa、500 hPa、400 hPa 等。

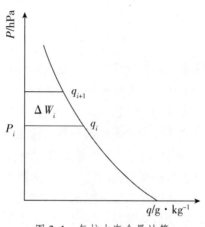

图 3.1　气柱水汽含量计算

任一气柱的水汽含量都随时间变化。若以 $W(t)$ 表示某气柱在任一时刻 t 的水汽含量，则该气柱在时段 $\Delta t = t_2 - t_1$ 的平均水汽含量 $\overline{W}$ 为：

$$\overline{W} = \frac{1}{t_2 - t_1} \int_{t_1}^{t_2} W(t) \mathrm{d}t \, 。 \tag{3.3}$$

当 Δt 分别取为月、年或 n 年时，$\overline{W}$ 分别称为月平均水汽含量、年平均水汽含量和多年平均水汽含量。

当计算一个较大区域上空的水汽含量时，可先分别计算该区域内及其周边各探空站上空的水汽含量；然后连接各探空站，并以各探空站间连线的垂直平分线构成泰森多边形网格；最后以各泰森多边形的面积为权重，加权平均计算该区域上空的水汽总含量。也可以先绘制水汽含量等值线图，然后根据等值线图计算该区域上空的水汽总含量。

3.1.2　水汽输送通量的含义

水汽输送通量是表示单位时间流经某一单位截面积的水汽质量，简称水汽通量。水汽输送包括水平输送和垂直输送两种形式，因此水汽输送通量也分为水汽水平输送通量和垂直输送通量两种。

水汽的水平输送通量是指单位时间流经单位垂直截面积的水汽质量。设取一个垂直于地面且垂直于风矢量的截面 $ABCD$（图 3.2）。图中 ΔZ 为截面积 $ABCD$ 的高，ΔL 为底边长，则单位时间流经截面 $ABCD$ 的空气体积为：

$$V = |V| \Delta L \Delta Z \, 。 \tag{3.4}$$

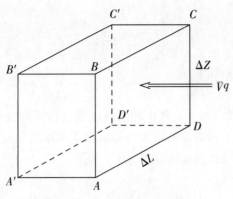

图 3.2 水汽水平输送通量

设此时空气密度为 ρ，其中水汽密度为 ρ_w，则流经截面 $ABCD$ 的空气体积中的水汽质量为：

$$F = \rho_w \, |\, V\,| \Delta L \Delta Z。 \tag{3.5}$$

应用大气静力学方程并注意到 $q = \dfrac{\rho_w}{\rho}$，则有水汽水平输送通量基本公式：

$$F = g^{-1} \, |\, V\,| q \mathrm{d}L \mathrm{d}p。 \tag{3.6}$$

当计算时取重力加速度 g 的单位为 $\mathrm{m \cdot s^{-2}}$，风速单位为 $\mathrm{m \cdot s^{-1}}$，比湿单位为 $\mathrm{g \cdot kg^{-1}}$，气压单位为 hPa，F 单位为 cm 时，则水汽水平输送通量的单位为 $\mathrm{g \cdot cm^{-1} \cdot s^{-1} \cdot hPa^{-1}}$，风的方向即为水汽输送方向。在天气气候分析中，常将水汽水平输送矢量分解为经向输送和纬向输送两个分量，并规定：向东的纬向输送通量为正，向西的纬向输送通量为负；向北的纬向输送通量为正，向南的纬向输送通量为负。

垂直输送的水汽通量是指单位时间流经单位水平面积的水汽质量，其表达式为：

$$F = -\frac{wq}{g}。 \tag{3.7}$$

式中：w 为 (xyp) 坐标系中空气的垂直速度，即

$$w = \frac{\mathrm{d}p}{\mathrm{d}t}。$$

垂直水汽输送通量的单位为 $\mathrm{g \cdot cm^{-2} \cdot s^{-1}}$，规定向上输送为正，向下输送为负。

3.1.3 水汽输送方程

根据水汽通量基本公式 (3.6)，可写出在 $t_2 - t_1$ 时段内经由单位宽度和自地面至某一高度（气压 p_z）间垂直截面的水汽输送通量 F 为：

$$F = g^{-1} \int_{p_z}^{p_s} \int_{t_1}^{t_2} |\, V\,| q \mathrm{d}t \mathrm{d}p。 \tag{3.8}$$

引入

$$[\phi] = \frac{1}{t_2 - t_1} \int_{t_1}^{t_2} \phi \mathrm{d}t$$

和

$$\left[\phi\right] = \frac{1}{p_s - p_z} \int_{p_z}^{p_s} \phi \mathrm{d}p,$$

分别作为时间平均算符和高度平均算符，其中 ϕ 为欲求其时间平均和高度平均的任一物理量，如 q、V 等，则式(3.8)可写为：

$$F = g^{-1}\{[qV]\}(t_2 - t_1)(p_s - p_z)。 \tag{3.9}$$

式(3.9)常被称为水汽输送方程。大气中的水汽输送是由不同输送机制引起的水汽通量的总和，即水汽总输送通量 F 可以分解成具有不同输送机制的分量。因此，视分解方法的不同，可以建立不同的水汽输送通量计算和分析方案。

3.1.3.1　三种方案

常见的分解方法和计算方案有三种。

(1)把 V 和 q 分解成对时间的平均值 $[V]$ 和 $[q]$ 及其离差 V' 和 q'，即

$$V = [V] + V', \qquad q = [q] + q'。 \tag{3.10}$$

将式(3.10)代入式(3.9)，并注意到

$$[V'] = 0, \qquad [q'] = 0,$$

则水汽总输送通量为：

$$g^{-1}\{[V \cdot q]\} = g^{-1}\{[V][q]\} + g^{-1}\{[V' \cdot q']\}。 \tag{3.11}$$

为书写简便计算，式(3.11)中略去了常数项 $(p_s - p_z)$ 和 $(t - t_1)$，下同。该式左端为风场输运比湿场引起的水汽输送通量的时间平均和高度平均，称为水汽总输送通量，可用实测风和湿度资料直接进行计算。右端第一项为时均风场输运时均比湿场引起的水汽输送通量的高度平均，称为水汽平均输送通量，它是大气平均环流引起的水汽输送，可以直接利用气候资料中的时间平均风速矢量和时间平均比湿进行计算。右端第二项为风的时间扰动场(或称风的时间脉动场)输运比湿时间扰动场引起的水汽输送通量的时间平均和高度平均，反映了与时间扰动相联系的水汽输送，称为时间涡动水汽输送通量。

从式(3.11)可以看出，时间涡动水汽输送是由于风和比湿随时间的脉动产生的，因此它反映了湿空气脉动运动的统计性质，可以用风和水汽的随机脉动协方差(相关矩)表示。有些研究指出，湿空气脉动运动的产生，不仅是因为风和水汽随时间具有非线性变化，而且也因为它们之间还存在着相关性，风向与水汽之间的相关系数一般大于风速与水汽之间的相关系数。

(2)在式(3.11)基础上，把 $[V]$ 和 $[q]$ 进一步分解成对高度的平均值 $\{[V]\}$ 和 $\{[q]\}$ 及其对高度的离差 $[V]^*$ 和 $[q]^*$ 两部分之和，即

$$[V] = \{[V]\} + [V]^*, \qquad [q] = \{[q]\} + [q]^*, \tag{3.12}$$

并注意到

$$\{[V]^*\} = 0, \qquad \{[q]^*\} = 0,$$

则式(3.11)可进一步展开为：

$$g^{-1}\{[Vq]\} = g^{-1}\{[V]\}\{[q]\} + g^{-1}\{[V]^*[q]^*\} + g^{-1}\{[V'q']\}。 \tag{3.13}$$

式中：左端为水汽总输送；右端第一项为时间和高度平均风场输运时间和高度平均比湿场引起的水汽输送，通常也称为水汽平均输送；右端第二项为时均风的垂直扰动场输运时均

比湿的垂直扰动场引起的水汽输送的高度平均，表示与垂直扰动相联系的水汽输送，通常称为垂直涡动水汽输送；右端第三项的意义与式(3.11)右端第二项相同。

(3)把式(3.13)右端第二项和第三项合并为一项，即把垂直涡动输送和时间涡动输送合二为一，统称为涡动水汽输送。

3.1.3.2　三种方案的比较

比较上述三种方案可见，当把式(3.13)中右端第一项和第二项相合并，即成为第一种方案；当把右端第二项和第三项合并，即成为第三方案。为了对三个方案进行分析和比较，下面先对垂直涡动水汽输送和时间涡动水汽输送的物理意义作初步讨论。

(1)垂直涡动水汽输送。由式(3.12)有：

$$\{[V]^*[q]^*\} = \{([V]-\{[V]\})([q]-\{[q]\})\}。 \tag{3.14}$$

其纬向和经向分量形式分别为：

$$\{[u]^*[q]^*\} = \{([u]-\{[u]\})([q]-\{[q]\})\}, \tag{3.15}$$

$$\{[v]^*[q]^*\} = \{([v]-\{[v]\})([q]-\{[q]\})\}。 \tag{3.16}$$

式中：圆括号( )只具有普通括号的运算功能，下同。

由式(3.14)、图3.3可以看出，垂直涡动水汽输送通量是与时均风速值和时均比湿值的协方差成比例的。水汽输送通量作为一个矢量，在 x 方向的分量 F_x 和 y 方向的分量 F_y 可以表示为风矢和比湿在 x 方向的分量 u、q 和在 y 方向的分量 v，q 的协方差(相关矩)：$F_x = cov(uq)$，$F_y = cov(vq)$。协方差可由风矢的均方差 σ_u，σ_v 和比湿的均方差以及风和比湿的相关系数 $r(u, q)$ 和 $r(v, q)$ 表示，即：

$$F_x = cov(uq) = \sigma_u \sigma_q r(u, q), \qquad F_y = cov(vq) = \sigma_v \sigma_q r(v, q)。$$

水汽输送通量在本质上是由于风的垂直切变和比湿随高度的变化的不均匀性所产生的。

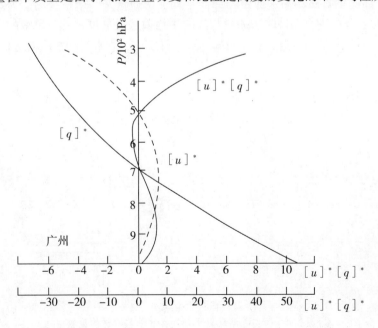

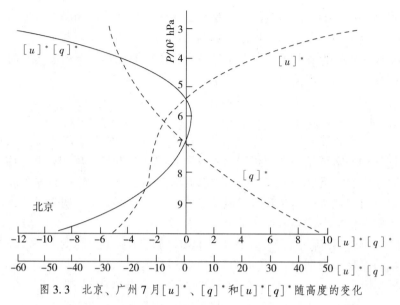

图 3.3　北京、广州 7 月 $[u]^*$、$[q]^*$ 和 $[u]^*[q]^*$ 随高度的变化

从图 3.3 还可看出，由于在不同的地区西风分量 $[u]$ 和比湿 $[q]$ 随高度的变化情况不同(如在北京和广州，$[u]$ 和 $[q]$ 随高度的变化存在明显差异)，因此垂直涡动水汽输送通量值随地区不同而不同。曲延禄等利用 1980—1982 年探空资料分析了我国东部地区 7 月垂直涡动水汽通量的地理分布后指出，在 28° N 以北的地区，矢量 $g^{-1}\{[V]^*[q]^*\}$ 的方向大致是自东向西的；在 28° N 以南地区，该矢量则具有自西向东的分量。

图 3.4 是西安、郑州等探空站 1990 年 7 月纬向和经向垂直涡动输送与纬向和经向平均输送的比较。从图 3.4 可见：①无论垂直涡动输送通量的纬向分量或经向分量，它们都分别与纬向平均输送通量和经向平均输送通量相反，表明垂直涡动输送对于总输送起着削弱的作用。②纬向垂直涡动输送通量与纬向平均输送通量是一个量级的，为纬向平均输送的 0.6～0.7 倍；经向垂直涡动输送通量与经向平均输送通量也是一个量级的，为经向平均输送通量的 0.4～0.6 倍。因此，在水汽输送通量计算中，垂直涡动水汽输送是不容忽视的。

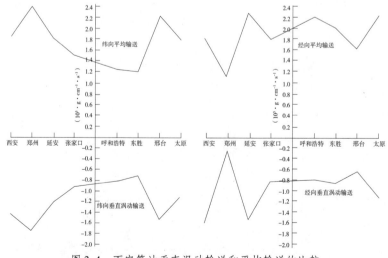

图 3.4　西安等站垂直涡动输送和平均输送的比较

（2）时间涡动水汽输送。由式（3.12）有：
$$\{[V'q']\} = \{[(V-[V])(q-[q])]\}。 \tag{3.17}$$
其纬向和经向分量形式为
$$\{[u'q']\} = \{[(u-[u])(q-[q])]\}， \tag{3.18}$$
$$\{[v'q']\} = \{[(v-[v])(q-[q])]\}。 \tag{3.19}$$
由式（3.17）可以看出，时间涡动水汽输送是由于风场和湿度场的瞬变扰动引起的水汽输送。形成风场和湿度场瞬变扰动的原因是多方面的。首先，它与大气中的各种涡旋系统的发生、发展和移动相联系，如台风和气旋的发展和过境等。刘慧兰数值试验结果表明，不同性质和不同尺度的涡旋系统的移动和发展对时间涡动水汽通量的贡献是不同的；对同一涡旋系统采用不同时间步长和空间步长进行数值试验，其所表现的时间涡动输送的特点也不相同。另一种看法认为，大气湍流运动也是引起时间涡动水汽输送的原因之一，但根据湍流理论建立的一些水汽涡动输送计算方法，或由于湍流交换系数很难确定，或由于风和比湿的随机脉动协方差（相关矩）分析计算繁琐，因此只在一些专门问题的研究中应用。

图 3.5 是利用 1980—1982 年探空资料计算和绘制的我国东部地区 7 月时间涡动水汽通量的地理分布。图中显示我国东部地区时间涡动水汽输送的两个特点：①输送的方向大体是由高湿区指向低湿区。这是由于，虽然由天气系统移动引起的风场时间扰动经长时间平均后可以相互抵消，但由风场"搬运"的水汽并不会被抵消。例如，天气系统移行引起的南风+v 和北风-v 经一段时间平均后可以抵消，但它们引起的水汽输送通量 vq 和-vq 并不会抵消，因为南方的比湿一般均大于北方。这表明风场和湿度场的非定常性可导致水汽从湿度较高地区流向湿度较低地区。②输送的方向有自南向北的明显经向性。这两个特点对我国干旱和半干旱地区上空的大气湿度和大气水分平衡有着重要的意义。

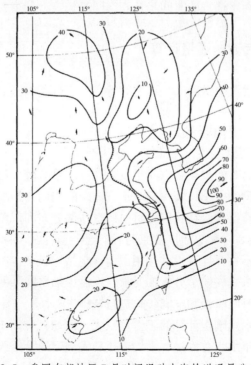

图 3.5 我国东部地区 7 月时间涡动水汽输送通量分布

曲延禄等分析了东亚地区 64 个探空站的时间涡动水汽通量(模)和垂直涡动水汽通量(模)的比值,其平均值为 0.15,说明时间涡动水汽通量比垂直涡动水汽通量约小一个量级。但垂直涡动水汽通量一般是对平均水汽通量起抵消作用,独自没有明显的天气意义;时间涡动水汽输送反映大气涡旋系统的运移,因而其数值虽小,却富有天气意义。

以上讨论了垂直涡动水汽输送和时间涡动水汽输送的基本含义,据此我们便可以对上述水汽通量计算的三种方案进行分析和比较。第三种方案的基本特点是把垂直涡动水汽输送与时间涡动水汽输送合二为一,考虑到两者的物理意义各不相同,且由于时间涡动水汽通量比垂直涡动水汽通量小一个量级,合二为一将使时间涡动水汽输送的天气气候学意义被垂直涡动水汽输送所"淹没",因而是不理想的。第二种方案分别考虑了垂直涡动水汽输送与时间涡动水汽输送,是其优点,但采用 $g^{-1}\{[V]\}\{[q]\}$ 计算平均输送并非适宜。因为水平水汽输送在本质上是含有一定水汽的气块从一地向另一地的平移,每气层中的水汽由该气层的风去"搬运",因此以 $g^{-1}\{[V]\}\{[q]\}$ 计算平均输送不如第一种方案中采用 $g^{-1}\{[V]q\}$ 计算平均输送在改变上更为确切。第一种方案包含有时间涡动水汽输送项,采用 $g^{-1}\{[V]\}\{[q]\}$ 计算平均输送,物理概念清晰,且反映了风与比湿的垂直变化,因此是较好的计算方案。

在大范围水汽输送通量计算中,单独计算时间涡动水汽输送通量 $g^{-1}\{[V'q']\}$ 的工作量很大,通常采用由总输送通量和平均输送通量之差值作为时间涡动水汽通量。但这样做有两点值得指出:①这样求出的时间涡动水汽通量积累了总输送通量和平均输送通量的计算误差;②随着计算总输送通量和平均输送通量所采用的时间步长和空间步长的不同,所得出的时间涡动水汽通量在数值上以及所反映的涡旋输送性质也可能不同。因此,在进行水汽输送分析计算中,确定适宜的时间步长和空间步长是十分重要的。

3.1.4 中国上空水汽输送通量计算

为了揭示中国上空水汽输送的基本事实和特点,进行了中国上空水汽输送计算。

3.1.4.1 时间步长和空间步长

如上所述,取不同的时间步长和空间步长对计算结果有较大影响。当所取时间步长和空间步长较大时,不易反映中小尺度涡旋对水汽输送的作用;当所取时空步长较小时,气象资料条件很难满足计算要求。在我国,目前探空站网分布和观测时制情况下时间步长以取 12 小时为宜,即每天 8 时和 20 时(北京时)两次探空观测资料都参加计算。空间步长视全国探空站的分布各地不一,计算中共选用国内探空站 122 个,国界外探空站的时间步长和空间步长已基本满足水文气候学分析的要求,当需详细研究某些局部地区水汽输送情况时,可根据研究要求对时间步长和空间步长进行调整。

进行大范围长历时水汽输送计算的工作量巨大。例如,应用 149 个探空站资料计算中国大陆上空 5 个气层全年水汽总输送、平均输送和涡动输送,每天两次观测资料均参加计算,则需输入计算机约 500 万个原始数据,由此可见工作量之一斑了。为了减少工作量和使计算分析成果不失一般性，在本书中取 1983 年 1 月 1 日 08 时至 1997 年 12 月 31 日 20 时每日两次探空资料，计算了中国上空逐日、逐月和全年各气层及整层的水汽输送通量，并以此作为对中国上空水汽输送进行分析的依据。

3.1.4.2 资料处理

（1）缺测风资料处理。设 S 站缺测风速，但周围站（$i=1$，$\cdots$，n）有记录，则采用权重方案插补 S 站风速 u 和 v 分量，插补公式为：

$$\hat{\boldsymbol{u}} = \frac{\displaystyle\sum_{i=1}^{n} w_i u_i}{\displaystyle\sum_{i=1}^{n} w_i}, \quad \hat{\boldsymbol{v}} = \frac{\displaystyle\sum_{i=1}^{n} w_i v_i}{\displaystyle\sum_{i=1}^{n} w_i},$$

$$w_i = \begin{cases} R^2 - r^2 & r \leqslant R \\ 0 & r > R \end{cases}。 \tag{3.20}$$

式中：w_i 为 i 测站对 S 测站的权重系数；r 为 i 测站至 S 测站的距离；R 为 S 测站距最远参证站的距离，一般不超过 500 km。风向可由 $\hat{\boldsymbol{u}}$ 和 $\hat{\boldsymbol{v}}$ 矢量确定。

（2）缺测比湿资料处理。比湿的时空变化远小于风的时空变化，采用客观分析方法或各种插值方法，或采用缺测风速的插补方法，一般都可以得到具有一定精度的估值。

（3）缺测气压资料处理。可应用 S 站当月平均气压代替，但根据缺测时段天气图的气压形势推算可以得到更合理的估值。

3.1.4.3 计算方法与步骤

计算方法采用上述第一方案。根据式（3.11）及其分量形式，将全部计算过程概括为图 3.6。

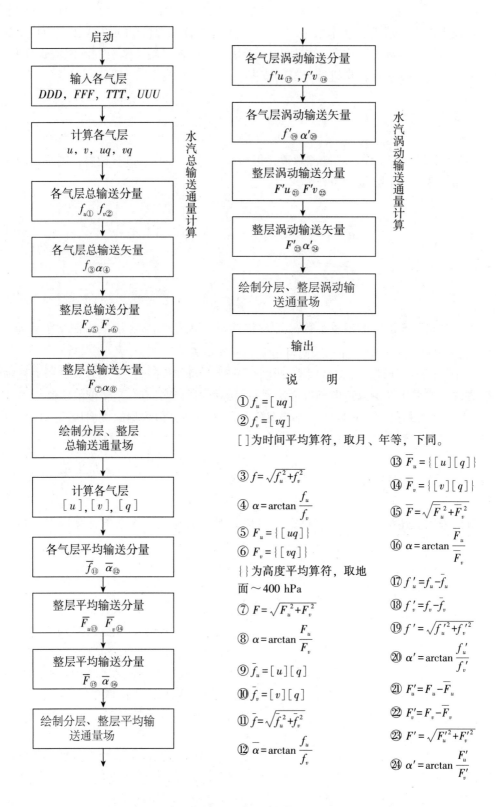

启动

输入各气层
DDD，FFF，TTT，UUU

计算各气层
u，v，uq，vq

各气层总输送分量
f_u①　f_v②

各气层总输送矢量
f③α④

整层总输送分量
F_u⑤　F_v⑥

整层总输送矢量
F⑦α⑧

绘制分层、整层
总输送通量场

计算各气层
$[u]$，$[v]$，$[q]$

各气层平均输送分量
$\bar{f}$⑪　$\bar{\alpha}$⑫

整层平均输送分量
$\bar{F}_u$⑬　$\bar{F}_v$⑭

整层平均输送分量
$\bar{F}$⑮　$\bar{\alpha}$⑯

绘制分层、整层平均输
送通量场

水汽总输送通量计算

各气层涡动输送分量
$f'u$⑰，$f'v$⑱

各气层涡动输送矢量
f'⑲α'⑳

整层涡动输送分量
$F'u$㉑　$F'v$㉒

整层涡动输送矢量
F'㉓α'㉔

绘制分层、整层涡动输
送通量场

输出

水汽涡动输送通量计算

说　明

① $f_u = [uq]$

② $f_v = [vq]$

[ ]为时间平均算符，取月、年等，下同。

③ $f = \sqrt{f_u^2 + f_v^2}$

④ $\alpha = \arctan \dfrac{f_u}{f_v}$

⑤ $F_u = \{[uq]\}$

⑥ $F_v = \{[vq]\}$

| |为高度平均算符，取地面～400 hPa

⑦ $F = \sqrt{F_u^2 + F_v^2}$

⑧ $\alpha = \arctan \dfrac{F_u}{F_v}$

⑨ $\bar{f}_u = [u][q]$

⑩ $\bar{f}_v = [v][q]$

⑪ $\bar{f} = \sqrt{\bar{f}_u^2 + \bar{f}_v^2}$

⑫ $\bar{\alpha} = \arctan \dfrac{f_u}{f_v}$

⑬ $\bar{F}_u = \{[u][q]\}$

⑭ $\bar{F}_v = \{[v][q]\}$

⑮ $\bar{F} = \sqrt{\bar{F}_u^2 + \bar{F}_v^2}$

⑯ $\alpha = \arctan \dfrac{\bar{F}_u}{\bar{F}_v}$

⑰ $f'_u = f_u - \bar{f}_u$

⑱ $f'_v = f_v - \bar{f}_v$

⑲ $f' = \sqrt{f_u'^2 + f_v'^2}$

⑳ $\alpha' = \arctan \dfrac{f_u'}{f_v'}$

㉑ $F'_u = F_u - \bar{F}_u$

㉒ $F'_v = F_v - \bar{F}_v$

㉓ $F' = \sqrt{F_u'^2 + F_v'^2}$

㉔ $\alpha' = \arctan \dfrac{F_u'}{F_v'}$

图 3.6　水汽通量计算框图

3.2　水汽输送通量散度计算

通过对水汽输送通量的分析，能了解一个地区上空水汽的来源和去向，了解水汽输送与大气环流和天气系统等因素之间的关系。但是，要了解从各个方向输送来的水汽是否在某地区积聚、积聚的强度和持续时间等，则必须进行水汽输送通量散度场的分析。为了便于叙述，本节将先以风场为对象，介绍散度的基本概念和计算方法，然后推广到水汽通量散度场的概念和计算，最后介绍中国上空水汽通量散度场的计算。

3.2.1　散度的概念

下面将从空气的一维运动、二维运动和三维运动说明散度的概念和定义。

3.2.1.1　一维运动的散度

在空气做一维运动的流场中，考察质点线 $\overline{AB}$，如图 3.7。t_1 时刻 A 点坐标为 x_1，B 点坐标为 x_2，质点线 $\overline{AB}$ 长度为 $l = x_2 - x_1 = \Delta x$。

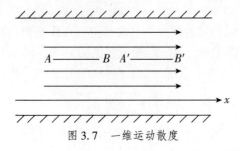

图 3.7　一维运动散度

若 A 点速度为 u_1，B 点速度为 u_2，经过 Δt 时间后，A 点移动到了 A' 点，其坐标为 $x_1 + u_1 \Delta t$，质点线 $\overline{AB}$ 移动到了 $\overline{A'B'}$。$\overline{A'B'}$ 的长度为：

$$l + \Delta l = (x_2 + u_2 \Delta t) - (x_1 + u_1 \Delta t) = \Delta x + \Delta u \Delta t。$$

这时，质点线 AB 在单位时间内单位长度的伸长率为：

$$\frac{1}{l} \frac{\Delta l}{\Delta t} = \frac{\Delta x \left(1 + \frac{\Delta u}{\Delta x} \Delta t\right) - \Delta x}{\Delta x \Delta t} = \frac{\Delta u}{\Delta t}。$$

令 $\Delta t \rightarrow 0$，取极限，则有：

$$\frac{1}{l} \frac{\mathrm{d}l}{\mathrm{d}t} = \frac{\partial u}{\partial x}。 \tag{3.21}$$

式（3.21）即为空气做一维运动时的散度。它表示空气质点线 $\overline{AB}$ 在方向上单位时间、单位长度的伸长率，或者称为在 x 方向上单位时间内的相对伸长率。当 $\frac{\partial u}{\partial x}>0$ 时，表示质点线随着时间推移是伸长的，即表示质量辐散；当 $\frac{\partial u}{\partial x}<0$ 时，表示质点线 $\overline{AB}$ 随着时间推移是缩短的，即表示质量辐合。

3.2.1.2 二维运动的散度

二维运动又称平面运动，其散度概念是一维运动散度概念的直接推广。在空气的平面运动中，考察平面或等压面上一个小的面积 A（图 3.8）。

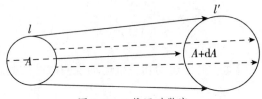

图 3.8 二维运动散度

A 的四周由质点线包围着，Δt 时间后，质点线 l 移至 l'，它所包围的水平面积由 A 改变为 $A+\mathrm{d}A$。当把一维运动的长度推广为二维运动的面积，并作类似于式（3.21）的推演时，便有：

$$\frac{1}{A}\frac{\mathrm{d}A}{\mathrm{d}t}=\frac{\partial u}{\partial x}+\frac{\partial v}{\partial y}。\tag{3.22}$$

式（3.22）便是空气作二维运动时的散度。它表示空气在作平面运动时，由质点包围的面积在单位时间内单位面积的膨胀率，或质点线所包围的面积在单位时间内的相对膨胀率。当采用矢量表示时，则有

$$\frac{\partial u}{\partial x}+\frac{\partial v}{\partial y}=\nabla_2 V。\tag{3.23}$$

式中：$\nabla_2 V$ 表示水平散度。当 $\nabla_2 V>0$ 时，表示水平面积膨胀，为水平辐散；当 $\nabla_2 V<0$ 时，表示水平面积收缩，为水平辐合。

3.2.1.3 三维运动的散度

三维运动散度的概念是二维运动散度概念的直接推广。考察三维流场中某气块 A（图 3.9）。

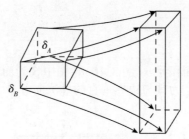

图 3.9　三维运动散度

气块 A 的面积为 δ_A，高为 δ_z，体积为 $\delta_\tau = \delta_A \delta_z$，类似于平面运动散度的推演，便有：

$$\frac{1}{\delta_\tau}\frac{\mathrm{d}\delta_\tau}{\mathrm{d}t} = \frac{\partial u}{\partial x} + \frac{\partial v}{\partial y} + \frac{\partial w}{\partial z} \text{。} \tag{3.24}$$

式中：w 为气块垂直速度；$\dfrac{\partial w}{\partial z} = \dfrac{1}{\delta_\tau}\dfrac{\mathrm{d}\delta_\tau}{\mathrm{d}t}$ 为气块在垂直方向上单位时间内的相对伸长率，当采用气压为垂直坐标时，则有：

$$\frac{\partial w}{\partial p} = \frac{1}{\partial p}\frac{\mathrm{d}(\partial p)}{\mathrm{d}t} \text{。} \tag{3.25}$$

式(3.24)描述了空气做三维运动时的散度，它表示三维流场中气块 A 的体积在单位时间内的相对变化率。对不可压缩流体，则有：

$$\frac{\mathrm{d}\delta_\tau}{\mathrm{d}t} = 0 \text{。} \tag{3.26}$$

为了进一步讨论三维流场中散度的物理意义，下面简要讨论水平散度和垂直运动的联系。在 xyp 坐标系中，大气运动的连续方程为：

$$\frac{\partial u}{\partial x} + \frac{\partial v}{\partial y} + \frac{\partial w}{\partial p} = 0 \text{。} \tag{3.27}$$

联系式(3.25)和式(3.27)，则有：

$$\frac{1}{\delta p}\frac{\mathrm{d}(\delta p)}{\mathrm{d}t} = -\left(\frac{\partial u}{\partial x} + \frac{\partial v}{\partial y}\right) \text{。} \tag{3.28}$$

式(3.28)表明，由空气质点组成的气块在垂直方向的伸长率或收缩率，是分别与气流的水平辐合和辐散相联系的。设想所考察的气块为任一气柱，其下边界为地面，即 $p = p_s$，$p_s = 0$，则存在下列情形：当 $\dfrac{\partial u}{\partial x} + \dfrac{\partial v}{\partial y} > 0$ 时，$\dfrac{\mathrm{d}(\delta p)}{\mathrm{d}t} < 0$，即当水平运动为辐散时，气柱的垂直厚度收缩，由于气柱底面不动，所以必须由气柱顶部边界的空气下沉运动来补偿；当 $\dfrac{\partial u}{\partial x} + \dfrac{\partial v}{\partial y} < 0$ 时，$\dfrac{\mathrm{d}(\delta p)}{\mathrm{d}t} > 0$，即在水平运动辐合时，气柱垂直厚度伸长，所以气柱顶部必然出现空气上升运动。由此可见，空气水平散度总是和垂直运动紧密联系在一起的。这就说明了当在地面天气图上观察到气流辐散时，则在辐散层上部有下沉运动，如反气旋里就是这种情形；当地面天气图上观察到气流辐合时，则在辐合层的上部出现上升运动，如气旋里就是这种情形。

3.2.2 平面散度计算

在平面流场中，任取一面积元 σ（图3.10）。图中 S 为面积元的边界，V 为组成边界的任一流体质点的速度矢量，v_n 为其与边界垂直的外法向分量，v_s 为沿边界的切向分量。

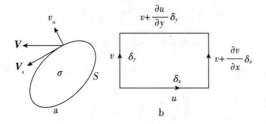

图3.10 平面流场中的计算面积元

则根据平面散度的定义有

$$D = \lim_{\sigma \to 0} \frac{1}{\sigma} \frac{\mathrm{d}\sigma}{\mathrm{d}t} = \lim_{\sigma \to 0} \frac{\oint s v_n \mathrm{d}s}{\sigma} \text{。} \tag{3.29}$$

在实际计算中，由于对面积元的不同处理，形成了多种实用计算方法和方案。例如流线法（由两条流线和分别与两条流线正交的曲线围成计算面积元）、网格法（由直角坐标线或经纬线围成计算面积元）、三角形法（由相邻三个气象站构成的三角形作为计算面积元）等。下面对常用的几种方法作简要介绍。

3.2.2.1 正方形网格法

取面积元为正方形（图3.11），则其平面散度为：

$$D = \frac{\partial u}{\partial x} + \frac{\partial v}{\partial y} \text{。}$$

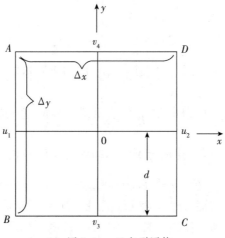

图3.11 正方形网格

写成有限差分形式为:

$$D=\frac{\Delta u}{\Delta x}+\frac{\Delta v}{\Delta y}=\frac{1}{2d}(u_2-u_1+v_4-v_3)_{\circ} \tag{3.30}$$

因此, 在计算某一区域水平散度场时, 可先将该区域划分成若干正方形网格, 取网格距为 d, 计算各网格点上风的东西分量 u 和南北分量 v, 即可按式 (3.30) 计算出任一网格的散度值, 通常视计算值为网格中心点的散度值。计算出各网格的散度值后, 即可绘制散度等值线图, 给出所讨论区域范围内的散度场。

3.2.2.2　经纬网格法

用正方形网格计算大范围散度场时, 由于大地是球面, x 轴和 y 轴并不与经纬线相一致, 因而会带来一定误差 (计算范围越大, 误差越大)。在这种情况下, 采用经纬网格可部分地弥补正方形网格法的缺点。

经纬网格如图 3.12 所示。取 x 轴沿纬圈向东为正, y 轴沿经圈向北为正, 网格纬向间距 $\Delta x=R_e\cos\varphi_0\Delta\lambda$, 网格经向间距 $\Delta y=R_e\Delta\varphi$, R_e 表示地球平均半径, λ 为经度, φ 为纬度, $\Delta\lambda=\lambda_2-\lambda_1$, $\Delta\varphi=\varphi_2-\varphi_1$。将各气象站的实测风分解成 u、v 分量并绘制等值线, 则可读取各经纬网格点上的 u、v 值。

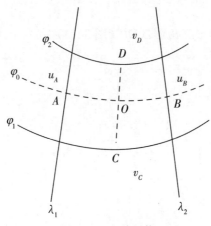

图 3.12　经纬网格

然后, 应用公式 (3.31) 即可计算出经纬网格中心点的散度值 D:

$$D=\frac{\partial u}{\partial x}+\frac{\partial v}{\partial y}-\frac{v}{R_e}\tan\varphi=\frac{u_B-u_A}{R_e\cos\varphi_0\Delta\lambda}+\frac{v_D-v_C}{R_e\Delta\varphi}-\frac{v_0}{R_e}\tan\varphi_{0\circ} \tag{3.31}$$

式中: $\frac{v_0}{R_e}\tan\varphi_0$ 项为散度订正值。它是由于地球纬圈随着纬度增高而缩短, 因而使经纬网格的面积随着纬度增高而减小所引起的散度增量。设想有一经纬网格所构成的面积元为 σ, 当该面积元向北流动时, 由于纬圈缩短而面积相应地减小, 因而有散度存在, 其大小为:

$$D = \frac{1}{\sigma}\frac{\mathrm{d}\sigma}{\mathrm{d}t} = \frac{1}{R_e \cos\varphi(\lambda_2 - \lambda_1) R_e \delta\varphi} \frac{\mathrm{d}\left[R_e \cos\varphi(\lambda_2 - \lambda_1) R_e \delta\varphi\right]}{\mathrm{d}t}$$

$$= -\frac{\sin\varphi}{\cos\varphi}\frac{\mathrm{d}\varphi}{\mathrm{d}t} = -\frac{v}{R_e}\tan\varphi。$$

(3.32)

显然，该散度值即为采用经纬网格所需考虑的订正项。订正项 $\frac{v}{R_e}\tan\varphi$ 随风速和纬度变化，若取 v 为 10 m/s，各纬度上的订正项数值如表 3.1 所示。

表 3.1　各纬度订正项

φ	0	10	20	30	40	50	60	70	80
$\frac{v}{R_e}\tan\varphi$	0	2.76×10^{-7}	5.71×10^{-7}	9.06×10^{-7}	1.32×10^{-6}	1.87×10^{-6}	2.71×10^{-6}	4.31×10^{-6}	8.90×10^{-6}

可见，在 40° N 以南的中纬度地区，当风速不太大时，订正可以忽略；在 40° N 以北地区，订正项的量级已接近散度本身的量级，因此在高纬度地区和急流区进行散度计算时，订正项是不能忽略的。

3.2.2.3　三角形法一

设有气象站 A、B、C 组成三角形 $\triangle ABC$（图 3.13）。

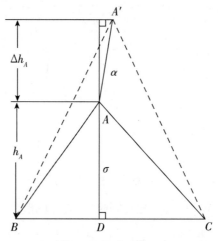

图 3.13　三角形法一

在 A、B、C 三个测站同时测风，则可计算由各站风矢量所引起的三角形面积 σ 的相对变率。在图 3.13 中，由于 A 点空气运动，当使点 A 移动到点 A'（风矢量为 AA'）时，则引起面积增量为 σ_A，面积相对变率为：

$$D_A = \frac{\sigma_A}{\sigma} = \frac{\Delta h_A}{h_A}。$$

同理，由 B 点和 C 点空气运动引起的面积增量分别为 σ_B 和 σ_C，面积相对变率分别为：

$$D_B = \frac{\sigma_B}{\sigma} = \frac{\Delta h_B}{h_B}, \qquad D_C = \frac{\sigma_C}{\sigma} = \frac{\Delta h_C}{h_C} \circ$$

因此，$\triangle ABC$ 的水平散度三界为：

$$D = \frac{\Delta h_A}{h_A} + \frac{\Delta h_B}{h_B} + \frac{\Delta h_C}{h_C} \circ \tag{3.33}$$

以上诸式中：h_A、h_B、h_C 分别为三角形各边的高；Δh_A、Δh_B、Δh_C 分别为 A、B、C 三站风矢在 h_A、h_B、h_C 方向的投影，即由于空气运动引起的三角形各边高的增量。在实际计算中，实测到的是 A、B、C 三站的风向和风速，因此若用 r_A、r_B、r_C 分别表示 h_A、h_B、h_C 的方向，α_A、α_B、α_C 和 v_A、v_B、v_C 分别表示 A、B、C 三点的风向和风速，则式(3.33)可写成：

$$D = \frac{v_A}{h_A}\cos\,(\alpha_A - r_A) + \frac{v_B}{h_B}\cos\,(\alpha_B - r_B) + \frac{v_C}{h_C}\cos\,(\alpha_C - r_C) \circ \tag{3.34}$$

文宝安绘制了我国 100° E 以东及 45° N 以南地区 92 个探空站构成的三角形网，给出了每个站的参数 $\frac{1}{h_A}$、$\frac{1}{h_B}$、$\frac{1}{h_C}$ 和 r_A、r_B、r_C 的查算表，使得应用式(3.34)十分方便。

值得指出的是，在应用式(3.33)或(3.34)计算散度时，有可能出现重复计算和漏算三角形面积增量的情况。如图 3.14 所示：①在辐散情况下，由于在计算面积增量时，$\triangle ADB$、$\triangle BEC$ 和 $\triangle CFA$ 的面积各被重复计算一次，而 $\triangle A'DB'$、$\triangle B'EC'$ 和 $\triangle C'FA'$ 各被漏算一次，且漏算的面积大于重复计算的面积，因此计算的总面积增量偏小，从而使所计算的辐散绝对值偏小。②在辐合情况下，由于重复计算的面积大于漏算的面积，因此计算的总面积增量增大，从而使计算的辐合绝对值偏大。但也有分析指出，重复计算和漏算对精度的影响并不大。

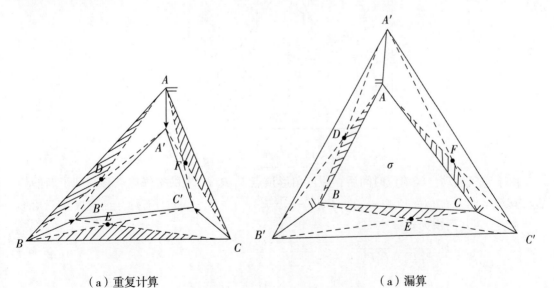

（a）重复计算　　　　　　　　　　　　　　（a）漏算

图 3.14　面积增量的重复计算和漏算

3.2.2.4 三角形法二

该方案应用矢量代数方法计算三角形的面积增量，进而计算三角形的散度。设三角形顶点坐标分别为 $P_1(i_1, j_1)$、$P_2(i_2, j_2)$ 和 $P_3(i_3, j_3)$，则各边矢量为：

$$\overline{P_1 P_2} = (i_2-i_1)i+(j_2-j_1)j,$$
$$\overline{P_1 P_3} = (i_3-i_1)i+(j_3-j_1)j,$$
$$\overline{P_2 P_3} = (i_3-i_2)i+(j_3-j_2)j。$$

于是，三角形 $P_1 P_2 P_3$ 的面积可由任意两边矢量之积求得：

$$S = \frac{1}{2}k\overline{P_1 P_2} \wedge \overline{P_1 P_3}$$
$$= \frac{1}{2}\left[(i_2-i_1)(j_3-j_1)-(i_3-i_1)(j_2-j_1)\right]。$$

设三角形顶点风矢量分别为：

$$\boldsymbol{V}_{P_1} = u_1 i+v_1 j,$$
$$\boldsymbol{V}_{P_2} = u_2 i+v_2 j,$$
$$\boldsymbol{V}_{P_3} = u_3 i+v_3 j。$$

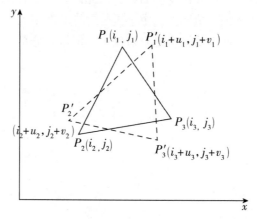

图 3.15　三角形方法二

由于空气运动，经单位时间后，原三角形顶点 $P_1 P_2 P_3$ 上的空气质点移动到了新的位置，其新坐标为 $P_1'(i_1+u_1, j_1+v_1)$、$P_2'(i_2+u_2, j_2+v_2)$、$P_3'(i_3+u_3, j_3+v_3)$，构成新三角形 $\triangle P_1' P_2' P_3'$，其面积为：

$$S' = \frac{1}{2}k\overline{P_1' P_2'} \wedge \overline{P_1' P_3'}$$
$$= \frac{1}{2}\left[(i_2-i_1+u_2-u_1)(j_3-j_1+v_3-v_1)-(i_3-i_1+u_3-u_1)(j_2-j_1+v_2-v_1)\right]。$$

由散度定义则有：

$$D = \frac{s' - s}{s} = \frac{1}{2s} \Big[u_1 \underbrace{(j_2 - j_3)}_{①} + v_1 \underbrace{(i_3 - i_2)}_{②} + u_2 \underbrace{(j_3 - j_1)}_{③} + v_2 \underbrace{(i_1 - i_3)}_{④} + u_3 \underbrace{(j_1 - j_2)}_{⑤}$$

$$+ v_3 \underbrace{(i_2 - i_1)}_{⑥} + \underbrace{(u_2 - u_1)(v_3 - v_1)}_{⑦} - \underbrace{(u_3 - u_1)(v_2 - v_1)}_{⑧} \Big] 。$$

(3.35)

此方案直接用三角形的边矢量叉乘计算三角形面积，因而不存在方案一中的重复计算和漏算问题。

3.2.2.5 三角形法三

设任意相邻三个气象站 P_1、P_2、P_3 的坐标分别为 (i_1, j_1)、(i_2, j_2)、(i_3, j_3)，沿 $\overline{P_1 P_2}$、$\overline{P_2 P_3}$、$\overline{P_3 P_1}$ 的平均风矢的分量分别为 $\bar{u}_{12}$、$\bar{v}_{12}$，$\bar{u}_{23}$、$\bar{v}_{23}$，$\bar{u}_{31}$、$\bar{v}_{31}$，沿 $\overline{P_1 P_2}$、$\overline{P_2 P_3}$、$\overline{P_3 P_1}$ 各条边的风用下标 s 表示，其外法线方向的风用下标 n 表示（图 3.16）。则有：

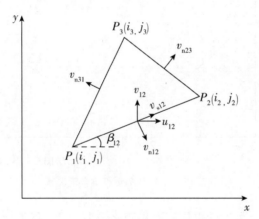

图 3.16　三角形方法三

$$v_{s12} = \bar{u}_{12} \cos \beta_{12} + \bar{v}_{12} \sin \beta_{12},$$

$$v_{n12} = \bar{u}_{12} \sin \beta_{12} - \bar{v}_{12} \cos \beta_{12} 。$$

其余各边类推。因此，由图 3.16 显见，三角形的散度为：

$$D = \frac{1}{s} \sum_{l_1 l_2} v_{n_{l_1 l_2}} \cdot \overline{P_{l_1} P_{l_2}} = \frac{2}{ds} \sum_{l_1 l_2} \big[\bar{u}_{l_1 l_2} (j_{l_2} - j_{l_1}) - \bar{v}_{l_1 l_2} (i_{l_2} - i_{l_1}) \big] 。$$

(3.36)

式中：$\overline{(\quad)}_{l_1 l_2} = \frac{1}{2} \big[(\quad)_{l_1} + (\quad)_{l_2} \big]$；$\sum\limits_{l_1 l_2} (\quad)$ 表示 l_1 依次取 1，2，3，l_2 依次取 2，3，1 时的和；$\overline{P_{l_1} P_{l_2}} = \big[(i_{l_2} - i_{l_1})^2 + (j_{l_2} - j_{l_1})^2 \big]^{\frac{1}{2}}$。

自从 J. C. Bellamy（1949）提出计算平面散度的三角形方法以来，后继者对三角形方法已提出了多种不断改进的方案，除上述三种方案外，还有球面三角形法、有限元法等。但正如式（3.29）所表达的那样，它们的实质是一致的，只是由于处理方式不同，而表现出微小差异。

3.2.2.6 散度订正和坐标转换

1. 散度面积形状订正

在应用三角形方法计算大范围散度场时，由于各三角形的顶点是由探空站的位置决定的，因此连成的三角形网中各个三角形的面积和形状各异。事实上，即使两个三角形各对应顶点的风矢完全相同，但由于彼此大小和形状不同，所计算的散度值也不相同。这就给大范围散度场的计算和统一评价带来一定困难，为此需要进行三角形散度值的面积订正和形状订正。

面积订正通常采用订正公式：

$$D_i' = KD_i \text{。} \tag{3.37}$$

式中：D_i 为第 i 个三角形的散度计算值；D_i' 为该三角形订正后的散度值；K 为订正系数。数值试验表明，正三角形的面积与散度呈非线性关系(图 3.17)。

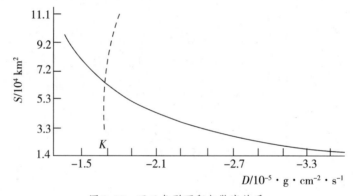

图 3.17　正三角形面积与散度关系

当取 $K = (S_i/\bar{S})^{\frac{1}{2}}$ 时，散度计算值随面积变化很小，可获得最佳订正效果。故有散度面积订正公式为：

$$D_i' = (S_i/\bar{S})^{\frac{1}{2}} D_i \text{。} \tag{3.38}$$

式中：$\bar{S}$ 为三角形网中全体三角形的平均面积；S_i 为第 i 个三角形的面积。

当固定三角形面积(如取 $S = 3.97 \times 10^4 \text{ km}^2$)，并设三角形各端点的风矢不变，选用三角形最大内角作为形状参数，则发现当最大内角增大时，散度绝对值亦随之增大。当最大内角为 95°(即钝角)时，与等边三角形散度的相对误差为 32%；当最大内角为 138°时，相对误差为 79%；当最大内角超过 152°时，相对误差达 100%(图 3.18)。可见，选择探空站构成三角形时，应尽量避免出现钝角，三边应尽量相等。当出现钝角时，必须进行三角形形状订正。

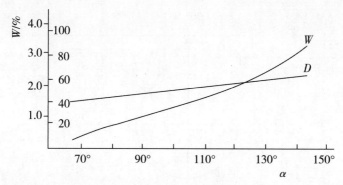

图 3.18　散度绝对值(D)相对误差(ω)与三角形最大内角(α)的关系

形状订正一般采用公式：

$$D'_i = \mu D_i。 \tag{3.39}$$

式中：μ 为形状订正参数，可看成正三角形的内角度数（60°）与第 i 个三角形的最大内角度数 α_i 比值的函数。同样通过数值试验表明，当取

$$\mu = (60°/\alpha)^{\frac{1}{3}}$$

时，散度与形状相关性最小，即订正效果最好。因此，可取形状订正系数为：

$$D'_i = (60°/\alpha)^{\frac{1}{3}} D_i。 \tag{3.40}$$

综合式（3.38）和式（3.40），得散度的面积形状订正为：

$$D'_i = (S_i/\bar{S})^{\frac{1}{2}} (60°/\alpha)^{\frac{1}{3}} D_i。 \tag{3.41}$$

2. 地理坐标系和直角坐标系的转换

以上介绍的散度计算公式，都是在平面直角坐标系中导出的；但是，构成三角形的气象站的位置，都是以地理坐标给出的。因此，需要进行地理坐标系和直角坐标系的转换。

在直角坐标系中，任意一点的位置坐标为 (i, j)，并有 $x = id$，$y = jd$。d 为直角坐标系的网格距，根据目前的高空气象站网密度，一般取 d 为 $200 \sim 300$ km。在地理坐标系中，任意一点的坐标为 (φ, λ)，φ 为纬度，λ 为经度。进行坐标转换时，视地图投影方法不同，转换公式也不相同，分述如下。

（1）极射赤面投影。这种投影方式的投影平面垂直于南北极地轴，并切于极点。纬线在这种投影中为同心圆，经线为自圆心向外的辐射线。因此，这种投影适宜于表现极地和半球的地形特征。

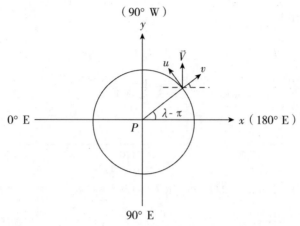

图 3.19　极射赤面投影图上的直角坐标

令北极为原点，$90°$ E—$90°$ W 为 y 轴，$0°$ E—$180°$ E 为 x 轴（图 3.19），则坐标转换公式为：

$$i = -C\cos\lambda, \quad j = -C\sin\lambda。 \tag{3.42}$$

式中：$C = \dfrac{1}{d}(1+\sin 60°)\, R_e\left(\dfrac{1-\sin\varphi}{1+\sin\varphi}\right)^{\frac{1}{2}}$；$R_e$ 为地球半径。

（2）双标准兰勃特投影。这是一种圆锥面和球面相割于纬圈 φ_1 和 φ_2 构成的双标准圆锥投影，通常取 $\varphi_1 = 30°$，$\varphi_2 = 60°$。这种投影较适合于表现中纬度地带的地形特征。

取（λ_0，φ_0）为原点，$\lambda_0 = 180°$ E 为 y 轴，与纬线相切的直线为 x 轴，P 为北极（图 3.20），则测站位置（λ，φ）与直角坐标（i，j）的关系为：

$$i = A\tan^n \frac{1}{2}\left(\frac{\pi}{2} - \varphi\right)\sin n\left(\lambda - \frac{\pi}{2}\right), \tag{3.43}$$

$$j = -A\tan^n \frac{1}{2}\left(\frac{\pi}{2} - \varphi\right)\cos n\left(\lambda - \frac{\pi}{2}\right) + j_0。 \tag{3.44}$$

当取标准纬圈 $\varphi_0 = 30°$ 时，$A = 38.0786$，$n = 0.7156$，$J_0 = 25.7024$。

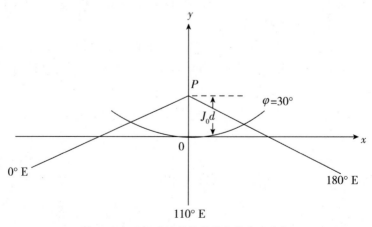

图 3.20　双标准兰勃特投影上的直角坐标

（3）麦卡托投影。以半径与地球半径 R_e 相等的圆柱面和地球赤道相切，则构成麦卡托投影。在这种投影图中，经线是一组平行于地球南北轴线的直线，纬线是一组与经线垂直的直线，南北半球纬线以赤道为中心互相对称。若取原点为 $\left(\dfrac{\pi}{2}, 0\right)$，90° E 为 y 轴（从低纬指向高纬），赤道为 x 轴（从西指向东），则坐标转换关系为：

$$i = \frac{R_e}{d}\left(\lambda - \frac{\pi}{2}\right), \tag{3.45}$$

$$j = \frac{R_e}{d}\ln \tan \frac{1}{2}\left(\frac{\pi}{2} - \varphi\right)。 \tag{3.46}$$

同样，应当进行直角坐标系和地理坐标系中风的转换。设直角坐标系中风矢的分量为 u、v，地理坐标系中风矢的分量为 $\hat{u}$、$\hat{v}$，则在各投影系统下彼此的转换公式为：

极射赤面投影：

$$u = -\frac{j\hat{u} + i\hat{v}}{\sqrt{i^2 - j^2}}, \qquad v = -\frac{j\hat{v} - i\hat{u}}{\sqrt{i^2 + j^2}}; \tag{3.47}$$

双标准兰勃特投影：

$$u = \frac{\left[(j_0 - j)\hat{u} - i\hat{v}\right]}{\sqrt{i^2 + (j_0 - j)^2}}, \qquad v = \frac{\left[i\hat{u} + (j_0 - j)\hat{v}\right]}{\sqrt{i^2 + (j_0 - j)^2}}; \tag{3.48}$$

麦卡托投影：

$$u = \hat{u}, \qquad v = \hat{v}。 \tag{3.49}$$

根据上述转换公式，便可将地理坐标系中各三角形顶点的坐标和风速分量转换成垂直坐标系中的相应坐标和风的分量，代入散度公式进行散度计算。

3.2.3　水汽输送通量散度计算

在上述讨论的风场散度的概念和计算方法中，如果把物理量更换为水汽输送通量，那么全部结论和方法皆适宜于水汽输送通量散度的分析和计算。

对于水平方向的水汽输送通量散度，根据式（3.23）便有如下表达形式：

$$D = \nabla\left(\frac{1}{g}vq\right) = \frac{\partial}{\partial x}\left(\frac{1}{g}uq\right) + \frac{\partial}{\partial y}\left(\frac{1}{g}vq\right)。 \tag{3.50}$$

若 $D > 0$，则表示水汽输送通量为辐散；若 $D < 0$，则表示水汽输送通量为辐合。当式（3.50）中各物理量单位分别采用：重力加速度 $g(\mathrm{m \cdot s^{-2}})$，风速 $|v|(\mathrm{m \cdot s^{-1}})$，比湿 $q(\mathrm{m \cdot s^{-1}})$，气压 $P(\mathrm{hPa})$ 时，则水汽输送通量散度的单位为 $\mathrm{g \cdot cm^{-2} \cdot s^{-1} \cdot hPa^{-1}}$，表示在单位时间里，在底面积为 1 cm²，高度为 1 hPa 的单位体积内从水平方向汇合进来或辐散出去的水汽克数。水汽输送通量散度的量级为 $10^{-8} \sim 10^{-5}$。图 3.21 是中国中东部地区一个水汽通量辐合场的实例，其中心辐合强度为 -6×10^{-8} $\mathrm{cm^{-2} \cdot s^{-1} \cdot hPa^{-1}}$。

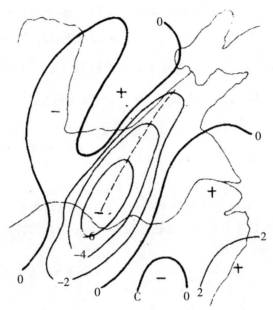

图 3.21　1976 年 8 月 11 日 20 时 850 hPa 水汽通量散度场

（单位：10^{-7} g·cm^{-2}·hPa^{-1}·s^{-1}）

在 3.1.3 关于水汽输送通量的讨论中，式(3.11)表明水汽总输送通量可以表达为水汽平均输送通量和水汽涡动输送通量之和。在关于水汽输送通量散度的分析和计算中，我们只需对式(3.11)两边同时求散度，则有：

$$\frac{1}{g}\nabla\{[vq]\}=\frac{1}{g}\nabla\{[v][q]\}+\frac{1}{g}\nabla\{[v'q']\}。 \tag{3.51}$$

式中：左边即为水汽总输送通量散度，右边第一项为水汽平均输送通量散度，右边第二项为水汽涡动输送通量散度。因此，水汽总输送通量散度也可以表述为水汽平均输送通量散度和水汽涡动输送通量散度之和。

在计算多年平均的月或年水汽输送通量散度时，也可利用大气水分平衡方程进行近似计算。

对任一区域上空，有水分平衡方程：

$$\nabla\left(\frac{1}{g}V_q\right)=E-P-\frac{\partial W}{\partial t}。$$

式中：E 和 P 分别为降水量和蒸发量；$\frac{\partial W}{\partial t}$ 为计算时段内大气中水汽含量的变化，即水汽含量的局地变化；$\nabla\left(\frac{1}{g}V_q\right)$ 为计算空域在计算时段内的水汽输送通量散度。在多年平均情况下，$\frac{\partial W}{\partial t}=0$，因此便有散度近似等于计算时段内的蒸发量与降水量之差。图 3.22 为由式(3.51)计算的北半球平均逐月水汽总输送通量散度 $\nabla\left(\frac{1}{g}V_q\right)$ 和以蒸发量与降水量之差($E-P$)作为散度近似值的比较，可见是具有一定精度的。

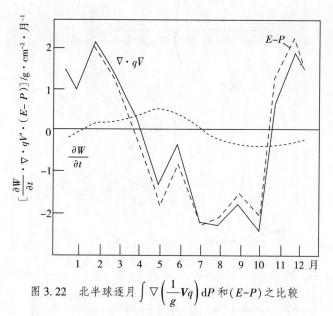

图 3.22　北半球逐月 $\int \nabla \left(\dfrac{1}{g} \boldsymbol{V} q \right) \mathrm{d}P$ 和 $(E\text{-}P)$ 之比较

3.2.4　中国大陆上空水汽输送通量散度计算

为了揭示中国大陆上空水汽输送通量散度场的基本事实和特点，下面计算了 1983 年逐日、逐月和全年各气层与整层的水汽输送通量散度，包括总输送通量散度、平均输送通量散度和涡动输送通量散度，并给出了 850 hPa、700 hPa、500 hPa 气层和整层逐月和全年水汽输送通量散度场。

计算中所用的测站和基本资料与前面关于中国上空水汽输送通量计算所用的测站与资料相同。计算采用三角形方法。首先由高空气象站构成三角形网，由于地形高度的影响，850 hPa 取 111 个三角形，700 hPa 取 131 个三角形，500 hPa 取 148 个三角形，分别组成全国各气层三角形网(图 3.23)。

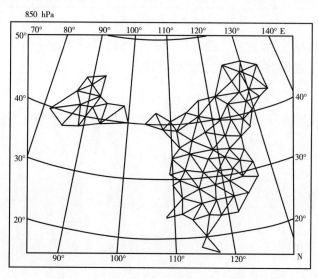

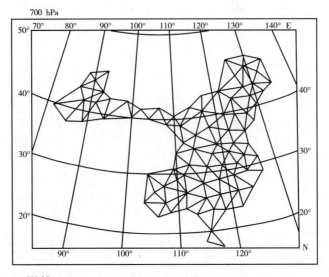

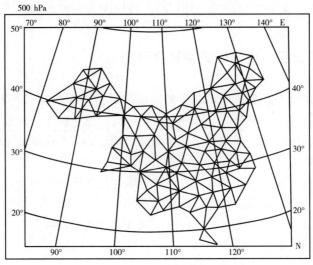

图 3.23　各气层散度计算三角形网

　　全部计算过程按图 3.24 进行。图中仅列出了总输送通量散度的计算流程，平均输送通量散度和涡动输送通量散度可按类似流程进行。

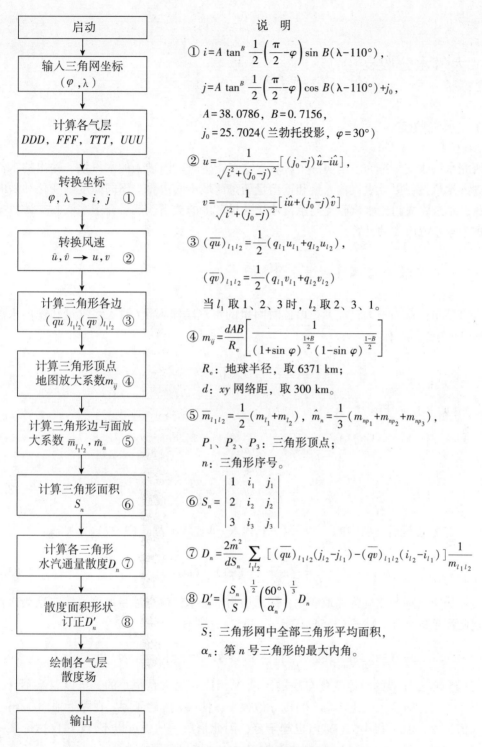

启动

输入三角网坐标
(φ, λ)

计算各气层
DDD，FFF，TTT，UUU

转换坐标
$\varphi, \lambda \rightarrow i, j$　①

转换风速
$\hat{u}, \hat{v} \rightarrow u, v$　②

计算三角形各边
$(\overline{qu})_{l_1 l_2}, (\overline{qv})_{l_1 l_2}$　③

计算三角形顶点
地图放大系数 m_{ij}　④

计算三角形边与面放
大系数 $\overline{m}_{l_1 l_2}, \hat{m}_n$　⑤

计算三角形面积
S_n　⑥

计算各三角形
水汽通量散度 D_n　⑦

散度面积形状
订正 D_n'　⑧

绘制各气层
散度场

输出

说　明

① $i = A \tan^B \dfrac{1}{2}\left(\dfrac{\pi}{2}-\varphi\right) \sin B(\lambda-110°)$，

$j = A \tan^B \dfrac{1}{2}\left(\dfrac{\pi}{2}-\varphi\right) \cos B(\lambda-110°) + j_0$，

$A = 38.0786$，$B = 0.7156$，

$j_0 = 25.7024$（兰勃托投影，$\varphi = 30°$）

② $u = \dfrac{1}{\sqrt{i^2+(j_0-j)^2}}\left[(j_0-j)\hat{u} - i\hat{u}\right]$，

$v = \dfrac{1}{\sqrt{i^2+(j_0-j)^2}}\left[i\hat{u} + (j_0-j)\hat{v}\right]$

③ $(\overline{qu})_{l_1 l_2} = \dfrac{1}{2}(q_{l_1}u_{l_1} + q_{l_2}u_{l_2})$，

$(\overline{qv})_{l_1 l_2} = \dfrac{1}{2}(q_{l_1}v_{l_1} + q_{l_2}v_{l_2})$

当 l_1 取 1、2、3 时，l_2 取 2、3、1。

④ $m_{ij} = \dfrac{dAB}{R_e}\left[\dfrac{1}{(1+\sin\varphi)^{\frac{1+B}{2}}(1-\sin\varphi)^{\frac{1-B}{2}}}\right]$

R_e：地球半径，取 6371 km；

d：xy 网络距，取 300 km。

⑤ $\overline{m}_{l_1 l_2} = \dfrac{1}{2}(m_{l_1} + m_{l_2})$，$\hat{m}_n = \dfrac{1}{3}(m_{np_1} + m_{np_2} + m_{np_3})$，

P_1、P_2、P_3：三角形顶点；

n：三角形序号。

⑥ $S_n = \begin{vmatrix} 1 & i_1 & j_1 \\ 2 & i_2 & j_2 \\ 3 & i_3 & j_3 \end{vmatrix}$

⑦ $D_n = \dfrac{2\hat{m}^2}{dS_n}\sum_{l_1 l_2}\left[(\overline{qu})_{l_1 l_2}(j_{l_2}-j_{l_1}) - (\overline{qv})_{l_1 l_2}(i_{l_2}-i_{l_1})\right]\dfrac{1}{m_{l_1 l_2}}$

⑧ $D_n' = \left(\dfrac{S_n}{S}\right)^{\frac{1}{2}}\left(\dfrac{60°}{\alpha_n}\right)^{\frac{1}{3}}D_n$

S：三角形网中全部三角形平均面积，

α_n：第 n 号三角形的最大内角。

图 3.24　水汽总输送通量散度计算框图

3.3 大气水分收支

3.3.1 水汽收支

研究水汽收支，是为了阐明一个区域上空在指定时段内输入的水汽量、输出的水汽量和净输入水汽量，以及水汽输入量和输出量随该区域不同边界、不同高度的变化和随时间的变化。本节将先讨论水汽收支与水汽输送通量散度的关系，然后介绍水汽收支计算方法及中国上空水汽收支的计算。

3.3.1.1 水汽收支与水汽输送通量散度

设有某单位截面积大气柱，在单位时间里的水汽净输入量（输入水汽量和输出水汽量之代数和）为 N，则有：

$$N = -\frac{1}{g}\int_0^{p_s} \frac{\mathrm{d}q}{\mathrm{d}t}\mathrm{d}p。 \tag{3.52}$$

在 $(x,\ y,\ p)$ 坐标系中展开 $\dfrac{\mathrm{d}q}{\mathrm{d}t}$：

$$\begin{aligned}
\frac{\mathrm{d}q}{\mathrm{d}t} &= \frac{\partial q}{\partial t} + \boldsymbol{V}\cdot\nabla q + \omega\frac{\partial q}{\partial p} \\
&= \frac{\partial q}{\partial t} + \boldsymbol{V}\cdot\nabla q + q\frac{\partial \omega}{\partial p} + \omega\frac{\partial q}{\partial p} - q\frac{\partial \omega}{\partial p}。
\end{aligned} \tag{3.53}$$

将式（3.53）右边最后一项中的 $\dfrac{\partial \omega}{\partial p}$ 以 $-\nabla\cdot\boldsymbol{V}$ 代入〔即连续方程式（3.27）〕，则有：

$$\frac{\mathrm{d}q}{\mathrm{d}t} = \frac{\partial q}{\partial t} + \nabla\cdot(\boldsymbol{V}q) + \frac{\partial}{\partial p}(\omega q)。 \tag{3.54}$$

式中：右边第一项为比湿的局地变化，第二项为水平水汽输送通量散度，第三项为水汽垂直输送随高度的变化。将式（3.54）代入式（3.52），则有：

$$N = -\frac{1}{g}\int_0^{p_s}\frac{\partial q}{\partial t}\mathrm{d}p - \frac{1}{g}\int_0^{p_s}\nabla\cdot(\boldsymbol{V}q)\mathrm{d}p - \frac{1}{g}\int_0^{p_s}\frac{\partial}{\partial p}(\omega q)\mathrm{d}p。 \tag{3.55}$$

在式（3.55）中，比湿的局地变化与净输入量 N 相比较通常是很小的，可以忽略不计；在讨论整个大气柱时，大气上界（$p=0$）因 q 值很小，使 $(\omega q)_0$ 趋于零，在贴近地面（$p=p_s$）处虽然 q 值很大，但 ω 很小，$(\omega q)_s$ 也趋于零，因此最后一项也可以不计（在仅讨论某一段大气柱，如讨论 $700\sim400\ \mathrm{hPa}$ 气柱水汽收支时，此项仍要进行计算）。这样，式（3.55）可近似写为：

$$N = -\frac{1}{g}\int_0^{p_s}\nabla\cdot\boldsymbol{V}q\mathrm{d}p。 \tag{3.56}$$

可见，单位截面积气柱的水汽净输入量等于该气柱水汽水平输送通量散度的垂直积分。假设气柱里的水汽净输入量（水汽净辐合量）全部凝结成为降水，则式（3.56）便成为降水量计算公式。

图 3.25 是应用式（3.56）计算一个面积为 $3.7×10^4$ km² 地区上空 5 天平均水汽收支量的实例。由图可以看到：在自地面（1000 hPa）至 400 hPa 气柱中，36 单位水汽总输入量都是通过水平辐合进入气柱的，其 94% 是在 700 hPa 以下气层辐合进入气柱的，表明下层水汽水平辐合是气柱水汽总输入的主要部分；在输入的总水汽量中，16% 通过气柱 400 hPa 顶层向上输送，3% 储存于 700～400 hPa 气层中，可见水汽含量的局地变化是很小的；假如净输入的水汽全部凝结成降水，则气柱 5 天平均总降水量为 31.4 单位，其中约有一半是在地面至 700 hPa 气层形成的，另一半是在 700 hPa 以下气层中水平辐合的水汽垂直输送到 700 hPa 以上气层后，凝结形成的。

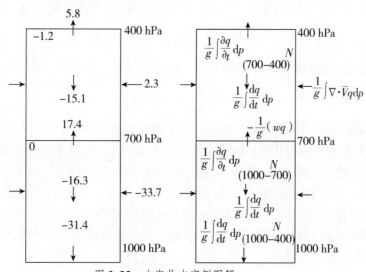

图 3.25 水汽收支实例图解

（单位：10^{-5} g·cm^{-2}·s^{-1}）

以上的分析和实例，清楚地说明了水汽收支和水汽输送通量散度的关系。但是，在大气水分循环和水分平衡分析中，在水资源研究和暴雨分析中，不仅需要了解一个地区上空的水汽净输入量，而且还要了解水汽的主要输入边界、主要输出边界，以及输入量和输出量的季节变化及其影响因子等。此外，散度计算要求有较多的探空站，计算误差较大。因此，在实际工作中，通常并不直接利用散度场计算一个区域的水汽净输入量。而是采用一些简便和精度较高的方法，进行一个区域上空的水汽收支计算和分析。

3.3.1.2 水汽收支计算

应用高斯定理，把式（3.56）转换为：

$$N = -\frac{1}{g}\int_0^{p_s}\nabla\cdot\boldsymbol{V}q\mathrm{d}p = -\frac{1}{A}\oint_L\int_0^{p_s}\left(\frac{1}{g}V_nq\right)\mathrm{d}p\mathrm{d}L。 \tag{3.57}$$

式中：A 为进行水汽收支计算地区的面积；L 为 A 面积的周界长度；V_n 为风矢对周界的法

向分量，它垂直于周界。这样，在进行一个地区上空的水汽收支计算时，只需计算沿周界的水汽通量，而无需了解周界范围内的水汽辐合和辐散情况。这便给水汽收支计算和分析带来了很大的方便。

用式(3.57)进行一个地区上空水汽收支计算时，通常采用两种计算方案。

1. 正多边形方案

该方案用平行于 x 轴和 y 轴的线段将计算范围的边界概化为正多边形。此时，式(3.57)可写成离散形式：

$$N = \frac{1}{A} \sum_{k=1}^{4} \sum_{i=1}^{m(k)} (-1)^{(k+1)} F_i l_i 。 \tag{3.58}$$

式中：序号 $k=1$，2，3，4 分别代表西边界、东边界、南边界和北边界；$m(k)$ 表示第 k 边界所划分成的段数($i=1$，2，…，m)，如当 $k=1$，$m=4$ 时，即表示西边界划分成 4 段，$i=1$，2，3，4 分别表示西边界的 1，2，3，4 段；l_i 为第 i 段边界的长度，对于第 k 边界而言其总长度 $l_k = \sum_{i=1}^{m(k)} l_i$，对计算面积 A 的全部边界而言其总长度 $l = \sum_{k=1}^{4} \sum_{i=1}^{m(k)} l_i$；$F_i$ 为第 i 段边界上层水汽输送通量的整层积分，即

$$F_i = -\int_0^{P_{si}} \left(\frac{1}{g} V_n q \right)_i \mathrm{d}p 。 \tag{3.59}$$

V_n 视边界方向不同分别为 u 分量和 v 分量：对东边界和西边界(平行于 y 轴的边界)而言，$V_n = u$；对北边界和南边界(平行 x 轴的边界)而言，$V_n = v$。P_{si} 为第 i 段边界的地面气压。符号 $(-1)^{k+1}$ 表示输入计算范围内的水汽为正号，输出的水汽为负号。

具体计算时，可按以下步骤进行：

(1)根据计算范围的形状，用平行于 x 轴和 y 轴的直线将计算范围概化成正多边形，当计算范围较大时，可直接采用经纬线进行概化，并尽量使概化后的计算面积与实际面积接近相等，如图 3.26。

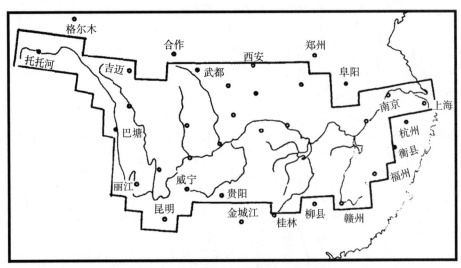

图 3.26　经纬线概化的长江流域边界

(2)绘制计算时段的 u、v 等值线和比湿 q 等值线，根据边界情况对各条边界进行分

段，读出每一分段各气层的平均 u、v 和 q 值。为节省工作量，通常并不需绘制 u、v 和 q 等值线，而是根据位于边界上或边界附近的探空站对边界进行分段，并以这些探空站的实测 u、v 和 q 值作为相应边界、相应时段的计算采用值。

（3）计算各个边界段、各气层的经向水汽通量 $(vq)_{l_i}$ 和纬向水汽通量 $(uq)_{l_i}$，并按边界进行高度和时间积分，即得各边界的水汽收支量和计算范围内的水汽净输入量。

2. 不规则多边形方案

在计算范围形状很不规则，或沿其边界探空气象站分布很不均匀的情况下，可采用不规则多边形进行概化，如图 3.27。概化的原则与正多边形方案相同。此时，需根据概化边界段的方向，把边界附近探空站的风分解成垂直各条边界段的法向分量，然后再进行各边界段水汽通量和计算范围的水汽收支计算，计算方法可参见 3.1.2 和 3.1.3 有关内容。

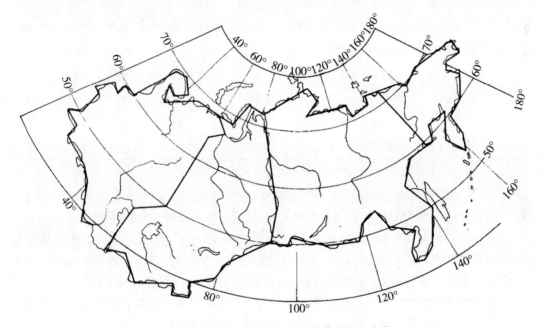

图 3.27 不规则多边形概化的原苏联领土边界

3.3.2 大气中的水汽收支

一个地区上空的水汽收支，是指借助于气流的输运，通过该地区四周边界输入至该地区上空的水汽量和自该地区上空各边界输出的水汽量。某一时段内（日、月、年等）输入水汽量与输出水汽量之差称为该地区在该时段内的水汽净输入量。一个地区上空的水汽收支是该地区水分状况与天气气候变化的重要特征。依据水汽收支并进一步考虑蒸发和降水，可以建立大气和下垫面相耦合的水分平衡模型，揭示所研究地区的水分循环和水分平衡的基本规律。

本节将在前述基础上，首先介绍全球及各洲大陆上空水汽收支的基本情况，然后分别阐述中国大陆尺度及其区域或流域尺度地区上空的水汽收支状况。

3.3.2.1 全球大陆上空水汽收支

每年从海洋输送到全球各洲大陆上空的水汽量为 100600 km³，从各洲大陆上空输出的水汽量为 60560 km³，各洲大陆上空净输入的水汽量为 40040 km³，净输入水汽量约占总输入水汽量的 40%。各洲大陆水汽收支情况如表 3.2 所示。

表 3.2　各洲大陆上空的水汽收支

洲名	面积 /10^4 km²	总输入		总输出		净输入	
		km³	mm	km³	mm	km³	mm
亚洲	4077.5	20100	492.9(493)	9500	235.9(235)	10600	260.0(258)
欧洲	980.0	10100	1030.6(1031)	7300	744.9(740)	2800	285.7(291)
非洲	2953.0	24600	833.1(833)	18700	633.2(633)	5900	199.9(200)
北美洲	2006.0	12300	613.2(613)	5300	246.2(283)	7000	349.0(300)
南美洲	1780.0	20700	1162.9(1163)	7500	421.3(416)	13200	741.6(747)
大洋洲	761.5	12800	1680.9(1681)	12260	1609.9(1618)	540	71.3(63.0)
合计	12558.0	100600	801.1	60560	482.2	40040	318.9

注：括号内为经过与降水、径流、蒸发平衡修正后的数据。

由表 3.2 可见，各洲大陆上空水汽收支情况是不尽相同的。在欧洲，每年有 10100 km³ 的水汽输入大陆，有 7300 km³ 的水汽从大陆输出，净输入水汽量为 2800 km³，占总输入水汽量的 28%。在亚洲，每年有 20100 km³ 的水汽输入大陆，有 9500 km³ 水汽自大陆输出。亚洲水汽净输入量为 10600 km³，约占总输入量的 53%，显著高于欧洲。显然，这与亚洲面积大于欧洲面积有关(亚洲面积为欧洲面积的 4 倍)，因而输入的水汽在亚洲有较多参与大陆水分循环的机会。当把欧洲和亚洲作为一个大陆块来考虑时，水汽净输入量占总输入量的比值将增加至 62%。事实上，从亚洲输出的水汽中，约有 56% 的水汽是从大陆蒸发而后随气流输出的。非洲大陆，年水汽总输入量为 24600 km³，是全球年水汽输入量最大的大陆，但其年水汽总输出量为 18700 km³，也远多于全球其他各洲，乃至年净输入量(为 5900 km³)折合面积平均水深不足 200 mm。除大洋洲外，非洲是全球水汽净输入最小的大陆，因而非洲气候干旱少雨。这一特点显然归因于副热带高压长期稳定的影响的结果。

在北美洲，年水汽总输入量为 12300 km³，年总输出量为 5300 km³，年净输入量为 7000 km³，约占年总输入量的 57%，折合面积平均水深为 349 mm。可见，北美洲虽然年水汽总输入量远小于亚洲和非洲，接近欧洲，但其净输入量折合面积平均水深却远远大于欧洲、亚洲和非洲，恰与非洲形成了鲜明的对比。大量的水汽净输入使北美洲降水丰沛，河川发育，气候湿润，从而使北美洲自然条件优越于其他大陆。南美洲年水汽总输入量为 20700 km³，年总输出量为 7500 km³，年水汽净输入量为 13200 km³，年净输入量约占年总输入量的 64%，折合面积平均深度为 742 mm。南美洲年水汽净输入量居全球各洲之冠。因此，就整个南美洲大陆而言，其大气中的水汽含量(29.3 mm)、年降水量(1596 mm)和年径流量(661 mm)也远高于其他大陆，成为全球最湿润的大陆。大洋洲是全球各洲中面积最小的大陆(面积 761.5 km²)，地面平均海拔为 350 m。年水汽总输入量(不包括岛屿)为 12800 km³，年总输出量为 12260 km³。输入大陆的水汽中约有 96%直接穿越大陆上空，输出境外，净输入量为 540 km³，仅占总输入量的 4%，折合面积平均水深为 71.3 mm，是全球水汽净输入量最小的大陆。由于水汽净输入量很小，因而大洋洲大陆干旱少雨，年平均降水量为 456 mm，且主要分布于澳大利亚北部、东部和西南沿海，占大陆面积 68%的内陆年降水量少于 500 mm，其中 50%以上的地区年降水量少于 250 mm。在南极洲和北极地区，由于风速小，气温低，水汽含量少，年水汽总输入量和输出量较其他各洲要小 1～2 个量级。

3.3.2.2　中国大陆上空水汽收支

如 3.3.1 所述，把中国大陆边界概化为平行纬线和经线的多边形，利用沿国界附近的 53 个探空气象站 1973—1981 年每天两次探空观测资料，按式(3.58)进行 9 年连续逐日水汽总输送的收支计算，便可以得到全国多年水汽平均总输入量、输出量和净输入量。本节研究中国大陆多年水汽平均收支。

表3.3　中国大陆上空的水汽收支

年份	总输入 km³	mm	总输出 km³	mm	净输入 km³	mm
1973	17184.9	1808.9	13854.8	1458.4	3330.1	350.5
1974	15664.4	1648.9	12971.7	1365.4	2692.7	283.5
1975	18346.7	1931.2	15740.1	1656.9	2606.6	274.3
1976	17942.7	1888.7	16106.1	1695.4	1836.6	193.3
1977	18476.4	1944.9	16428.8	1729.3	2047.6	215.6
1978	17865.9	1880.6	15460.2	1627.4	2405.7	253.2
1979	20295.7	2136.4	18303.0	1926.6	1992.7	209.8
1980	19437.8	2046.1	17735.3	1866.9	1702.5	179.2
1981	18724.3	1971.0	15975.2	1681.6	2749.1	289.4
平均	18215.4	1917.4	15839.7	1667.3	2375.7	250.1

注：概化计算面积为 9.5×10⁶ km²。

由表 3.3 可见，平均每年通过中国大陆边界输入中国境内的水汽量为 18215.4 km³，从中国大陆上空输出的水汽量为 15839.7 km³，中国大陆上空平均每年净输入的水汽量为 2375.7 km³，约占总输入量的 13%，折合面积平均水深为 250.1 mm。根据大气和下垫面相耦合的水量平衡方程，任一地区的多年水汽平均净输入量应等于从该地区的边界流出的年径流总量。中国大陆流出国界的年径流总量(包括入海径流量和从陆界出境径流量)为 2439.1 km³，折合面积平均水深为 256.7 mm，与水汽年净输入量相差 6.6 mm，其差值仅为中国大陆年平均流出国界径流总量的 2.6%。因而可以认为，上述中国大陆上空水汽年收支量的数值是合理的、可信的。

中国大陆上空多年水汽平均总输入量相当于亚洲大陆多年水汽平均总输入量的 90%，若按面积平均水深计算，则为亚洲大陆水汽总输入量的 3.8 倍，是全球陆地中水汽年总输入量最大的地区之一。然而，中国大陆上空的水汽净输入量只相当于亚洲大陆水汽净输入量的 22%，若按面积平均水深计算，则较亚洲大陆水汽净输入量小 4%，较欧洲（面积为 980 万 km^2）水汽净输入量小 12%。这主要是由于中国地处东亚大陆东岸，受强西风环流控制，是欧亚大陆上空水汽输出的主要通道，因此，虽有大量水汽输入，但输出也十分强盛，致使水汽净输入量占总输入量的比值小于亚洲太平洋流域片和印度洋流域片，也小于欧洲、北美洲和南美洲；但与大洋洲大陆相比较，两者水汽总输入量相近，而中国大陆水汽净输入量是大洋洲大陆的 3.5 倍，所以中国大陆较大洋洲大陆湿润。

3.3.3 涡动输送对水汽收支的贡献

在全国及不同地区，水汽涡动输送和水汽平均输送对水汽总输送收支的贡献各不相同，并且随季节和不同边界而变化。由于总输送等于涡动输送与平均输送之和，所以下面将着重讨论涡动输送对总输送收支量的贡献。

表 3.4 给出了全国和各区域 1983 年总输送、涡动输送和平均输送的水汽收支量。由表 3.4 可见，涡动输送和平均输送对各区水汽收支贡献的性质，即正贡献或负贡献，随各区而异。

表 3.4　各区域上空涡动输送和平均输送水汽收支　　　　　　　　单位：km^3

项　目		东北区	华南区	长江区	西南区	华北区	西北区	全国大陆
总输送	输入	2806.1	10272.6	6866.6	4393.5	3153.8	3647.7	15023.5
	输出	2623.8	9410.0	5816.5	3778.4	3496.5	3354.6	12363.0
	净输入	182.3	862.6	1050.2	615.0	−342.7	293.1	2660.5
涡动输送	输入	472.7	983.6	879.5	265.9	980.8	716.8	1527.0
	输出	330.5	1060.2	1394.8	229.6	784.0	528.9	1555.7
	净输入	142.2	−76.6	−515.3	36.3	196.8	187.9	−28.7
平均输送	输入	2333.4	9288.9	5987.1	4127.8	2173.1	2930.6	13496.2
	输出	2293.3	8349.5	4421.7	3549.1	2812.7	2825.6	10807.1
	净输入	40.1	939.4	1565.4	578.7	−539.6	105.0	2689.1

在东北地区，涡动输送和平均输送对水汽总输送的净输入为一致的正贡献。涡动输送带来的水汽输入量虽然只有总输送水汽输入量的 17% 左右，但涡动输送带来的水汽净输入量却占总输送水汽净输入量的 78%。平均输送带来的水汽输入量虽然很多（约为涡动输入量的 5 倍），但它携带出境的水汽量也很多（约为涡动输出量的 7 倍）。这表明东北地区的水汽净输入量主要是由水汽涡动输送完成的。

在华北地区，涡动输送对该地区的水汽净输入有正贡献，而平均输送自该地区输出的水汽量大于其输入该地区的水汽量，亦即对该地区的水汽净输入有负贡献。值得指出的是，由于平均输送负贡献的绝对值大于涡动输送正贡献的绝对值，以致该地区水汽年收支净量为负值。这意味着华北地区上空就全年而言，是水汽平均输送的源地和水汽涡动输送的汇地。

在长江流域和华南地区，涡动输送对水汽净输入有负贡献，即通过涡动输送方式输入该两地区的水汽量小于以涡动输送方式所输出的水汽量；通过平均输送方式输入该两地区的水汽量大于其从该两地区输出的水汽量，亦即平均输送对上述两地区的水汽收支有正贡献。因此，就上述两地区的水汽净收支而言，水汽平均输送是水汽输入的主要方式，而涡动输送则起着自上空输出水汽的作用，亦即华南地区和长江流域上空是水汽涡动输出的源地。

在西南地区，涡动输送和平均输送对该地区均有正贡献，但无论是输入、输出或净输入，平均输送均起着主要作用，它占总输入、总输出或净输入量均在 90% 以上。

在西北地区，涡动输送和平均输送对水汽净输入均有正贡献，且涡动输送的贡献较平均输送的贡献在数量上大 1 倍左右。

表 3.5 给出了涡动输送与总输送的比较情况。从表 3.5 中可见水汽涡动输送在数量上对各区水汽收支贡献的大小。同时表中显示，在东北、华北和西北地区，涡动输送水汽输入量占总输入量的 17% ~ 31%，在华南、西南和长江流域只占 6% ~ 13%，北方各区约是南方各区的 3 倍；同样，在东北、华北和西北地区，经向水汽涡动输入量占经向水汽总输入量的比值是南方各区的 4.5 倍。这表明：①涡动输送对总输送的贡献主要表现在它的经向输送特性方面；②在北方地区，涡动输送对总输送有着更重要的意义。

表 3.5　涡动输送与总输送的比较　　　　　　　　　　　单位:%

项目	东北区	华南区	长江区	西南区	华北区	西北区	全国大陆
涡动输入 / 总输入	16.8	9.6	12.8	6.1	31.1	19.7	10.2
涡动输出 / 总输送	12.6	11.3	24.0	6.1	22.4	15.8	12.6
平均输入 / 总输入	83.2	90.4	87.2	93.9	68.9	80.3	89.8
平均输出 / 总输出	87.4	88.7	76.0	93.9	77.6	84.2	87.4
纬向涡动输入 / 纬向总输入	2.3	5.8	1.7	1.9	3.1	5.7	2.6
经向涡动输入 / 经向总输入	58.0	12.9	17.3	13.5	63.5	77.8	16.0

思考题

1. 请对一维、二维和三维水汽输送通量散度之间的联系进行阐述。
2. 中国水汽输送的时空分布情况是怎样的？

本章参考文献

崔一峰. 计算散度三点法比较及订正新方案[J]. 气象, 1989, 15(6): 14-19.

方俊. 地图投影学[M]. 北京: 科学出版社, 1957: 102-109.

刘惠兰. 1979 年 6—7 月份我国东部地区的大尺度涡旋水汽输送[J]. 热带气象, 1987, 3 (2): 129-133.

彭金泉. 计算任意三角形平均涡度和散度的一种新方案[J]. 气象, 1984, 10 (11): 14-16.

曲延禄, 张程道. 大气中水汽输送的气候学计算、分析方法的一个注释[J]. 气象学报, 1986, 44(3): 363-366.

施永年. 动力气候学中客观计算散度场、涡度场的一个新方案[J]. 气象学报, 1982, 40 (3): 490-496.

水利电力部水文局. 中国水资源评价[M]. 北京: 水利电力出版社, 1987: 21-24, 41-46, 56-62.

王德翰, 谢梦莉. 杭州上空温度湿度分布的气候学特征[J]. 杭州大学学报, 1985(7): 386-393.

文宝安. 水平散度的几种计算方法[J]. 气象, 1980(5): 32-35.

张有芷. 长江流域的水分平衡和水分循环[J]. 水利学报, 1987(4): 1-4.

BELLAMY J C. Objective calculations of divergence, vertical velocity and vorticity[J]. Bulletin American Meteorological Society, 1949, 30(2): 45-49.

MASATOSHI M Y. Water balance of Monsoon Asia[M]. Tokyo: University of Tokyo Press, 1978: 27-30, 111-115.

STARR V P, WHITE R M. Balance requirements of the general circulation[J]. Geophysical Research Paper, 1954, 35: 186-242.

SUTCLIFFE J V, PARKS Y P. Comparative water balances of selected African wetlands[J]. Hydrological sciences journal, 1989, 34(1): 49-62.

UNESCO. World water balance and water resources of the earth[M]. Paris: UNESCO, 1978: 87, 93-99, 587.

第4章 降　水

降水是指液态或固态的水汽凝结物从云中降落到地面的现象，如雨、雪、霰、雹、露、霜等，其中以雨、雪为主。降水是受地理位置、大气环流、天气系统条件等因素综合影响的产物，是地球上水循环的重要组成部分，是维持生态系统平衡和人类社会发展的重要水资源之一。

描述降水特征的物理量包括降水量、降水历时、降水强度及降水面积等。降水量是指从天空降落到地面上的液态和固态(经融化后)降水，没有经过蒸发、渗透和流失而在水平面上积聚的深度(单位是 mm)。降水历时是一场降水自始至终所经历的时间。降水强度是指降雨在某一历时内的平均降落量。它可以用单位时间内的降雨深度(mm/min)表示，也可以用单位时间内单位面积上的降雨体积 $[L/(s \cdot hm^2)]$ 表示，是描述暴雨的重要指标，降水强度愈大，表示雨愈猛烈。计算时特别有意义的是相应于某一历时的最大平均降雨强度。显然，所取的历时愈短，则所求得的降雨强度愈大。年降雨量高的地区常常出现高强度的降雨。

4.1　降水的形成

自海洋、河湖、水库、潮湿土壤及植物叶面等蒸发出来的水汽进入大气后，由于分子本身的扩散和气流的传输作用分散于大气中。大气中的水汽含量有一定的限度，在一定温度下大气中最大的水汽含量称为饱和湿度。如果大气中的水汽量达到了饱和或过饱和，多余的水汽就要发生凝结。如果地面有团湿热且未饱和的空气，在某种外力作用下上升，上升高度越高，气压越低。在上升过程中，这团空气的体积就要膨胀，在与外界没有发生热量交换，即绝热条件下，体积膨胀的结果必然导致气团温度下降，这种现象称为动力冷却。当气团上升到一定高度，温度降到其露点温度时，这团空气就达到了饱和状态，再上升就会过饱和而发生凝结形成云滴。云滴在上升过程中不断凝聚，相互碰撞，合并增大。一旦云滴不能被上升气流所顶托时，就会在重力作用下降落到地面成为降水。

由上述可知，水汽、上升运动和冷却凝结是形成降水的3个因素。在水汽条件具备的情况下，只有空气冷却，水汽才能凝结形成降水，而促使水汽冷却凝结的主要条件是空气的垂直上升运动。当湿空气在某种外力作用下被抬升后，就会促使空气冷却，导致降水。

4.1.1 云滴增长的物理过程

4.1.1.1 云滴凝结增长

凝结(或凝华)增长过程是指云滴依靠水汽分子在其表面上凝聚而增长的过程。在云的形成和发展阶段，由于云体不断上升，绝热冷却，或云外不断有水汽输入云中，使云内空气中的水汽压大于云滴的饱和水汽压，因此云滴能够由水汽凝结(或凝华)而增长。但是，一旦云滴表面产生凝结(或凝华)，水汽从空气中析出，空气湿度减小，云滴周围便不能维持过饱和状态，而使凝结(或凝华)停止。因此，一般情况下，云滴的凝结(或凝华)增长有一定的限度。

要使云滴凝结(或凝华)增长过程不断地进行，还必须有水汽的扩散转移过程，即当云层内部存在着冰水云滴共存、冷暖云滴共存或大小云滴共存的任一种条件时，产生水汽从一种云滴转化至另一种云滴上的扩散转移过程。例如，在冰晶和过冷却水滴共存的混合云中，在温度相同的条件下，由于冰面饱和水汽压小于水面饱和水汽压，空气中的现有水汽压介于两者之间时，过冷却水滴就会蒸发，水汽就转移凝华到冰晶上去，使冰晶不断增大，过冷却水滴则不断减小。

上述几种条件中，对形成大云滴来说，冰水云滴共存的作用更为重要。著名的贝吉龙(Bergeron)理论强调了冰晶对降水的作用。值得指出的是，不论是凝结增长过程，还是凝华增长过程，都很难使云滴迅速增长到雨滴的尺度，而且它们的作用都将随云滴的增大而减弱。要使云滴增长成为雨滴，还需要经历其他过程，这就是冲并增长过程。

4.1.1.2 云滴的冲并增长

云滴经常处于运动之中，这就可能使它们发生冲并。大小云滴之间发生冲并而合并增大的过程称为冲并增长过程。云内的云滴大小不一样，因此具有不同的运动速度。一般来说，大云滴下降速度比小云滴快，因而大云滴在下降过程中很快追上小云滴，大小云滴相互碰撞而黏附起来，成为更大的云滴；在有上升气流时，当大小云滴被上升气流向上带时，小云滴因为较轻，也会追上大云滴并与之合并，成为更大的云滴。云滴增大以后，它的横截面积变大，在下降过程中又可合并更多的小云滴。这种在重力场中由于大小云滴速度不同而产生的冲并现象称为重力冲并。

有时在有上升气流的云中，当大小水滴被上升气流挟带而上升时，小水滴也可以赶上大水滴与之合并。水滴重力冲并增长的快慢程度与云中含水量及大小水滴的相对速度成正比，云中含水量越大，大小水滴的相对速度越大，则单位时间内冲并的小水滴越多，重力冲并增长越快。有关计算和观测表明，对半径小于 20 μm 的云滴，其重力冲并增长作用可忽略不计；对半径大于 30 μm 的大水滴，在很短的时间内就可通过重力冲并增长达到半径为几个毫米的雨滴。

考虑到实际的云中云滴大小不一，在空间的分布也不均匀，一种观点认为，云滴与云滴之间的冲并过程是一种随机过程，在这个观点基础上，提出了随机(或统计性)冲并模式。随机冲并模式认为，在每一时间间隔内，云滴的增长为概率性的，有的云滴冲并增大，有的则保持不变；在下一时间间隔内，有的云滴能获得两次增长机会，有的只获得一次，有的还保持不变。这个模式可以解释凝结增长过程的窄滴谱拓宽的机制，也可解释云中为何有少数云滴能因随机冲并而增长得比一般云滴快得多。

4.1.2 雨和雪的形成

4.1.2.1 雨的形成

由液态水滴(包括过冷却水滴)所组成的云体称为水成云，由冰晶组成的云体称为冰成云，由水滴(主要是过冷却水滴)和冰晶共同组成的云体称为混合云。水成云内如果具备了云滴增大为雨滴的条件，并使雨滴具有一定的下降速度，这时降落下来的就是雨或毛毛雨。从冰成云或混合云中降下的冰晶或雪花，下落到0℃以上的气层内，融化以后也成为雨滴下落到地面，形成降雨。

在雨的形成过程中，大水滴起着重要的作用。水分子间的引力难以维持半径2～3 mm以上的水滴，在降落途中，大水滴很容易受气流的冲击而分裂。通过连锁反应，使大水滴下降，而小水滴继续存在，从而形成新的大水滴。这是上升气流较强的水成云和混合云中形成雨的重要原因。当云中的云滴增大到一定程度时，由于大云滴的体积和重量不断增加，它们在下降过程中不仅能赶上那些速度较慢的小云滴，而且还会"吞并"更多的小云滴而使自己壮大起来。当大云滴越长越大，最后大到空气再也托不住它时，便从云中直落到地面，形成降雨。

冰云由微小的冰晶组成。冰云一般都很高，厚度也不厚，而且水汽又不多，凝华增长很慢，相互碰撞的机会也不多，所以不能增长到很大而形成降水。即使引起了降水，也往往在下降途中被蒸发掉，很少能落到地面。

4.1.2.2 雪的形成

最有利于云滴增长的是混合云。混合云由小冰晶和过冷却水滴共同组成。当一团空气对于冰晶来说虽已达到饱和，而对于水滴来说可能还没有达到饱和，这时云中的水汽向冰晶表面上凝华，而过冷却水滴却在蒸发，就产生了冰晶从过冷却水滴上"吸附"水汽的现象。在这种情况下，冰晶增长得很快。另外，过冷却水很不稳定，一碰它，就要冻结起来。因此，在混合云里，当过冷却水滴和冰晶相碰撞的时候，就会冻结黏附在冰晶表面上，使它迅速增大。当小冰晶增大到能够克服空气的阻力和浮力时，便落到地面，这就是雪花。

4.2　降水的类型

降雨形成的主要物理条件是：大气中必须含有足够的水汽；必须具有使大气中水汽凝结成液态水的动力冷却条件；大气中还应含有吸水性微粒——凝结核，以便形成足够大的液态水滴。若按动力冷却条件分，降雨可分为气旋雨、对流雨、地形雨和台风雨等四类。

4.2.1　气旋雨

气旋或低气压过境带来的降雨称为气旋雨，它是非锋面雨和锋面雨的总称。气流向低压区辐合引起气流上升冷却造成的降雨称为非锋面雨。冷气团楔入暖气团底部迫使暖气团抬升而形成的降雨称为锋面雨。锋面雨又可分为冷锋雨和暖锋雨(图 4.1)。当冷暖气团相对运动时，干燥的冷气团就会楔入暖湿的暖气团之下部，迫使暖湿气流沿冷锋面爬升，发生动力冷却[图 4.1(a)]，从而形成降雨，称为冷锋雨。这种降雨落区较小、雨强大、历时短。当冷、暖气团同向运动且暖气团的运动速度快于冷气团时，冷、暖气团相遇将形成暖锋面[图 4.1(b)]。暖湿气流沿暖锋面爬升到干燥的冷气团之上而发生动力冷却，从而形成降雨，称为暖锋雨。这种降雨落区大、雨强小、历时长。中国大部分地区处于温带，多为南北向气流，是暖湿气流和冷燥气流交缓地带，因此气旋雨十分发达。各地气旋雨都占年降雨量的60%以上，其中华中和华北地区超过80%，西北内陆地区也达到70%。

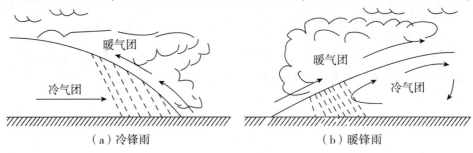

（a）冷锋雨　　　　　　　　　（b）暖锋雨

图 4.1　锋面雨示意

4.2.2　对流雨

地面受热，温度升高，下层空气因受热而膨胀上升，上层温度较低的空气则下沉补充，从而形成空气的对流运动。当大气层下层带有丰富水汽的暖空气通过对流运动上升到温度较低的高空时，水汽因动力冷却而凝结，从而形成降雨，这就是对流雨。一般言之，对流雨多发生在夏季酷热的午后，具有降雨强度大、雨量多、历时短、落区小的特点，发展强烈的还伴有暴雨、大风、雷电，常常会使小面积集水区形成陡涨陡落的突发性洪水。

4.2.3 地形雨

暖湿气团在运动中如遇到山岭阻碍，就会被迫沿着山坡上升，这就是地形抬升作用。由地形抬升作用导致的降雨称为地形雨。地形雨多发生在迎风的山坡上。在背风坡，由于大量水汽已在迎风坡释放，因而雨量稀少，形成雨影。例如，在中国南岭山地，南北坡雨量就不一样：7月份雨量，岭南比岭北大一倍，这是因为夏季风来自南方；1月份雨量，岭南小于岭北，这是因为冬季风来自北方。此外，山脉的形状对降雨也有影响。如喇叭口、马蹄形地形，若它们的开口朝向气流来向，则易使气流辐合上升，产生较大降雨，如图 4.2 所示。地形雨的降雨特性因空气本身温湿特性、移动速度以及地形特点而异，差别较大。

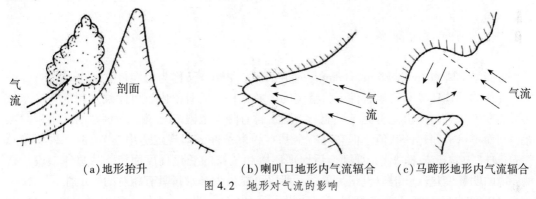

（a）地形抬升　　　　　（b）喇叭口地形内气流辐合　　　（c）马蹄形地形内气流辐合

图 4.2　地形对气流的影响

4.2.4 台风雨

热带海洋上的风暴（热带气旋）登陆带来的降雨称为台风雨。台风雨发生时，狂风暴雨，雷电交加，往往一天的降雨量可达一百至数百毫米，极易酿成洪涝灾害。1975 年 8 月第 3 号台风在中国沿海登陆，深入到河南省境内的淮河上游地区，造成该地区历史上罕见的特大暴雨，河南省林庄雨量站最大一日暴雨量达 1005 mm，最大 3 日暴雨量达 1605 mm。中国南方的浙江、福建、广东、海南和台湾等省是台风雨多发地区，台风雨占全年降雨量的比重一般要达到 30% 左右。

4.3 暴雨概述

4.3.1 暴雨的定义

4.3.1.1 暴雨

暴雨通常是指短时间出现的大量降水。中国气象上规定，24 h 降水量为 50 mm 或以上的降水称为暴雨。暴雨按降水强度大小可分为三级：12 h 雨量不小于 30 mm 或 24 h 雨量不小于 50 mm 的称为暴雨，12 h 雨量不小于 70 mm 或 24 h 雨量不小于 100 mm 的称为大暴雨，12 h 雨量不小于 140 mm 或 24 h 雨量不小于 250 mm 的称为特大暴雨。另外，可按照发生和影响的范围将暴雨分为局地暴雨、区域性暴雨、大范围暴雨和特大范围暴雨。局地暴雨历时较短，一般仅几个小时或几十个小时，影响范围几十到几千平方千米，但当降雨强度极大时，也可造成严重的人员伤亡和财产损失。区域性暴雨一般可持续 3～7 天，影响范围可达 10 万～20 万 km² 或更大，灾情一般，有时因降水强度极强，可能造成区域性的严重暴雨洪涝灾害。如 1975 年 8 月河南暴雨，该场降水历时 4 天，日最大降水量为 1005 mm，暴雨中心最大过程雨量达 1631 mm，4～8 天超过 400 mm 的降雨面积达 19410 km²。特大范围暴雨历时最长，一般都是多个地区内连续多次暴雨组合，降雨可持续 1～3 个月，雨带长时间维持。如 1998 年长江全流域性的暴雨。

4.3.1.2　可能最大降水

可能最大降水（probable maximum precipitation，PMP）又称为可能最大暴雨（PMS），是指在现代的地理环境和气候条件下，特定的区域在特定的时段内，可能发生的最大降水量或可能发生的暴雨。由此可见，可能最大降水含有降水上限的意义，即该地的降水量只可能达到而不可能超越的数值。但它有一个基本约束条件，即规定适用"当前的地理环境及气候条件"。对于未来时代，要随今后地理环境和气候的变化程度而定。从总体上说，地理环境的明显变化，一般以世纪为单位，所以可能最大降水量具有相对的稳定性。

PMP 的提出主要是顺应水利工程建设安全的需要。由可能最大降水及其时空分布，通过流域产流和汇流计算，可推算出相应的洪水，称为可能最大洪水（PMF）。以修建水库工程为例，修建目的是为了兴利，但修建后，水库大坝等工程自身又存在安全问题，一旦溃坝和水库失控，将会造成重大损失，乃至引起社会的动荡。所以合理地选定防洪标准具有重大意义。然而以往的水库工程，尤其是中小型水库，常常选用一种较短重现期的洪水作为工程设计的标准。例如，以 100 年或 200 年一遇的洪水为标准。这种做法本身要承担一定的风险。例如，洪水为 100 年一遇，在工程寿命 100 年或 200 年内，其危机率分别为 63.4% 和 86.6%。此外，还要受到实测资料以及历史洪水调查资料的局限。人们所掌握的历史洪水不一定准确，更不能反映今后可能发生的超历史洪水。1975 年 8 月发生于河南林庄的大暴雨，远远超过了当地防洪设计标准，造成板桥、石漫滩两座大型水库以及竹沟等中型水库相继漫坝、垮坝，这是应该汲取的教训。所以从暴雨洪水的成因机制方面来研究和确定当地可能产生的最大暴雨量，并以此推求出 PMF 作为工程设计的依据，对水库的安全具有重大的意义。

4.3.2　暴雨的成因

中国是个多暴雨的国家。由于受季风、地形等影响，中国暴雨总体呈现南方多北方少、东南沿海多西北内陆少的地域性特征，夏季多冬季少的时间性特征。暴雨集中的地带主要有两条：一是辽东半岛—山东半岛—东南沿海，二是大兴安岭—太行山—武夷山东麓。另外，阴山、秦岭、南岭等山脉的南麓也是暴雨的多发地区。冬季暴雨一般局限在华南沿海。4—6 月，华南地区暴雨频频发生；6—7 月，长江中下游常有持续性暴雨出现，而且历时长、面积广，暴雨量也大；7—8 月是北方各省的主要暴雨季节，暴雨强度很大；8—10 月雨带又逐渐南撤。夏秋之后，东海和南海台风暴雨十分活跃，台风暴雨的点雨量往往很大。

暴雨一般发生在中小尺度天气系统中，时间尺度从几十分钟到十几小时，空间尺度从几千米到几百千米。形成暴雨的中小尺度系统又是处于天气尺度系统内，两者通常有着密切的关系。因此，以上两类系统的集合系统称为降水系统。降水系统根据观测现象可以分为对流性和层状性两类。前者主要表现为狭窄的单体或带状阵雨、雷暴和强降水，从物理上它的运动可以是静力平衡的，也可以是非静力平衡的，具有强烈的湍流热量和动量输送。后者范围比较宽广、稳定，主要发生在锋区具有强暖平流的部分，尤其是暖峰的后缘和冷锋的前缘以及静止锋区。形成层状降水的气流运动总是静力平衡的，并且其热量和动量的垂直输送较弱。两者可以转化，一般来讲，多数降水系统在其初生、发展和维持期是对流性的，在其衰减阶段则演变为层状性的。

4.3.2.1　暴雨形成的客观物理条件

降水是大气中的水汽发生相变(转化为液态水滴或冰晶)降落地面的过程。降水的发生大致有三个过程：首先是水汽源地水平输送至降水地区，这是水汽条件；其次是水汽在降水地区辐合上升，并在上升过程中膨胀冷却，凝结成云，这是垂直运动条件；最后是云滴碰并增长为雨滴而降落的过程，这是云滴增长的条件。除上述一般降水所必须满足的条件外，作为强度很大的降水事件，暴雨的形成还必须满足如下条件。

(1)充沛的水汽供应。水汽是降水发生的必要条件，尤其是特大暴雨必须具备充沛的水汽，而且源源不断地供给与集中。暴雨是在大气饱和比湿达到相当大的数值以上时才形成的，就要求大气本身水汽含量高。除了相当高的饱和比湿外，还要有辐合强度大的流场；因为只靠某一地区大气柱中所含的水汽凝结，所产生的降水量很小。为了使强对流系统得以发生、发展和维持，必须有丰富的水汽供应，这就要求研究水汽供应的环流形势。风暴的降水主要由水汽辐合形成，而水汽的辐合主要由低层水汽通量辐合导致，尤其是 800 hPa 以下的边界层占有很大比重，可以达到 1/2 以上。

(2)强烈的上升运动。低层的水汽必须上升到高空，才能凝结成云致雨。与降水有关的大气上升运动包括锋面抬升作用引起的大范围斜压性上升运动、高空辐散引起的大范围动力性上升运动(主要指大尺度天气系统作用，也包括台风、赤道辐合带、东风波等热带天气系统，还包括低空急流、等流场系统以及热带云团)、中尺度系统引起的强烈上升运动(包括飑线、重力中尺度对流辐合体等能引起 $100 \sim 200$ km 以下活动范围内形成局地大暴雨和烈性风波的系统)、小尺度局地对流引起的上升运动以及地形引起的气流爬升运动。

实际上，一般暴雨尤其是特大暴雨都不是在一天之内均匀下降的，而是集中在一小时到几小时内降落的，所以降水发生时的垂直运动是很大的，是由中小尺度天气系统引起的。假定饱和湿空气持续上升并且凝结的水滴全部降落，那么在 Δt 时间内单位面积上的降水量 P 为：

$$P = -\frac{1}{g} \int_t^{t+\Delta t} \int_0^{p_s} \frac{\mathrm{d}q_s}{\mathrm{d}p} \omega \, \mathrm{d}p \mathrm{d}t。 \tag{4.1}$$

式（4.1）中：q_s 为饱和比湿；ω 为 p 坐标下的上升速度；$\frac{\mathrm{d}q_s}{\mathrm{d}p}$ 为凝结函数。从此式可知，如果求得上升速度和凝结函数，就可计算降水强度。显然，降水强度的大小取决于上升速度和凝结函数，第 3 章"水汽输送"对此做了较为详细的介绍。

（3）较长的持续时间。降水时间的长短影响着降水量的大小。降水持续时间长是形成暴雨（特别是连续暴雨）的重要条件。中小尺度天气系统的生命期较短，一次中小系统活动只能造成一地短时的暴雨。必须有若干次中（小）尺度系统的连续影响，才能形成时间较长、雨量较大的暴雨。

（4）位势不稳定能量的释放与再生。强对流的发生必须具备不稳定层结。当对流开始后，大气中的不稳定能量便迅速释放出来。如果要使暴雨持久，就要求在暴雨区有位势不稳定能量不断释放和再生。对夏季大暴雨过程来说，低层暖湿空气入流十分重要，它将增加大气的位势不稳定能量。如果遇到弱冷空气或有利地形的抬升作用，就可使这种不稳定能量迅速释放，引起强对流，并伴随大量的潜热释放，反馈大气，从而导致上升速度增加。重建位势不稳定层结的有利条件是高空出现干冷平流，低层出现暖湿平流。特别是低空急流的加强和发展，往往是位势不稳定层结重建的重要征兆。

4.3.2.2　海气相互作用对我国暴雨的影响——ENSO

厄尔尼诺（El Nino）现象是指赤道中东太平洋每隔几年发生的大规模表层海水持续异常偏暖的现象，赤道中东太平洋表层海水大规模持续异常偏冷的现象则称为拉尼娜（La Nina）现象。在厄尔尼诺和拉尼娜交替出现的过程中，南太平洋高压和印度尼西亚—澳大利亚低压变化的"跷跷板"现象，称为南方涛动（South Oscillation）。南方涛动的强度用塔希提岛（Tahiti）和达尔文岛（Darwin）的海平面气压差表示，称为南方涛动指数（SOI）。由于南方涛动气压场变化与太平洋温度场变化的一致性特征，两者通常合称为 ENSO 事件。ENSO 是热带海洋和大气中的异常现象，也是全球海气相互作用的强烈信号，对全球范围内许多地方的降水、气温要素有重要影响。

ENSO 作为全球海洋和大气相互作用的强信号，对西太平洋副高、东亚季风都有重要影响，从而影响我国台风登陆个数以及降水。研究表明，基于 ENSO 发生的不同气候背景，ENSO 循环过程的不同位相、发展阶段及其强度，ENSO 对中国暴雨的影响是不同的。近百年来，每逢厄尔尼诺年，我国东部北方地区夏季、秋季和冬季降水都偏少，江南地区秋季降水偏多，东南地区冬季降水显著增加；每逢拉尼娜年则相反。从形成机理上来看，厄尔尼诺年，由于赤道西—东太平洋海表温度差异减小，沃克环流减弱，东太平洋经向哈得来环流增强。但西太平洋海温较往常偏低，哈得来环流减弱，大气对流活动减弱，西太平洋副高势力较常年增强，位置偏南，导致东亚夏季风偏弱，主要雨带和风带也偏南，因此形成夏秋季南涝北旱的降雨分布型，即北方地区尤其是华北地区夏秋季降水比常年偏少，江南地区降水比常年增多。除此之外，厄尔尼诺年的冬季，东亚冬季风也减弱，而青藏高原南侧的南支西风很强，扰动活跃，引起青藏高原上大量降雪和华南地区降水偏多。

拉尼娜年则相反，赤道东太平洋海温偏低，西太平洋暖池势力增强，哈得来环流增强，西太平洋副高势力减弱但位置比常年偏北。夏季风势力较常年增强，我国夏季降水带北移，有利于华北、黄河中游一带的降雨；冬季风也较常年增强，青藏高原南侧的南支西风偏弱，扰动少，使得冬季我国大陆降水比常年偏少。

4.3.2.3　地形对我国暴雨的影响

地形对强对流和暴雨有明显影响，在分析对流系统的形成、发展和移动时，地形作用不可忽略。地形对强对流的作用在于它能引起空气被迫抬升，从而激发对流发展。我国西部的青藏高原对大气环流具有明显的动力和热力作用。当气流爬越高原时，迎风坡常形成高压脊，而在背风坡形成低压槽。

动力方面，青藏高原使得气流绕行分为南北两支。其中，北支西风绕过青藏高原，由于地形摩擦作用形成反气旋性切变，故新疆北部和内蒙古西部一带，经常有高压脊出现；南支西风在高原南部形成孟加拉湾低压槽，其槽前的偏西南风气流受地形摩擦力作用而减弱，具有气旋性切变，常导致低涡产生。故冬春季节我国西南地区因处于孟加拉湾地形槽前，低涡活动特别多。热力方面，冬季青藏高原相对于四周自由大气是个冷源，它加强了高原上空大气南侧向北的温度梯度，使得南支西风急流强而稳定。其南侧地形槽的槽前暖平流是我国冬半年东部地区主要的水汽通道，强的暖湿空气向中国东部地区输送，是造成该地区持久连阴雨的重要条件，也是昆明准静止锋和华南准静止锋能长久维持，以及东海气旋生成的重要条件之一。

春夏季节，西太平洋副高位置比较偏南，北方冷空气还比较强，绕高原后的两支气流在华南交汇，形成华南静止锋，华南进入雨季。仲夏，副高逐渐增强，北方冷空气减弱，绕高原的两支气流交汇在长江流域，北支气流受地转偏向力作用有折向高原的分量，北支气流更贴近高原南下。南支气流受地转偏向力作用有离开高原边缘的分量，加之西太平洋副高边沿西南气流的作用，地面图上形成的静止锋不是沿纬圈东西走向的，而是沿东北东—西南西走向的，从西端的两湖（湖北、湖南）平原到东端的日本海。这就是长江流域的梅雨天气形势，此时的副高脊线徘徊于 20°—25° N。随着季节变化进入 7—8 月，热带辐合带北移。副高脊线到达 30° N 附近时，高原东侧的北支气流退缩，副高控制江淮江南地区，江淮静止锋消失，雨带北移到华北。以上描述了雨带北移与地面静止锋的关系。如果没有亚洲大陆及青藏高原，则青藏高原东侧形成不了南北两支气流和低层大气中的静止锋。所以，青藏高原的存在形成了静止锋，而副热带高压随季节的变化驱动了锋面的北进和雨带的北移。

热力方面，青藏高原在夏季是一个热源，使得高原上空大气的水平温度梯度在高原北侧增大，在高原南侧水平温度梯度由高原指向南方，因而改变了风向。根据热成风原理，高原南侧西风减弱，北侧西风增强。除此之外，高原这个巨大的热源使其上空的大气几乎在整个对流层都呈对流性不稳定，及高温和高湿。接近高原的近地面层基本上是热低压。从高原南北侧辐合的气流在 30°—50° N 垂直上升，而这也正是高原上夏季纬向辐合线的平均纬度，是高原上雨季的主要降水系统。由于辐合线上涡度分布的不均匀，还可产生大小不同的低涡，低涡的出现使得降水强度增大，其东向移动是造成高原东部及邻近地区夏季暴雨天气的重要系统之一。

4.3.2.4 影响我国暴雨的主要环流系统和环流型

暴雨形成是以行星尺度大气环流系统为背景形成的。行星尺度天气系统主要包括长波槽脊、阻塞高压、极涡、副热带高压、南亚高压、急流、赤道辐合带等。它们制约影响暴雨的天气尺度系统活动，决定大范围暴雨的位置和暴雨的水汽来源。

（1）行星尺度天气系统。

A. 西太平洋副热带高压。副热带系统，尤其是西太平洋副热带高压系统的进退、维持和强度变化，与我国暴雨关系最为密切。尽管副热带高压内部盛行下沉气流，天气晴朗，但影响我国的并不是副高主体，而是它伸向大陆的脊。西太平洋副高的北侧是中纬度西风带，也是副热带的锋区所在。副热带高压西部的偏南气流可以从海面上带来充沛的水汽，并输送到锋区的低层，在副热带高压的西到北部边缘区形成一个暖湿气体输送带，向副热带高压北侧锋区源源不断地输送高温高湿的气流。当西风带低槽或低涡移经锋区上空时，在系统性上升运动和不稳定能量释放所造成的上升运动共同作用下，使充沛水汽凝结而产生大范围降水，形成雨带，并伴有暴雨。

西太平洋副热带高压季节性活动与我国东部各地雨季的起止时间有着密切关系。平均来说，当副高脊线位于 20° N 以南时，雨带位于华南，称为华南前汛期雨季；当副高脊线徘徊于 20°—25° N 时，雨带位于江淮流域，此时为江淮梅雨季节；当副高脊线位于 25°—30° N 时，雨带推进至黄淮流域，黄淮雨季开始；当副高脊线越过 30° N，华北雨季开始。当副高变动出现异常时，往往会造成地区旱涝不均。如 1954 年、1980 年、1991 年副高脊线长时间徘徊在 20°—25° N，雨带稳定在江淮流域，造成江淮地区夏季洪涝。

以 1980 年和 1983 年为例，可以说明副高位置对江淮流域的影响。在 1980 年，从 7 月中旬开始，西北太平洋副高脊线由 25° N 以北退到 25° N 以南。8 月初，退至 15° N 以南，副热带高压在 25° N 以南持续时间达 20 多天。由于副热带高压持续偏南，使得当年的盛夏江淮地区长时间低温阴雨，暴雨频繁，洪涝成灾。在 1983 年，西北太平洋副热带高压 7 月中旬到达 25°N 以北，8 月上旬到达 30° N 以北，使得这一年江淮地区长时间处于副热带高压控制之下，高温少雨，出现持续高温干旱天气。

B. 阻塞高压。阻塞高压是出现在高纬度地区的大型天气系统，在 500 hPa 等压面天气图上可以清楚地看到，阻塞高压的中心位于 50° N 以北（以 56°—58° N 最多）；持续的时间至少不少于 5 天，有时可达到 20 天以上；阻塞高压存在时，在地面图上和 500 hPa 等压面图上同时出现闭合等值线，而且在 500 hPa 上，阻塞高压将西风急流分为南北两支；阻塞高压沿纬度每天移动不超过 7～8 个经度，常呈准静止状态，有时甚至向西倒退。

阻塞高压的建立、维持和崩溃过程在其控制区及其周围地区形成了不同的天气过程，如果阻塞高压维持时间过长或过短都可能造成大范围天气反常现象。每年初夏长江中下游梅雨期间，经常有阻塞高压活动。阻塞高压与副热带高压构成梅雨期稳定的环流形势。表 4.1 给出了入梅前和梅雨期间有或无阻塞高压的统计结果。可以看到，无论入梅前还是梅雨期间，阻塞高压存在的形势占有相当大的比例，特别是单个阻塞高压和两个阻塞高压的情况更是多见，而没有阻塞高压的形势只占少数比例。

表 4.1　入梅前与梅雨期间阻塞高压出现情况统计

分类	入梅前		梅雨期间	
	总计/个	分项占比/%	总计/个	分项占比/%
无阻塞高压	19	—	—	—
单阻		57		49
双阻	81	40	93	45
三阻		3		6

（2）天气尺度系统的作用。在行星尺度的天气系统影响下，一些天气尺度的系统强烈发展。这些天气尺度的系统主要包括锋面（冷、暖、静止）、气旋、低空低涡、台风、东风波、高空切断冷涡、高空槽、切变线、低空急流等。它们制约暴雨中尺度活动，提供生成的环境条件（前倾槽、辐合上升区），提供不稳定产生的触发机制，制约中尺度系统移动，供应暴雨区水汽。有利于大暴雨和特大暴雨出现的天气尺度系统的特点是天气尺度系统强烈发展，多个天气尺度系统的叠加，或者多次重复出现，甚至停滞、打转，使暴雨得以持续。

在图 4.3 中，对于气旋中出现锢囚锋时，在平面图上［图 4.4（a）］气流围绕气旋中心辐合，在冷、暖锋上，云系发展强烈，有许多中尺度云团出现［图 4.4（b）］。这就是中纬度的锋面气旋为降水提供了环境条件，锋面上的降水强度分布是不一样的。

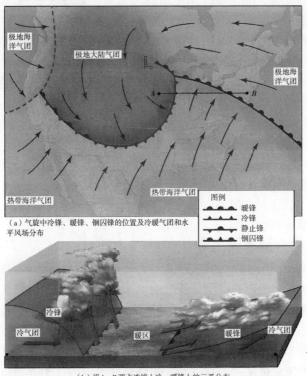

（a）气旋中冷锋、暖锋、锢囚锋的位置及冷暖气团和水平风场分布

（b）沿 A、B 两点连线上冷、暖锋上的云系分布

图 4.3　中纬度气旋的理想结构

（资料来源：鲁特更斯、塔巴克：《气象学与生活》（原书第 12 版），陈星等译，电子工业出版社 2016 年版。）

（3）中小尺度系统对暴雨的作用。在天气尺度的系统中，会不断滋生出中小尺度天气系统，这些系统包括中切变、中低压（或雷暴高压）、热带云团、龙卷、热带气旋等。它们的作用是可以直接产生暴雨。在冷、暖锋上和涡旋中心经常可以看到有降水区域并不是连续的，它们可能就是由于冷锋上滋生出来的多个中小尺度天气系统造成的。因此，在同一天气系统中，往往存在许多中小尺度的天气系统，就是它们，使天气系统的影响区域产生不同等级的降水。

（4）地形对暴雨的作用。地形对暴雨的作用主要以抬升暖湿气团，使其快速上升，达到凝结高度，水汽凝结产生降水。同时，地形也有使水汽辐合的作用，对于有些天气尺度的系统还有阻碍作用，可以使天气系统长时间地停留在某处，产生持续强烈降水。

4.4　我国降水时空分布特征

4.4.1　降水量年内分配和年际变化情况

中国大部分地区降水的季节分配不均匀，主要集中在春夏季。长江以南地区，雨季较长，为3—6月或4—7月，雨量占全年的50%～60%；华北和东北地区，雨季为6—9月，雨量占全年的70%～80%，其中华北雨季最短，大部分集中在7—8月；西南地区，降水主要受西南季风的影响，旱季雨季分明，一般5—10月为雨季，11月—次年4月为旱季。四川、云南和青藏高原东部，6—9月雨量占全年的70%～80%，冬季则不到5%；新疆西部终年在西风气流控制下，降水量不大，但四季分配较均匀；台湾的东北端，受东北季风的影响，冬季降水量约占全年的30%，也是中国降水量年内分配较均匀的地区。

中国降水量年际变化很大，且常有连续几年雨量偏多或连续偏少的现象。年降水量越小的地区，年际变化越大。以历年年降水量最大值与最小值之比 K 来表示年际变化。西北地区 K 可达8以上，华北为3～6，东北为3～4，南方一般为2～3，个别地方达4，西南最小，一般在2以下。月降水量年际变化更大。有的地区汛期最大一个月降水量常是不同年份同月降水量的几倍、几十倍甚至百倍以上。可见季节性降水量的月际变幅比年降水量大得多。

4.4.2　年均降水量空间分布情况

中国大部分地区受东南和西南季风的影响，形成东南多雨、西北干旱的特点。全国多年平均年降水量648 mm，低于全球陆面平均年降水量（800 mm），也小于亚洲陆面平均年降水量（740 mm）。按年降水量的多少，全国大致可分为十分湿润带、湿润带、半湿润带、半干旱带、干旱带等5个带。

十分湿润带。年降水量超过1600 mm，年降水日数平均在160天以上，包括广东、海南、福建、台湾、浙江大部、广西东部、云南西南部、西藏东南部、江西和湖南山区、四川西部山区。

湿润带。年降水量 800～1600 mm，年降水日数平均在 120～160 天，包括秦岭淮河以南的长江中下游地区，云南、贵州、四川和广西大部分地区。

半湿润带。年降水量 400～800 mm，年降水日数平均在 80～100 天，包括华北平原，东北、山西、陕西大部，甘肃、青海东南部，新疆北部，四川西北和西藏东部。

半干旱带。年降水量 200～400 mm，年降水日数平均在 60～80 天，包括东北西部，内蒙古、宁夏、甘肃大部，新疆西部。

干旱带。年降水量少于 200 mm，年降水日数低于 60 天，包括内蒙古、宁夏、甘肃沙漠区，青海柴达木盆地，新疆塔里木盆地和准噶尔盆地，藏北羌塘地区。

4.4.3 我国大暴雨的时空分布

我国是发生暴雨较多的国家，暴雨分布受季风环流、地理纬度、距海远近、地势与地形的影响十分显著。不同的地理条件和气候区，暴雨类型、极值、强度、持续时间以及发生季节都不同。

4—6 月，东亚季风初登东亚大陆，大暴雨主要出现在长江以南地区，是华南前汛期和江南梅雨期暴雨出现的季节。在此期间出现的大暴雨，其量级有明显从南向北递减的趋势。华南地区出现的特大暴雨，大多是锋面的产物。华南沿海和南岭山脉对大暴雨的分布有十分明显的影响。江淮梅雨期暴雨，多为静止锋、涡切变型暴雨，降雨持续时间长，但强度相对较小。两湖盆地四周山地的迎风坡，是梅雨期暴雨相对高值区，而南岭以北和武夷山以东的背风坡则为相对的低值区。江南丘陵地区的大暴雨，量级明显较华南地区为小。

7—8 月，西南和东南季风最为强盛，随西北太平洋副高北台西伸，江南梅雨结束，大暴雨移到川西、华北一带。同时，受台风影响，东南沿海多台风暴雨。在此期间，大暴雨分布范围很广，华南、苏北、黄河流域的太行山前、伏牛山东麓，都出现过特大暴雨。个别年份台风深入内陆，或在转向北上过程中，受高压阻挡停滞少动或打转，若再遇中纬度冷锋、低槽等天气系统的影响，以及地形强迫抬升的作用，常造成特大暴雨。例如 1975 年 8 月 5—7 日，7503 号台风在福建晋江登陆后深入河南，受高压坝阻挡，停滞、徘徊达 20 多小时之久，林庄雨量站 24 h 最大降雨量达 1060.3 mm，其中 6 h 最大降雨量 830.1 mm，是我国大陆强度最大的降雨记录。川西、川东北、华中、华北一带在此期间常受西南涡的影响，也发生过多次特大暴雨。例如 1963 年 8 月 2—8 日，华北海河流域连受 3 次低涡的影响，在太行山东麓、燕山南麓连降 7 天 7 夜大暴雨，獐么雨量站降水总量高达 2051 mm，其中 24 h 最大降雨量 865 mm。在此期间，北方黄土高原及其他干旱地区，夏季受东移低涡、低槽等天气系统的影响，也曾多次出现历时短、强度特别大，但范围较小的强雷暴。例如 1977 年 8 月 1 日，内蒙古、陕西交界的乌审召出现强雷暴，据调查，有 4 处在 8～10 h 内降雨量超过 1000 mm，最大一处超过 1400 mm，强度之大为世界罕见。

9—11 月，北方冷空气增强，雨区南移，但东南华南沿海、海南、台湾一带受台风和南下冷空气的影响而出现大暴雨。例如 1967 年 10 月 17—19 日，台湾新寮曾出现 24 h 最大降雨量 1672 mm，3 日总降雨量达 2749 mm 的特大暴雨，是我国最大的暴雨记录。

思考题

1. 降水的基本要素是什么？降水事件的分类标准是什么？
2. 请用自己的语言简述降水的形成过程。
3. 暴雨的成因大致有哪些？请简要叙述。
4. 中国降水量的时空分布情况是怎样的？

● **本章参考文献**

郭纯青，方荣杰，代俊峰. 水文气象学[M]. 北京：中国水利水电出版社，2012.

芮孝芳. 水文学原理[M]. 北京：中国水利水电出版社，2004.

鲁特更斯，塔巴克. 气象学与生活（原书第12版）[M]. 陈星，等译. 北京：电子工业出版社，2016.

荣艳淑，葛朝霞，朱坚，等. 水文气象学与气候学[M]. 北京：中国水利水电出版社，2021.

詹道江，徐向阳，陈元芳. 工程水文学[M]. 4版. 北京：中国水利水电出版社，2010.

朱乾根. 天气学原理和方法[M]. 北京：气象出版社，2007.

第5章 蒸发与散发

蒸散发是水文循环中降水到达地面后由液态或固态转化为水汽返回大气的过程。陆地上一年的降水约66%通过蒸散发返回大气，由此可见蒸散发是水文循环的重要环节。

蒸散发是发生在具有水分子的物体表面上的一种分子运动现象。具有水分子的物体表面称为蒸发面。蒸发面为水面时，发生在这一蒸发面上的蒸发称为水面蒸发；蒸发面为土壤表面时称为土壤蒸发；蒸发面是植物茎叶时则称为植物散发；等等。实际上，植物是生长在土壤中的，植物散发和土壤蒸发总是同时并存的，通常将二者合并称为陆面蒸发。如果把流域作为一个整体，则发生在这一蒸发面上的蒸发称为流域总蒸发或流域蒸散发，它是流域内各类蒸发的总和。

单位时间从单位蒸发面面积逸散到大气中的水分子数与从大气中返回到蒸发面的水分子数之差值(当为正值时)称为蒸发率，通常用时段蒸发量表示，常用单位为 mm/h、mm/d 等。蒸发率是蒸发现象的定量描述。

蒸发率的大小取决于三个条件：一是蒸发面上储存的水分多少，这是蒸发的供水条件；二是蒸发面上水分子获得的能量多少，这是水分子脱离蒸发面向大气逸散的能量供给条件；三是蒸发面上空水汽输送的速度，这是保证向大气逸散的水分子大于从大气返回蒸发面的水分子的动力条件。供水条件与蒸发面的水分含量有关，不同的蒸发面，供水条件是有区别的。例如，水面作为蒸发面就有足够的水分供给蒸发；裸土表面作为蒸发面，只有当土壤含水量达到田间持水量以上时，才能有足够的水分供给蒸发，否则对土壤蒸发的供水就会受到限制。天然条件下供给蒸发的能量主要来自太阳能。动力条件一般来自三个方面：其一是水汽分子扩散作用，其作用力大小及方向取决于大气中水汽含量的梯度，但在一般情况下水汽的分子扩散作用是不大的；其二是上、下层空气之间的对流作用，这是由于近蒸发面的气温大于其上层气温而形成的。对流作用将近蒸发面的暖湿空气带离蒸发面上空，而使其上空的干冷空气下沉到近蒸发面，因而促进了蒸发作用；其三是空气紊动扩散作用。刮风时，空气发生紊动，风速愈大，紊动作用也愈大。紊动作用将使蒸发面上空的空气混合作用大大加快，将空气中的水汽含量冲淡，从而大大促进了蒸发作用。空气紊动扩散作用，由于主要由风引起，所以也称空气平流作用。影响蒸发率的能量条件和动力条件均与气象因素，如日照时间、气温、饱和差、风速等有关，故又可将它们合称为气象条件。

在供水不受限制，也就是供水充分的条件下，单位时间从单位蒸发面面积逸散到大气中的水分子数与从空气返回到蒸发面的水分子数之差值(当为正值时)称为蒸发能力，又称蒸发潜力或潜在蒸发。显然，蒸发能力只与能量条件和动力条件有关，而且它总是大于或等于同气象条件下的蒸发率。

5.1 水面蒸发

水面蒸发是指在自然条件下，水面的水分从液态转化为气态逸出水面的物理过程。其过程可概括为水分气化和水分扩散两个阶段。

由物理学可知，水体内部水分子总是在不断地运动着，当水中的某些水分子具有的动能大于水分子之间的内聚力时，这些水分子就能克服内聚力脱离水面并变成水汽进入空气中，这种现象就是蒸发。温度越高，水分子具有的动能越大，逸出水面的水分子就越多。逸出水面的水分子在和空气分子一起作不规则运动时，部分水分子可能远离水面进入大气，也有部分水分子由于分子间的吸引力，或因本身降温，运动速度降低而落入水面，重新成为液态水分子，这种现象称为凝结。从水面跃出的水分子数量与返回蒸发面的水分子数量之差值，就是实际的蒸发量。

5.1.1 影响水面蒸发的因素

影响水面蒸发的因素可归纳为气象因素和水体因素两类。气象因素主要包括太阳辐射、温度、湿度、气压、风速等。水体因素主要包括水面大小和形状、水深、水质等。

(1) 太阳辐射。蒸发所需之能量主要来自太阳辐射。图 5.1 是某地月平均水面蒸发量与太阳辐射热的对比曲线，可见两者变化十分一致。

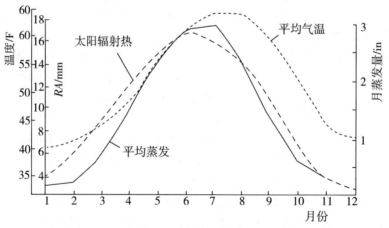

图 5.1　某地水面蒸发与太阳辐射和气温的关系

(2) 温度。水温增加，水分子运动速度加快，因而易于逸出水面而跃入空气中。因此，水面蒸发量随水温的增加而增加。气温是影响水温的主要因子，但不像水温影响水蒸发那样直接。如图 5.1 所示，虽然 4 月份和 9 月份水面蒸发量大体相同，但 9 月份平均气温却高于 4 月份平均气温。

(3) 湿度。在同样温度下，空气湿度小时的水面蒸发量要比空气湿度大时的水面蒸发量大。空气湿度常用饱和差表示。饱和差越大，空气湿度越小；反之则湿度越大。也可用相对湿度和比湿等来表示空气的湿度。

(4)气压。空气密度增大，气压就增高。气压增高将压制水分子逸出水面。因此，水面蒸发量随气压的增高而减小。但气压高，空气湿度就降低，这又有利于水面蒸发。

(5)风速。风吹过水面时，要带走水面上空的水汽，这有利于增加水面水分子的逸出量。所以，一般言之，水面蒸发量随风速的增加而增加。但当风速达到某一临界值时，水面蒸发将不再增加。

(6)水面小大和形状。水面面积大，其上空大量的水汽不易被风立即吹散，因而水汽含量多，不利于蒸发；反之，则有利于水面蒸发。水面形状是通过风向来影响水面蒸发的，如图 5.2 所示，如果风向为 $C \rightarrow D$ 方向，则水面蒸发量较大；如果风向为 $A \rightarrow B$ 方向，则水面蒸发量就较小。

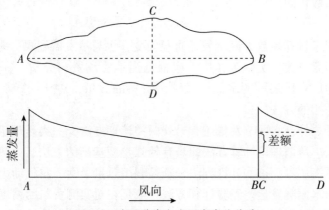

图 5.2　水面蒸发与水面宽度的关系

(7)水深。水深小，水体的上、下部分交换容易，混合充分，以致上、下部分的水温几乎相同，并与气温变化十分相应。夏季气温高，水温亦高，水面蒸发量大；冬季则相反。水深大，因水的密度在 4 ℃为最大，当水温由 0 ℃逐渐增至 4 ℃时，将会产生对流作用；水温超过 4 ℃，对流作用则停止。加之水深大，水体蕴藏的热量也大，这对水温将起到一定调节作用，使水面蒸发量随时间的变化显得比较稳定。综合起来说，春夏两季浅水比深水水面蒸发量大，秋冬两季则相反。

(8)水质。当水中溶解有化学物质时，水面蒸发量一般会减小。例如海水平均含盐度为 3.5%，所以海水的蒸发量要比淡水小 2% ～ 3%。这是因为含有盐类的水溶液常在水面形成一层薄膜，起着抑制蒸发的作用。水的混浊度虽然与水面蒸发无直接关系，但由于会影响水对热量的吸收和水温的变化，因而对水面蒸发有间接的影响。

5.1.2　水面蒸发量的确定方法

5.1.2.1　器测法

水面蒸发是在充分供水条件下的蒸发，其蒸发量可以用蒸发器或蒸发池直接进行观测。我国水文部门常用的水面蒸发器有 E601 型蒸发器，以及面积为 20 m² 和 100 m² 的大型蒸发池。每日 8 时观测一次，得一日水面蒸发量。一月中每日蒸发量之和为月蒸发量，一年中每日蒸发量之和为年蒸发量。

在水库设计中，需要考虑水库水面蒸发损失水量。由于水库的蒸发面比蒸发器大得多，两者的边界条件、受热条件也有显著差异，所以，蒸发器观测的数值不能直接作为水库这种大水体的水面蒸发值，而应乘以一个折算系数，才能作为其估计值，即：

$$E = KE_{器}。 \tag{5.1}$$

式中：E 为大水体天然水面蒸发量，mm；$E_{器}$ 为蒸发器实测水面蒸发量，mm；K 为蒸发器折算系数。

据研究，当蒸发器直径大于 3.5 m 时，其蒸发量与大水体天然水面蒸发量较为接近。因此，可用面积 20 m² 或 100 m² 大型蒸发池的蒸发量 $E_{池}$ 与蒸发器同步观测的蒸发量 $E_{器}$ 的比值作为折算系数，即：

$$K = E_{池}/E_{器}。 \tag{5.2}$$

实际资料分析表明，折算系数 K 随蒸发器直径而变，也与蒸发器型式、地理位置、季节变化、天气变化等因素有关。实际工作中，应根据当地实测资料分析。在一定的理论指导下，通过对一定地区有代表性的水面蒸发观测资料的分析，建立计算水面蒸发的经验公式，是一种常被采用的方法。

除以上器测法之外，水面蒸发量还有另外两类计算方法，一类是理论计算方法，另一类是经验计算方法。所谓理论计算方法即是有较强物理基础的方法，如热量平衡法、空气动力学法和水量平衡法等，这些计算方法分别是利用热量平衡、空气动力学和水量平衡等原理和理论来确定水面蒸发量。经验计算方法一般是在对实测资料的精度要求不很高的情况下，根据实测资料，利用经验公式对水面蒸发量进行估算的方法。

5.1.2.2 热量平衡法

对于任一水体，如湖泊、水库、河川等，热量平衡方程式可写为：

$$Q_n - Q_h - Q_e = Q_\theta - Q_v。 \tag{5.3}$$

式中：Q_n 为水体吸收的净太阳辐射值；Q_h 为水体的传导感热损失；Q_e 为蒸发耗热；Q_θ 为水体储热变化量；Q_v 为水体出入流的净热量。

引进鲍文比（Bowen Ratio）$R = Q_h/Q_e$，式（5.3）可改写成：

$$Q_n - (1+R) Q_e = Q_\theta - Q_v。 \tag{5.4}$$

由此可得基于热量平衡原理的水面蒸发计算公式为：

$$E = \frac{Q_e}{\rho_\omega L} = \frac{Q_n + Q_v - Q_\theta}{\rho_\omega L(1+R)}。 \tag{5.5}$$

式中：E 为水面蒸发率；L 为蒸发潜热；ρ_ω 为水的密度，其余符号意义同前述。由气象知识可知，鲍文比 R 可由下面的公式确定：

$$R = \gamma \frac{t_0 - t_a}{e_0 - e_a} \frac{p}{1000}。 \tag{5.6}$$

式中：γ 为温度计常数，当温度以摄氏计、水汽压以 mbar(毫巴)计时，$\gamma=0.66$；p 为大气压，mbar；t_a 为气温，℃；e_a 为水汽压，mbar；t_0 为水面温度，℃；e_0 为相应于 t_0 时的饱和水气压，mbar；e_0-e_a 为饱和差，mbar。需要指出的是，当 $R=-1$ 或 $(e_0-e_a)\to0$ 时，式(5.5)是不能使用的。

由于 Q_n 与日照 S(太阳实际照射时间与大气层顶太阳照射时间之比值)有关，Q_θ 和 R 主要与气温 t_a 有关，故上述基于热量平衡原理的计算水面蒸发公式，主要考虑了日照 S 和气温 t_a 的影响，即：

$$E=f(S,\ t_a)。 \tag{5.7}$$

5.1.2.3　空气动力学法

若不考虑与水体表面平行方向，只研究与水面垂直方向上的水汽扩散现象。根据气体扩散理论，水体表面的水汽输送量(单位时间流过单位面积的水汽量)与大气中垂直向上方向水汽含量的梯度密切相关，其关系表达式为：

$$E=-\rho K_\omega\frac{\mathrm{d}q}{\mathrm{d}z}。 \tag{5.8}$$

式中：ρ 为湿空气密度；q 为比湿；K_ω 是大气紊动扩散系数；z 是从水面垂直向上的距离；其余符号的意义同前述。

已知，比湿 q 与水汽压 e 有如下关系：

$$q\approx0.622\frac{e}{p}。 \tag{5.9}$$

式中：p 为大气压。

将式(5.9)代入式(5.8)可得：

$$E=0.622K_\omega\frac{\rho}{p}\frac{\mathrm{d}e}{\mathrm{d}z}。 \tag{5.10}$$

利用空气紊动力学中的一系列关系式，上式可演化为下列形式：

$$E=\left(\frac{K_\omega\rho\overline{u_2}}{K_mp}\right)f\left[\ln(z_2/k_s)\right](e_0-e_2)。 \tag{5.11}$$

式中：K_m 为紊动黏滞系数；$\overline{u_2}$ 为水面以上 z_2 高度处的平均风速；k_s 为表面糙度的线量度；e_2 为水面以上 z_2 高度处的水汽压；$f(\cdot)$ 表示函数关系；其余符号的意义同前述。此式为基于扩散理论导得的水面蒸发计算公式，又称为空气动力学公式，它还可以表达成更简洁的形式：

$$E=A(e_0-e_2)。 \tag{5.12}$$

其中，

$$A=\left(\frac{K_\omega\rho\overline{u_2}}{K_mp}\right)f\left[\ln(z_2/k_s)\right]。 \tag{5.13}$$

式(5.12)表明，水面蒸发与饱和差 $d=(e_0-e_2)$ 成正比。这与道尔顿(Dalton)在 19 世纪提出的定律即道尔顿定律是一致的。由式(5.13)可知，式(5.12)中的 A 是风速函数与表面糙度函数之乘积。对某一具体水体而言，A 可视为只与风速函数有关。道尔顿定律的常用形式还有：

$$E_0 = f(u)(e_0 - e_a) \tag{5.14}$$

或

$$E_a = f'(u)(e_s - e_a)。 \tag{5.15}$$

式中：E_0 为由水面温度求得的水面蒸发；E_a 为由气温求得的水面蒸发；e_s 为相应于气温的饱和水汽压；$f(u)$ 和 $f'(u)$ 均为风速函数；其余符号的意义同前述。

由式 (5.12) 可知，确定水面蒸发的空气动力学法主要考虑了饱和差 d 和风速 u 对水面蒸发的影响，即：

$$E = f(d, u)。 \tag{5.16}$$

5.1.2.4 综合法

空气动力学法在估算水面蒸发量时仅考虑了风速和水汽扩散，而未考虑太阳辐射这一热量条件；能量平衡法虽然考虑了热量条件，但只考虑了水汽扩散这一动力条件对水面蒸发的影响，并未考虑风速。因此，如果能将这两种方法结合起来，取长补短，就能得到一个较好的计算水面蒸发的公式。综合法就是同时应用能量平衡原理和空气紊流扩散理论而推导出计算水面蒸发量的方法，最早是由英国科学家彭曼 (Penman) 于 1948 年提出的，故又称为彭曼公式法。在式 (5.4) 中，若认为 Q_θ 和 Q_v 大体相等，则由热量平衡原理推导得出的水面蒸发计算公式可简化为：

$$E = \frac{Q_n'}{(1+R)}。 \tag{5.17}$$

其中，

$$Q_n' = \frac{Q_n}{\rho_\omega L}。 \tag{5.18}$$

将式 (5.5) 代入式 (5.16)，并考虑到式 (5.17) 和 $\rho = 1000 \text{ mbar}$，则有：

$$E_0 = \frac{Q_n'}{\left(1 + \gamma \dfrac{t_0 - t_a}{e_0 - e_a}\right)}。 \tag{5.19}$$

这里将 E 改为 E_0，是因为式 (5.19) 是按水面温度来求水面蒸发的。

此外还可知：

$$t_0 - t_a = (e_0 - e_s)/\Delta。 \tag{5.20}$$

式中：Δ 指气温为 t_a 时饱和水汽压曲线的坡度 (如图 5.3 所示)；其余符号的意义同前述。

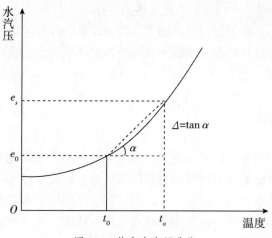

图 5.3　饱和水汽压曲线

将式(5.20)代入式(5.19)，得：

$$E_0 = \frac{Q_n'}{\left(1 + \dfrac{\gamma}{\Delta} \dfrac{e_0 - e_s}{e_0 - e_a}\right)} \text{。} \tag{5.21}$$

不难看出，在式(5.14)和式(5.15)中，如果假设 $f'(u) = f(u)$，则有：

$$\frac{E_a}{E_0} = \frac{e_s - e_a}{e_0 - e_a} \text{。} \tag{5.22}$$

此外，有：

$$e_0 - e_s = (e_0 - e_a) - (e_s - e_a) \text{。} \tag{5.23}$$

因此，将式(5.22)和式(5.23)代入式(5.21)，经化简整理后，最终得：

$$E_0 = \frac{\Delta}{\Delta + \gamma} Q_n' + \frac{\gamma}{\Delta + \gamma} E_a \text{。} \tag{5.24}$$

式(5.24)就是确定水面蒸发的混合法的基本公式，称为彭曼公式。不难看出，彭曼公式由两部分加权平均而得，其中第一部分为水体吸收净辐射热量引起的蒸发，第二项为风速和饱和差引起的蒸发。当用式(5.24)推求水面蒸发时，必须先建立所在地区的净辐射 Q_n' 的计算公式和 E_a 的计算公式。

5.1.2.5　水量平衡法

对于任一水体，其水量平衡方程式可表为：

$$S_2 = S_1 + \bar{I}\Delta t - \bar{O}\Delta I + P - E \text{。} \tag{5.25}$$

式中：Δt 为计算时段长；S_1 和 S_2 为 Δt 时段初、末的水体蓄水量；$\bar{I}$ 为 Δt 时段内从地面和地下进入水体的平均入流量；$\bar{O}$ 为 Δt 时段内经由地面和地下流出水体的平均出流量；P 为 Δt 时段内水体水面上的降雨量；E 为 Δt 时段内水体水面蒸发量。最终基于水量平衡原理计算水面蒸发的公式为：

$$E = P - \bar{I}\Delta t - \bar{O}\Delta t - (S_2 - S_1) 。 \tag{5.26}$$

与其他方法相比，水量平衡法简单明了，但当计算时段较短时，蒸发量可能相对于其他各项相对较小，这样计算的误差则较大。因此，水量平衡法通常应用于较长时段内流域面积上的水面蒸发计算。

5.1.2.6 经验公式法

水面蒸发的影响因素很多，实际生产中情况较为复杂，理论计算方法往往不能全面考虑各种因素，同时参数的确定对观测项目和仪器要求也较高，在实际应用中较为困难。因此，在实测资料精度要求不很高的情况下，人们在实际应用中常常根据实际环境情况采用根据实测数据总结出来的经验公式对水面蒸发量进行估算。大多数经验公式是以道尔顿定律为基础而建立的，如迈耶(Mayer)1942 年建议的经验公式：

$$E = C(e_{\omega s} - e_a)\left(1 + \frac{u}{10}\right) 。 \tag{5.27}$$

式中：E 为水面蒸发，in/d；$e_{\omega s}$ 为水面温度下的饱和水汽压，in；e_a 为空气水汽压，in；u 为风速，mile/h；C 为经验系数，一般取 $C = 0.36$。

华东水利学院(现河海大学)在对中国大型蒸发池观测资料进行分析综合后，于 1966 年提出的经验公式为：

$$E = 0.22\sqrt{1 + 0.31u_{200}^2}\ (e_0 - e_{200}) 。 \tag{5.28}$$

式中：E 为水面蒸发，m/d；e_0 为相应于水面温度的饱和水汽压，mbar；e_{200} 为水面以上 2 m 处的实际水汽压，mbar；u_{200} 为水面以上 2 m 处的风速，m/s。

经验公式都有自己的适用地区和适用条件，公式中各项物理量的单位也是特定的。这些在使用经验公式时都应加以注意。

5.2 土壤蒸发

土壤蒸发是指在自然条件下，土壤保持的水分从液态转化为气态，逸出土壤，进入大气的物理过程。湿润的土壤，其蒸发过程一般可分为三个阶段，如图 5.4 所示。第一阶段，土壤十分湿润，土壤中存在自由重力水，并且土层中的毛管水也上下连通，水分从表面蒸发后，能得到下层的充分供应，相当于满足充分供水条件。这一阶段，土壤蒸发主要发生在表层，蒸发速度稳定，蒸发量 E 等于或接近相同气象条件下的蒸发能力 EM。这一阶段气象条件是影响蒸发的主要原因。由于蒸发耗水，土壤含水量不断减少，当土壤含水量降到田间持水量 $W_{田}$ 以下时，土壤中毛管水的连续状态逐渐被破坏，从土层内部由毛管力作用上升到土壤表面的水分也逐步减少，这时进入第二阶段。在这一阶段，随土壤含水量的减少，供水条件越来越差，土壤蒸发量也越来越小。这一阶段，蒸发量不仅与气象因素有关，而且随土壤含水量的减少而减少。当土壤含水量减至毛管断裂含水量，毛管水完全不能到达地面后，进入第三阶段。在这一阶段，毛管向土壤表面输送水分的机制完全遭到破坏，水分只能以薄膜水或气态水的形式缓慢地向地表移动，蒸发量微小，近乎常数。在这种情况下，无论是气象因素还是土壤含水量对蒸发都不起明显的作用。

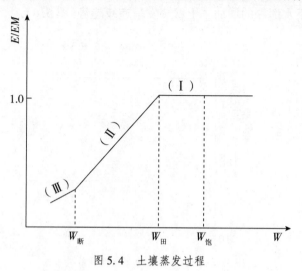

图 5.4　土壤蒸发过程

影响土壤蒸发的因素可分为两类：一是气象因素，二是土壤特性。气象因素的影响已在水面蒸发中阐述。这里主要从土壤的孔隙性、与地下水位的关系和温度梯度等方面来讨论土壤特性对土壤蒸发的影响。

(1)土壤孔隙性。土壤的孔隙性一般指孔隙的形状、大小和数量。土壤孔隙性是通过影响土壤水分存在形态和连续性来影响土壤蒸发的。一般言之，直径为 0.001～0.1 mm 的孔隙，毛管现象最为显然。直径大于 8 mm 的孔隙不存在毛管现象。直径小于 0.001 mm 的孔隙只存在结合水，也没有毛管现象发生。因此，孔隙直径在 0.001～0.1 mm 的土壤的蒸发显然要比其他情况大。土壤孔隙性与土壤的质地、结构和层次均有密切关系。例如，砂粒土和团聚性强的黏土的蒸发要比砂土、重壤土和团聚性差的黏土小。对于黄土型黏壤土，由于毛管孔隙很发育，所以蒸发很大。在层次性土壤中，土层交界处的孔隙状况明显与均质土壤不同：当土壤质地呈上轻下重时，交界附近的孔隙呈"酒杯"状；反之，则呈"倒酒杯"状(图 5.5)。由于毛管力总是使土壤水从大孔隙体系向小孔隙体系输送，所以"酒杯"状孔隙不利于土壤蒸发，"倒酒杯"状孔隙则有利于土壤蒸发。

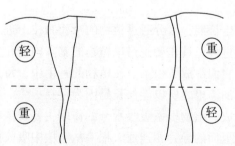

（a）"酒杯状"孔隙　　（b）"倒酒杯状"孔隙

图 5.5　土壤层次与孔隙形状

（2）地下水位。如果地下水面以上的土层全部处于上升毛管水带内，则毛管中的水分弯月面互相联系，有利于水分迅速向土层表面运行，土壤蒸发就大。如果地下水面以上土层的上部分仍处于土壤含水量稳定区域，则由于向土壤表面运行水分困难，故土壤蒸发就小。总之，随着地下水埋深的增加，土壤蒸发呈递减趋势（图5.6）。

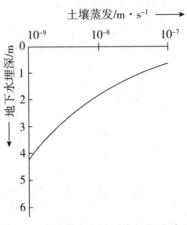

图5.6　土壤蒸发与地下水埋深的关系

（3）温度梯度。土壤温度梯度首先影响到土壤水分运行方向。温度高的地方水汽压大，表面张力小；反之，温度低，水汽压小，表面张力大。气态水总是从水汽压大的地方向水汽压小的地方运行，液态水总是从表面张力小的地方向表面张力大的地方运行。综合以上两方面可知，土壤水分将由温度高的地方向温度低的地方运行。但参与运行的水分的多少与初始土壤含水量有关。土壤含水量太大或太小，参与运行的水分都较少，只有在中等含水量时，参与运行的水分才比较多，这时的土壤含水量大体相当于毛管断裂含水量。土层中高含水量区域的形成也与温度梯度有关，这是因为温度梯度存在将会在蒸发层下面发生水汽浓集过程。当土壤中存在冻土层时，土壤水分也是向冻土层运行，在冻土层底部形成高含水量带，在冻土层以下土壤含水量则相对较低。

5.3　植物散发

植物散发是指在植物生长期，水分通过植物的叶面和枝干进入大气的过程，又称为蒸腾。想要了解植物散发的过程，首先要先讨论植物的基本构造和生理现象。

一株植物有很多根，它们组成了根系。在植物的一生中，每条根都在不断地伸长，根系中根的数量也在不断增加。根之所以能伸长是因为存在根尖。根尖由生长点、根冠、伸长区和根毛区等四部分组成。植物根系吸收水分的作用主要发生在根毛区。每条根毛内部都存在导管，并与茎和叶里面的导管相连通。根毛从土壤中吸收的水分和无机盐就是通过导管向茎和叶输送的。

茎是植物连接下部根系和支撑上部叶片的组织，包括主干和侧枝，由表皮、木质和髓这三部分组成。表皮中有许多筛管，是将叶片制造的有机物输送到植物体各器官的通道。木质部分存在的导管是将根部吸收的水分和无机盐输送到叶片的通道。髓则是茎的中央部分。幼嫩茎的髓具有储藏养分的功能。

植物的叶由表皮、叶肉和叶脉组成。叶的表皮分为上表皮和下表皮，分别位于叶的上面和下面，由表皮细胞组成。表皮细胞向外一侧的细胞壁上生有透明而不易透水的角质层。因此，阳光能透过表皮进入叶的内部，而叶里的水分却不易散发出去。表皮上分布着许多成对的半月形细胞围成的空隙(图 5.7)。半月形细胞称为保卫细胞，空隙叫作气孔。气孔是空气和水分进出叶片的门户，保卫细胞控制着气孔的开或闭。叶肉是上、下表皮之间的组织。叶肉细胞的壁很薄。细胞质里含有叶绿体。叶绿体内含有叶绿素。靠近上表皮的叶肉细胞是圆柱状的，排列紧密，叫作栅栏组织，其中的细胞含叶绿体较多。接近下表皮的叶肉细胞形状不规则，排列疏松，细胞间空隙大，称为海绵组织，里面的细胞含叶绿素较少。在气孔里常常形成一个较大的空腔，称为气腔。叶脉是一种分布在叶肉中间成束的不含叶绿体的组织。叶脉里有导管和筛管，它们和根、茎中的导管和筛管相通，起着输送水分、无机盐和有机物的作用。

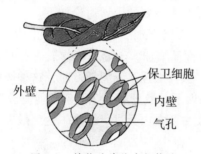

图 5.7　植物叶片的内部构造

根系是植物吸收水分的主要器官，尤其是根毛区是其中吸收水分最多、最活跃的部位。根系之所以能从土壤中吸取水分，是与它的特殊构造有关的。根的幼嫩部分由许多薄壁细胞组成，其内包含着原生质、细胞核和液泡等。细胞壁主要由纤维素构成，纤维素之间存在许多细微孔隙，可使任何物质的分子透过。原生质具有选择透性，即除水分子容易透过和少数溶质分子或离子能透过外，其他则不易透过或不能透过。液泡中包含着具有一定浓度的水溶液，有一定的渗透压，因此，当根系与土壤接触时，就能从土壤吸取水分。液泡中的水溶液浓度愈大，根系吸取水分的数量就愈多。随着吸取水分的增多，液泡中水溶液的浓度不断降低，根系吸取水分的数量也随之减少。当根毛细胞内的水分传导到根的内部，并向上输送到植物的地上部分后，液泡内的浓度因水分的减少而增高，从而又产生了较大的吸水力。所以，植物体内的水分是处于运动状态的。

根系吸取的水分在根压和散发拉力作用下，横向进入根的内部，然后沿茎干向上一直输送到植物的叶片和茎尖等部位。根压的产生是根系进行新陈代谢的结果。如果将植物的茎在距离地面 7～10 cm 处切断，则可以发现有较多的清液从切口处分泌出来。这一现象证明了根压的存在。散发拉力是由于叶面的散发作用引起叶肉细胞缺水，水溶液浓度增加，而向叶脉直至向根系吸水的一种力。根压和散发拉力，在不同的气候条件和植物不同的生育期，占的比例是不同的。在春暖夏炎季节，植物生长旺盛，白天散发水量大，因而散发拉力是吸收、输送水分的主要动力。在植物的苗期或低温寒冷季节，散发作用相对减弱，根压才有可能起主要的作用。散发拉力与植物散发过程密切相关，因此，在研究植物散发时，要特别注意散发拉力的作用。

植物根系从土壤中吸取的水分，经由根、茎、叶柄和叶脉输送到叶面，其中约0.01%用于光合作用，约不到1%成为植物本身的组成部分，余下的近99%的水分为叶肉细胞所吸收，并在太阳能的作用下，在气腔内汽化，然后通过敞开的气孔向大气中逸散。

气腔中的水汽从气孔中逸出，与水汽从被穿孔的薄膜中逸出相类似，扩散率也是与气孔的直径成正比的。此外，从叶肉细胞壁到叶片表面敞开的气孔之间的通道长度对散发也有影响，当这种通道曲折且较长时，散发就比较缓慢。每个气孔位于两个保卫细胞之间。保卫细胞的膨压变化及其细胞壁的不同厚度控制着气孔的开或闭。气孔通常在有光线时开着，在黑暗时则闭着，因此植物散发在白天应大于晚上。广义地说，植物散发除了叶面散发外，还有外皮散发和吐水现象；当植物体上有切面时，水分会从切面渗出。但这些情况引起的植物散发要比叶面散发小得多，故一般忽略不计。

植物散发比水面蒸发和土壤蒸发更为复杂，它与土壤环境、植物生理结构以及大气状况有密切的关系。这里仅选择其中主要的因素讨论如下。

(1)温度。当气温在1.5 ℃以下时，植物几乎停止生长，散发极小；当气温超过1.5 ℃时，散发率随气温的升高而增加。土温对植物散发有明显的影响。土温较高时，根系从土壤中吸收的水分增多，散发加强；土温较低时，这种作用减弱，散发减小。

(2)日照。植物在阳光照射下，散发加强。散射光能使散发增强30%～40%，直射光则能使散发增强好几倍。散发主要在白天进行，中午达到最大；夜间的散发则很小，约为白天的10%。

(3)土壤含水量。土壤水中能被植物吸收的是重力水、毛管水和一部分膜状水。当土壤含水量大于一定值时，植物根系就可以从周围土壤中吸收尽可能多的水分以满足散发需要，这时植物散发将达到其散发能力。当土壤含水量减小时，植物散发率也随之减小，直至土壤含水量减小到凋萎系数时，植物就会因不能从土壤中吸取水分来维持正常生长而逐渐枯死，植物散发也因此而趋于零。

(4)植物生理特性。植物生理特性与植物的种类和生长阶段有关。不同种类的植物，因其生理特点不同，在同气象条件和同土壤含水量情况下，散发率是不同的。

5.4 流域蒸散发

流域的表面通常可划分为裸土、岩石、植被、水面、不透水路面和屋面等。在寒冷地带或寒冷季节，流域还可能全部或部分为冰雪所覆盖。流域上这些不同蒸发面的蒸发和散发总称为流域蒸散发，也叫流域总蒸发。一般情况下，流域内水面占的比重不大；基岩出露、不透水路面和屋面占的比重也不大；冰雪覆盖仅在高纬度地区存在。因此，对于中、低纬度地区，土壤蒸发和植物散发是流域蒸散发的决定性部分。

5.4.1　流域蒸散发规律

一般情况下，流域蒸散发规律主要取决于土壤蒸发规律和植物散发规律两方面的因素，而土壤蒸发规律又与植物散发规律相似。因此，只要考虑土壤与植被相互作用对流域蒸散发的影响，就能认识流域的散发规律。当流域内土壤的含水率很大时，土壤水分供应充足，流域的蒸散发以蒸（散）发能力进行。在此阶段，由于植物根系吸水作用较强，其土壤含水率的下限将是小于田间持水量的某一数值。此后，随着流域内土壤水分的进一步消耗，土壤的供水能力逐渐减小，此时流域蒸散发将随土壤含水率的减小而减小。根据土壤水分的蒸发规律可知，此阶段将持续到土壤含水率达到毛管断裂含水率时为止。但对于流域来说，同样由于植物的作用，当流域土壤含水率减至小于毛管断裂含水率而大于凋萎系数时，植物散发大于土壤蒸发，流域总蒸散发将随土壤含水率的减小而继续减小。直到流域内土壤含水率小于凋萎系数时，植物因缺水发生枯萎和死亡，其蒸散发趋于零，流域蒸散发就只有土壤蒸发了，其蒸散发才趋于稳定。

根据流域上的蓄水情况，可将流域蒸散发分为三个不同的阶段（图 5.8），其与土壤蒸发和植物散发规律之区别显然是在于临界土壤含水量的取值上。对于流域蒸散发来说，第一个临界流域蓄水量 W_a 应该略小于田间持水量，第二个临界流域蓄水量 W_b 应该比毛管断裂含水量小。

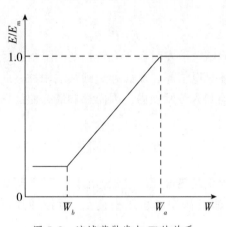

图 5.8　流域蒸散发与 W 的关系

5.4.2　流域蒸散发的计算方法

确定流域蒸散发有两种主要方法：一是调查流域内水体、耕地、荒地及森林等所占面积及其蒸散发量，然后加以综合而得。由于实际工作中影响流域各部分蒸散发量的气象条件与下垫面条件时空变化复杂，各部分蒸散发的确定较为困难，因此一般对于小流域才采用这种方法。二是将流域作为一个整体，分析这个整体中蒸发、降雨和径流等各要素，再通过水量平衡法、水热平衡法、模式计算法、空气动力学法以及经验公式等方法确定流域的蒸散发。下面主要针对前 3 种进行介绍。

5.4.2.1 水量平衡法

对于任一非闭合的流域来说，根据水量平衡原理，一定时段内，流域内水量的变化量 ΔW 等于流入的水量与流出水量之差，其关系表达式为

$$\Delta W = P + RS_1 + RG_1 - (E + RS_0 + RG_0 + q)。 \tag{5.29}$$

式中：P 为降雨量，mm；RS_1，RS_0 分别为时段内地表径流的入流量和出流量，mm；RG_1，RG_0 为时段内地下径流的入流和出流量，mm；E 为时段内蒸发耗水量，mm；q 为时段内引用水量，mm。

若流域为闭合流域，则 $RS_1 = 0$，$RG_1 = 0$，设时段内流域出口断面的总径流为 R，则 $R = RS_0 + RG_0$。如时段内的引用水量可以忽略不计，即 $q = 0$，则闭合流域的水量平衡方程为：

$$\Delta W = P - E - R。 \tag{5.30}$$

对于多年平均的水量变化来说，$\Delta W \approx 0$，则有：

$$\overline{P} = \overline{R} + \overline{E}。 \tag{5.31}$$

式中：$\overline{P}$ 为流域多年平均降水量，mm；$\overline{R}$ 为流域多年平均径流量，mm；$\overline{E}$ 为流域多年平均蒸发量，mm。式（5.31）是表示多年平均的水量平衡方程。根据此式可计算出流域的多年平均蒸散量，即：

$$\overline{E} = \overline{P} - \overline{R}。 \tag{5.32}$$

利用水量平衡法计算流域蒸散发时需要有较长期的降雨和径流观测资料，因此对于较短时段区域内蓄水变量往往难以估算，从而影响到其适用性。此外，由于计算过程中，将各项观测误差、计算误差均归入蒸发项内，因而影响最终的计算精度。

5.4.2.2 热量平衡法

蒸发既是水量交换过程也是热量交换过程，所以水量平衡与热量平衡之间有着紧密联系。在计算区域总蒸发量的方法中，水热平衡法受到人们的普遍重视。其一般表达式如下：

$$\frac{E}{P} = \varphi\left(\frac{R}{LP}\right)。 \tag{5.33}$$

式中：E/P 为年蒸发系数，反映了多年平均的水量平衡关系；L 为蒸发潜热；R/LP 为辐射干燥指数；R 为辐射平衡值，体现了热量平衡的关系。

史拉别尔根据许多地区的长期观测资料，建立了蒸发量与降水量及太阳辐射之间的关系：

$$E = P(1 - e^{-\frac{R}{LP}})。 \tag{5.34}$$

式中：E 为蒸发量；P 为降水量；其余符号意义同前。

奥里杰科普提出用降水量和蒸发能力来计算区域蒸发量的计算公式：

$$E = E_{\max} \text{th}\left(\frac{LP}{R}\right)。 \tag{5.35}$$

式中：E 为大气蒸发能力，mm/d；$E_{\max} = R/L$；th 为双曲正切函数；其余符号意义同前。

M. M. 布德科对以上两式进一步做了理论分析。他认为陆地表面平均总蒸发量与气象因素等密切相关，在一定条件下，主要取决于降水量和辐射平衡值的大小。根据此情况，布德科分析了两种极端情况下的水热平衡关系：当土壤处于极其干燥状态时，土壤会吸持全部降水并将其消耗于后期蒸发，因而地表几乎无径流产生，也即 $E/P \to 1$；当降水总量很大，而土壤表面接收的热辐射量很小时，土壤将保持非常湿润的状态，其含水率足以满足蒸发的需求，而辐射平衡余热全部用以蒸发耗热，因此，用于水汽汽化的潜热较大，即 $LE \to R$。由于一般地区的实际情况变化在这两种极端情况之间，因此认为对式（5.34）、式（5.35）取几何平均将更符合实际。

根据以上分析以及全世界不同气候类型的实测资料，布德科对史氏、奥氏公式进行了验证，并提出了如下计算流域蒸散发的公式：

$$E = \sqrt{\frac{RP}{L} \text{th} \frac{LP}{R}\left(1 - \text{ch}\frac{R}{LP} + \text{sh}\frac{R}{LP}\right)}。 \tag{5.36}$$

式中：sh、ch 分别为双曲正弦、双曲余弦函数；其余符号意义同前。

5.4.2.3　模式计算法

由于流域的蒸发量与土壤的含水率密切相关，因此，在不考虑蒸散发在流域面上不均匀的情况下，根据蒸发层土壤的含水率分布就可以计算流域的蒸发量，这就是模式计算法。根据蒸发层分层的多少可将此方法分为一层、二层和三层模式。

（1）一层模式。此模式是把流域蒸散发层作为一个整体考虑，假定蒸散发量同该层土壤含水率及流域蒸散发能力成正比，则流域蒸散发量的关系表达式为：

$$E = E_m W / W_m。 \tag{5.37}$$

式中：E 为流域蒸散发量，mm/d；E_m 为流域蒸散发能力，mm/d；W 为土壤蒸发层实际蓄水量，mm；W_m 为土壤蒸发层的最大蓄水量，mm。

一层模式的优点是简洁明了，缺点是并不是对于任何情况均适用。例如，在久旱无雨后，土壤的含水率很低，土壤蒸发可能会出现水汽扩散过程，这时根据式（5.37）计算的结果就会产生较大的误差；同样，即使久旱之后有一场小雨，这些雨实际上只分布在表土层，很容易蒸发，此时按该模型计算的结果一般偏小。

（2）二层模式。此模式将流域的可蒸发层分为上、下两层，并认为土壤水分的降雨补给和蒸散发消耗均是自上而下进行的。降雨时先补给上层，后满足下层；蒸发时上层水分因蒸发消耗完之后，下层水分才开始蒸发。此外，上、下两层土壤在蒸发过程中遵循各自的规律，上层土壤以蒸发能力进行蒸发，下层土壤的蒸发与一层模式相似，即与蒸发能力和土壤含水率成正比，但此时的蒸散发能力为流域蒸散发能力与上层蒸散发量之差。其计算公式为：

$$\begin{cases} E_u = E_m & W_u > E_m \\ E_u = W_u & W_u \leqslant E_m \\ E_1 = (E_m - E_u)\dfrac{W_1}{W_{lm}} & W_u \leqslant E_m \end{cases} \quad (5.38)$$

式中：E_u、E_1 分别为上层与下层的蒸散发量，mm/d；W_u、W_1 分别为上层与下层的实际土壤蓄水量，mm；W_{lm} 为下层的最大蓄水量，mm。

二层模式克服了一层模式的缺陷，使得计算结果更为准确一些。但此模式没有考虑当下层土壤水分蒸发完毕之后，深层土壤水分对下层土壤的补给，使得计算出的 E_1 可能很小，不符合实际情况。在此情况下宜采用三层模式进行计算。

(3) 三层模式。顾名思义，此模式将土壤蒸发层分为上、下、深三层考虑，是对二层模式的进一步完善。三层模式土壤水分的蒸发消耗是逐层进行的，即先上、后下、最后为深层。在计算蒸散发量时，上、下两层按二层模式进行；深层的蒸散发量计算公式为：

$$E_d = C(E_m - E_u) - E_1 \quad (5.39)$$

式中：E_d 为深层的蒸散发量，mm/d；C 为经验系数，其值小于 1，通常在 0.05～0.15 之间变化；其余符号意义同前。由于深层土壤水分因土层深厚蒸发量较小，且基本保持稳定，因此，为了计算方便，通常将深层蒸散发量取一稳定的数值。如 0.1～0.3 mm/d 或采用蒸散发能力的 0.1～0.2 倍。在实际工作中，采用三层模式得到的各层蒸发量之和与实际蒸发量较为接近，基本可满足实用精度的要求。

5.4.3 流域蒸散发能力的计算

在利用分层模式法计算流域的蒸散发量时，无论采用哪种模式，均需要知道流域的蒸散发能力。而流域的蒸散发能力难以直接测定，因此，通常采用间接计算法进行确定。

流域蒸散发能力与水面蒸发密切相关，而水面蒸发的确定较为简单，因此通常由水面蒸发实测资料来确定流域的蒸散发能力。二者的关系式为：

$$E_m = \varphi E_0 \quad (5.40)$$

式中：E_0 为水面蒸发；φ 为蒸散发系数。例如，如果水面蒸发 E_0 是通过 E601 型蒸发皿观测得到的，则根据我国的经验，对于湿润地区，$\varphi = 1$。

当缺乏水面蒸发观测资料时，则可采用经验公式来估算流域的蒸散发能力。这类经验公式很多，桑斯威特(Thornthwaite)公式就是一个在美国和日本使用较广泛的经验公式。桑斯威特公式以气温(月平均气温)作为主要影响因素，按下式计算热能指数：

$$i = \left(\frac{T}{5}\right)^{1.514} \quad (5.41)$$

式中：i 为月热能指数；T 为月平均气温。一年中 12 个月的热能指数的累积值称为年热能指数，即：

$$I = \sum_{j=1}^{12} i_j \quad (5.42)$$

式中：I 为年热能指数。一年中任一月份的蒸散发能力按下式计算：

$$E_m = 16b\left(\frac{10T}{I}\right)^a 。$$

(5.43)

式中：E_m 为蒸散发能力，mm/月；b 为修正系数，为最大可能日照小时数与 12 小时之比值；$a = 6.7\times10^{-7}\,I^3 = 7.7\times10^{-5}I^2 + 1.8\times10^{-2}\,I + 0.49$。

在地形起伏较大的流域，地形高程对流域蒸散发的影响是不可忽视的。随着高程的增加，一方面气温下降，空气饱和差减小，因而使流域蒸散发能力减小；另一方面风速一般会增大，这又有利于流域蒸散发。但据许多观测资料，随着高程的增加，流域蒸散发能力一般是减小的。流域上各处土壤、植被一般不完全相同，土壤含水量空间分布也不均匀。因此，为考虑它们对流域蒸散发的影响，可分区进行流域蒸散发计算。分区的原则是使分区内的土壤、植被等情况大体相同，这就是流域蒸散发计算的多容蓄量问题。只有在全流域土壤、植被条件比较均一时，才不需要分区进行流域蒸散发计算。

思考题

1. 蒸发率的大小取决于什么？
2. 影响水面蒸发的因素是什么？这些因素是如何对水面蒸发造成影响的？
3. 土壤蒸发的三个阶段是什么？
4. 简述影响植物散发的主要因素。

● **本章参考文献**

荣艳淑，葛朝霞，朱坚，等. 水文气象学与气候学 [M]. 北京：中国水利水电出版社，2021.

芮孝芳. 水文学原理 [M]. 北京：中国水利水电出版社，2004.

沈冰，黄红虎. 水文学原理 [M]. 2 版. 北京：中国水利水电出版社，2015.

詹道江，徐向阳，陈元芳. 工程水文学 [M]. 4 版. 北京：中国水利水电出版社，2010.

第6章 径流形成原理

6.1 基本概念

6.1.1 径流形成过程

流域的降水由地面与地下汇入河网，流出流域出口断面的水流，称为径流。液态降水形成降雨径流，固态降水则形成冰雪融水径流。由降水到达地面时起，到水流流经出口断面的整个物理过程，称为径流形成过程。降水的形式不同，径流的形成过程也各异。我国的河流以降雨径流为主，冰雪融水径流只是在西部高山及高纬度地区河流的局部地段发生。根据形成过程及径流途径不同，河川径流又可由地面径流、地下径流及壤中流（表层流）三种径流组成。

降水是径流形成的首要环节，降在河槽水面上的雨水可以直接形成径流，习惯上也表示一定时段内通过河流某一断面的水量，即径流量。流域中的降雨如遇植被，要被截留一部分。降在流域地面上的雨水渗入土壤，当降雨强度超过土壤渗入强度时产生地表积水，并填蓄于大小坑洼，蓄于坑洼中的水渗入土壤或被蒸发。坑洼填满后即形成从高处向低处流动的坡面流。坡面流里许多大小不等、时分时合的细流（沟流）向坡脚流动，当降雨强度很大和坡面平整的条件下，可成片状流动。从坡面流开始至流入河槽的过程称为漫流过程。河槽汇集沿岸坡地的水流，使之纵向流动至控制断面的过程为河槽汇流过程。自降雨开始至形成坡面流和河槽汇流的过程中，渗入土壤中的水使土壤含水量增加并产生自由重力水，在遇到渗透率相对较小的土壤层或不透水的母岩时，便在此界面上蓄积并沿界面坡向流动，形成地下径流（表层流和深层地下流），最后汇入河槽或湖、海之中。在河槽中的水流称为河槽流，通过流量过程线分割可以分出地表径流和地下径流。

6.1.2 径流影响因素

径流是流域中气候和下垫面各种自然地理因素综合作用的产物。径流的分布特性首先取决于气候条件。在同一气候区，山区流域径流量一般大于平原；地质、土壤条件不同，流域的渗水性不同，渗水性强的流域产生的径流量少，反之则多。受高程的影响，径流有垂直差异的特点。流域面积的尺度决定着径流量的大小，植被、湖泊、沼泽则有调节径流的功能。径流的时空变化特性还深受人类活动的影响：砍伐森林会使水土流失加剧，洪峰径流剧增；水库等蓄水工程的兴建会增加流域的持水能力，可调节径流；工业、农田的大量用水会减少河川径流量；跨流域引水能减少被引水流域的径流量，增加引入流域的径流量；等等。径流是地球表面水循环过程中的重要环节，它的化学、物理特性对地理环境和生态系统有重要的作用。

（1）气候因素。气候因素是影响河川径流最基本和最重要的因素。气候要素中的降水和蒸发直接影响河川径流的形成和变化。降水方面，降水形式、总量、强度、过程以及在空间上的分布，都会影响河川径流的变化。例如，降水量越大，河川径流就越大；降水强度越大，短时间内形成洪水的可能性就越大。蒸发方面，主要受制于空气饱和差和风速。饱和差越大，风速越大，则蒸发越强烈。气候的其他要素如温度、风、湿度等往往也通过降水和蒸发影响河川径流。

（2）下垫面因素。下垫面因素主要包括地貌、地质、植被、湖泊和沼泽等。地貌中山地高程和坡向影响降水的多少，如迎风坡多雨，背风坡少雨。坡地影响流域内汇流和下渗，如山溪的水就容易陡涨陡落。流域内地质和土壤条件往往决定流域的下渗、蒸发和地下最大蓄水量，如在断层、节理和裂缝发育的地区，地下水丰富，河川径流受地下水的影响较大。植被，特别是森林植被，可以起到蓄水、保水、保土作用，削减洪峰流量，增加枯水流量，使河川径流的年内分配趋于均匀。

（3）人类活动。例如，通过人工降雨、人工融化冰雪、跨流域调水增加河川径流量，通过植树造林、修筑梯田、筑沟开渠调节径流变化，通过修筑水库和蓄洪、分洪、泄洪等工程改变径流的时间和空间分布。

6.2 产流过程

6.2.1 产流模式与特征分析

产流是指流域中各种径流成分的生成过程。它实质上是水分在下垫面垂向运行中，在各种因素综合作用下的发展过程，也是流域下垫面（地面及包气带）对降雨的再分配过程。不同的下垫面条件具有不同的产流机制，不同的产流机制又影响着整个产流过程的发展，呈现出不同的径流特征。

6.2.1.1 产流模式

在天然情况下，由于流域下垫面及土层结构的差异，加之降水与下渗状况的复杂组合，无论是同一地点或不同地点都可能出现一种或数种不同径流成分的组合，称这种产流机制的组合为产流模式。产流模式的类型决定了当地产流的基本特征。决定产流机制组合的根本因素是包气带土壤的质地、结构、地质构造、地下水位及植被状况等，至于当时的土壤水分状况和供水情况，则决定了不同时间不同产流模式之间的相互转换。针对大中流域而言，有些产流模式的典型特征将被大大削弱。根据其产流特征和流量过程线的特征，产流模式类型可概括为以下 3 类。

1. R_s 型

R_s 型即流域产流以地面径流为主。它主要发生于地下水埋藏深，包气带厚度大，且土壤透水性差、植被稀少及其他地区的非森林地带。我国西北的黄土高原地区多属于此种产流类型。其径流特征是只有超渗地面径流，壤中流和地下径流没有或很少。一次降雨后，其下渗锋面一般在 0.5 m 或更小的范围内，对各次降雨锋面位置不定。图 6.1 为一次降雨后的土壤水分剖面示意图。

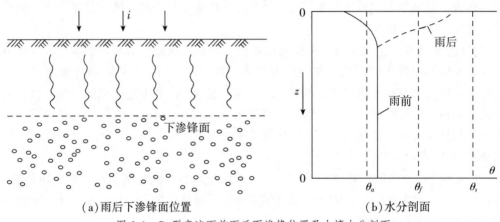

（a）雨后下渗锋面位置　　　　　　（b）水分剖面

图 6.1　R_s 型产流雨前雨后下渗锋位置及土壤水分剖面

一次降雨的超渗产流过程取决于降雨强度过程与下渗强度过程的对比关系，其产流量为：

$$R_s = \sum_{j=1}^{n} R_{sj} = \sum_{j=1}^{n} (i-f_p)_j \Delta t_{\circ} \tag{6.1}$$

或

$$R_s = P - F_{\circ} \tag{6.2}$$

式中：R_s 为地面径流量，mm；R_{sj} 为第 j 时段的地面径流量，mm；i、f_p 分别为第 j 时段的雨强和下渗量，mm；P 为降雨量，mm；F 为累积下渗量，mm，当起始土壤含水量已知时，则有：

$$F = W_E - W_0_{\circ} \tag{6.3}$$

式中：W_E、W_0 分别为雨末和雨初的土壤含水量。

用式（6.1）或式（6.2）来计算 R_s 比较困难，因为下渗量 F 和下渗过程 $f(t)$ 不易确定。在水文上常采用经验方法来计算 R_s，即建立 R_s 与有关影响因素的经验相关关系，一般形式为：

$$R_s = f(P, i, W_0, T)_{\circ} \tag{6.4}$$

式中：T 为降雨历时；其余符号意义同前。

2. $R_{sat} + R_{ss} + R_g$ 型（包括 $R_{sat} + R_{ss}$）

这一类型主要发生于包气带较薄、植被良好、土壤透水性强的地区。这些地区的特点是土壤经常比较湿润，地下水埋藏较浅，毛管水带接近地面，土壤缺水量小，一次降雨的下渗锋面极易与毛管上升水带建立水力联系，包气带缺水量极易得到满足。当地下水位比较稳定时，这种缺水量有一个相对稳定的极限值 W_m。一次降雨后的土壤水分剖面如图 6.2 所示。在这种产流条件下，由于一次降雨后的土壤蓄水量可以达到极限值 W_m，所以根据水量平衡原理，可得出一次降雨的产流量计算公式：

$$R = R_{sat} + R_{ss} + R_g = P - (W_m - W_0), \tag{6.5}$$

$$R = f(P, W_0). \tag{6.6}$$

从式(6.6)可以看出，此种产流模式的产流量只与降雨量和流域前期缺水量有关，而与降雨强度无关。我国南方湿润地区的产流以及东北北部森林地区的产流，基本上属于此类产流方式。

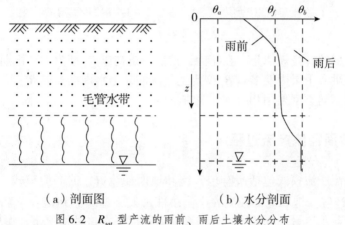

（a）剖面图　　　　　　（b）水分剖面

图 6.2　R_{sat} 型产流的雨前、雨后土壤水分分布

3. 以 R_s 型为主和以 R_{sat} 型为主的相互转换型 [即 $R_s \leftrightarrow (R_{sat} + R_{ss} + R_g)$ 型]

这是一种在自然界实际发生的转换型或称交替型。提出这种类型不仅仅是因为它实际存在，同时也要明确两个重要概念：一是对于一个固定地点（或流域）其产流模式并不是一成不变的。在一定情况下，供水及下垫面水分情况等次要因素，上升为决定产流机制存在及产流模式转换的主导因素。二是客观上的发展是复杂的，在这两种极端型的转换过程中，产流机制中的基本型均有可能作为中间过渡而暂时存在和作用着。

这种类型的产流模式多发生在半湿润地区，如淮北、山东、河南等地。这类地区的特点是包气带厚度中等，为 $2 \sim 4$ m，土壤透水性中等，年内降雨主要集中在夏秋汛期地下水位在汛期与枯水期变幅较大。

在干旱期，地下水位较低，出现中间包气带，汛初遇有高强度的暴雨，则以 R_s 型产流机制为主。进入汛期直到汛末，由于连续降雨，地下水位逐渐抬高，中间包气带消失，有时地下水位也可上升到地面，在这期间的降雨产流则以饱和坡面流为主。图 6.3 为此种产流类型间的转换示意图。

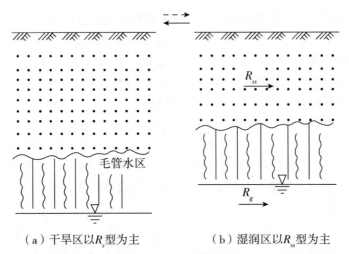

（a）干旱区以 R_s 型为主　　　（b）湿润区以 R_{ss} 型为主

图 6.3　$R_s \leftrightarrow R_{ss}$ 型产流

这种产流类型的转换规律是：在年内，汛前、汛初以 R_s 型为主，汛期及汛后以 R_{sat} 型为主；对多年来讲，干旱周期多以 R_s 型为主，湿润、丰水周期多以 R_{sat} 型为主，其产流量的确定，可针对不同类型采用相应的计算方法。

6.2.2　饱和地面径流产流过程

饱和地面径流产流模式包括所有包含饱和地面径流 R_{sat} 的产流模式，如 $R_{sat}+R_{ss}+R_g$、$R_{sat}+R_{ss}$ 及 $R_{sat}+R_g$ 等。饱和地面径流的产流条件是上层整层达到饱和，$W(t)=\theta_s H_A$，凡是满足包气带最大蓄水容量的面积即产生饱和地面径流。在这种情况下，壤中流及地下径流也已发生，并同时存在。因此，这种类型的产流量是指总径流量。下面将一次降雨过程与流域蓄水容量面积分配曲线联系起来考察其产流的发展过程。

初始流域土壤蓄水 $W_0=0$ 时，若第一时段降雨量为 P_1，参照图 6.4 可知，在 a/F 面积上（图中 AB）达到饱和，并产生径流；不产流面积为 $(1-a/F)$（图中 BC），这部分面积上的降雨转化为流域上的土壤蓄水，其量相当于 $OBCD$ 的面积；产流量 R 相当于面积 OAB，矩形面积 $OACD$ 相当于流域降雨量。

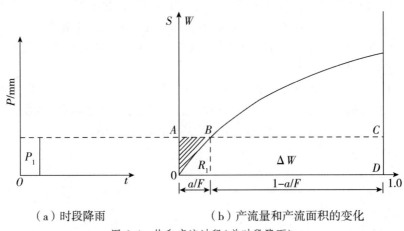

（a）时段降雨　　　　　　（b）产流量和产流面积的变化

图 6.4　饱和产流过程（单时段降雨）

当有多个时段降雨时，可以根据蓄水容量面积分配曲线逐一求出各时段的产流量。设降雨开始时的全流域平均蓄水量为 W_0，对应的已饱和面积为 a/F。在已饱和的面积中，各单元面积中的最大蓄水容量为 S_0，此值即为 W_0。其所对应的纵坐标值，如图 6.5 所示。以 S_0 为起点，分别以各时段降雨量 P_1、P_2、P_3 等沿纵坐标方向累积量取相应长度，得到图 6.5 中各点，并分别作水平线与蓄水容量面积分配曲线相交，各交点的横坐标 α_1、α_2、α_3 则分别为相对产流面积。各水平线与蓄水容量面积分配曲线的交点左方各块面积，即为相应各时段的产流量 R_1、R_2、R_3 等；交点右方各块面积，即为相应各时段的流域平均蓄水量的增量 ΔW_1、ΔW_2、ΔW_3。各时段的产流量 ΔR 与各时段降雨量 ΔP 的比值 $\Delta R/\Delta P$ 称为各时段的径流系数。

显然，在饱和产流的情况下，将降雨过程与蓄水容量面积分配曲线相联系，基本上反映出了饱和产流型的产流特征：①先满足包气带最大蓄水容量的地方，先产生径流。②一次降雨过程中，随着降雨的继续，产流面积不断增大，产流量也增大。③对同一降雨量，其包气带初始蓄水量越大，则产流量越大；反之，初始蓄水量越小，产流量也越小。④在未满足全流域最大蓄水容量之前，径流系数小于 1；满足以后，径流系数等于 1，即此后的降雨量将全部形成径流。

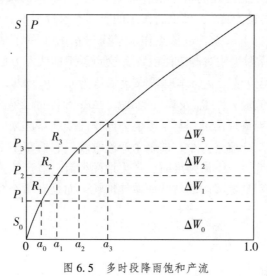

图 6.5　多时段降雨饱和产流

6.2.3 超渗地面径流产流过程

超渗地面径流的产流过程应该取决于下渗能力面积分配曲线，将下渗能力面积分配曲线与给定的降雨过程相结合时，就可以得出超渗地面径流的发生与发展过程。当降雨强度大于下渗强度时，即产生地面径流。其产流量的推求方法与饱和产流型不同，主要表现在不能直接使用降雨累积过程线连续推求。现以图 6.6 为例，说明超渗产流量的推求方法。

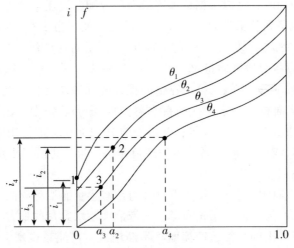

图 6.6 多时段降雨超渗产流过程

设土壤初始含水量为 θ_1，第一时段雨强为 i_1，在纵坐标上取相应的点，因该点低于 θ_1 所对应的下渗能力面积分配曲线的最小值，即 $i_1 < f_1$，所以该时段降雨不产生地面径流，即 $R_1 = 0$，若该时段损失量为 $\Delta\theta_1$，那么时段末的土壤含水量为 θ_1，$\theta_2 = \theta_1 + \Delta\theta_1$。再以第二时段降雨强度 i_2 在纵坐标上取点，以该点作水平线与 θ_2 相应的下渗能力面积分配曲线交于点 2，其对应的横坐标即为相对产流面积 α_2，交点以下曲线左方面积为产流量 R_2，曲线右方面积为下渗量(即损失量) $\Delta\theta_2$，本时段末含水量为 $\theta_3 = \theta_2 + \Delta\theta_2$。用同样的方法可求得第三、第四个时段的产流量 R_3、R_4 及损失量 $\Delta\theta_3$、$\Delta\theta_4$ 和各时段末的含水量 θ_4、θ_5。

从上述分析可知，当将降雨过程与下渗能力面积曲线联系起来时，它清晰地表达了产流面积变化、产流时刻及产流量大小，即整个产流过程。它们基本上反映了超渗地面产流的基本特征：①降雨强度大于下渗强度时，产生地面径流；②产流量与降雨强度及下渗能力有关；③产流面积并不是随降雨的持续而单纯增长，而是有增有减，它与雨强及下渗能力有关。

6.2.4 产流特征分析

流域通常都是由不同类型的山坡流域组合而成，因此，流域的产流特征应取决于组成流域的山坡流域的产流类型。但是，在一个流域中，每类山坡流域所占的比重是不相同的。所占比重大的山坡流域对流域产流特征的影响一定也比较大。因此，可以认为，流域产流特征主要是由占主导地位的山坡流域的产流类型所决定的。

流域产流特征通常可以从以下几方面进行分析论证：①根据流域所处的气候条件；②根据其中典型山坡流域的包气带结构和水文动态；③根据出口断面流量过程线的形状，尤其是它的退水规律；④根据流域中地下水动态观测资料；⑤根据影响次降雨—径流关系的因素。

流域产流特征的分析应力求综合，相辅相成，不宜孤立地、静止地看问题。可能会遇到这样的情况，如青海省拜渡河雁石以上流域($F = 4235 \ km^2$)，从气候条件来看几乎不可能产生地下水径流，但却不能因此就认为这个流域以产生超渗地面径流为主。因为根据多年降雨资料分析，并没有发现足以形成超渗地面径流的降雨强度。事实上，对流域的情况进一步调查分析可以发现，该流域的降雨径流主要来自流域中沼泽地带和水面所形成的直接径流。当然也可能遇到另外的情况，如永定河官厅以上流域($F = 42500 \ km^2$)，从出口断面流量过程线看，具有比较丰富的地下径流，但从气候、植被条件和包气带水分动态特点看，流域中并不是所有地方都具备产生地下水径流的基本条件的，这时就不能仅根据存在地下径流这一点来判断流域产流特征。事实上，该流域所处的气候条件和下垫面条件并非单一，因此不同的地方存在着不同的产流特征。

6.3 汇流过程

6.3.1 流域汇流现象

6.3.1.1 流域汇流过程

降落在流域上的降水水滴，扣除损失后，从流域各处向流域出口断面汇集的过程称为流域汇流。本章讨论的是流域出口断面洪水过程的形成原理及计算方法。

通常可以将流域划分为坡地和河网两个基本部分。降落在河流槽面上的雨水将直接通过河网汇集到流域出口断面；降落在坡地上的雨水，一般要从两条不同的途径汇集至流域出口断面：一条是沿着坡地地面汇入相近的河流，接着汇入更高级的河流，最后汇集至流域出口断面；另一条是下渗到坡地地面以下，在满足一定的条件后，通过土层中各种孔隙汇集至流域出口断面。值得一提的是，以上两条汇流途径有时可能交替进行，成为串流现象。

由此可见，流域汇流由坡地地面水流运动、坡地地下水流运动和河网水流运动所组成，是一种比单纯的明渠水流和地下水流更为复杂的水流现象。图 6.7 是表示流域汇流过程的框图，由图不仅可以看出流域汇流被划分为坡地汇流和河网汇流两个阶段，而且还可以看出流域出口断面的洪水过程线一般由槽面降水、坡地地面径流和坡地地下径流(包括壤中水径流和地下水径流)等径流成分汇集至流域出口断面所形成。

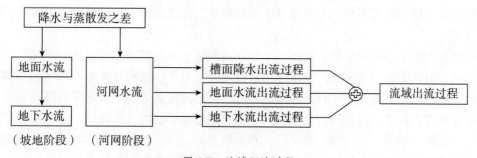

图 6.7 流域汇流过程

坡面汇流和河网汇流是两个先后衔接的过程，前者是降落在坡面上的降水在注入河网之前的必经之地，后者则是坡面出流在河网中继续运动的过程。不同径流成分由于汇集至流域出口断面所经历的时间不同，因此在出口断面洪水过程线的退水段上表现出不同的终止时刻(图 6.8)。槽面降水形成的出流终止时间最早，坡地地面径流的终止时间次之，然后是壤中水径流，终止时间最迟的是坡地地下水径流。

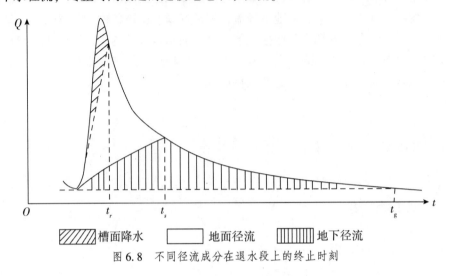

图 6.8　不同径流成分在退水段上的终止时刻

6.3.1.2　流域汇流时间

降落在流域上的雨水水滴汇集至流域出口断面所经历的时间称为流域汇流时间。由于汇集至流域出口断面的具体条件不同，不同径流成分的流域汇流时间是不一样的。下面主要讨论地面水和地下水的流域汇流时间。

(1)地面水流域汇流时间。地面水流域汇流时间一般等于地面水坡面汇流时间与河网汇流时间之和，只有槽面降水才不需经历坡面汇流阶段。如用 τ_L 表示地面水坡面汇流时间，用 τ_r 表示地面水河网汇流时间，用 τ_w 表示地面水流域汇流时间，则一般有：

$$\tau_w = \tau_L + \tau_r。\tag{6.7}$$

坡面通常为土壤、植被、岩石及其风化层所覆盖。人类活动，如农业耕作、水土保持、植树造林、水利化和城市化等也主要在坡面上进行。由于坡面微地形的影响，坡面水流一般呈沟状；但当降雨强度很大时，也有可能呈片状。坡面阻力一般很大，因此流速较小，但坡面水流的流程不长，常只有百米至数百米，所以坡面汇流时间一般并不长，只有几十分钟。

河网由大大小小的河流交会而成。由于在河网交会处存在着不同程度的洪水波干扰作用，因此，河网汇流要比河道洪水波运动来得复杂。另外，坡面水流是沿着河道两侧汇入河网的，所以河网汇流又是一种具有旁侧入流的河道洪水波运动。河网中的流速通常要比坡面水流流速大得多，但河网的长度更长，随着流域面积的增大，流域中最长的河流长度将是坡面长度的数倍、数百倍、数千倍，乃至数万倍。因此，河网汇流时间一般远大于坡面水流汇流时间；只有当流域面积很小时，两者才可能具有相同的量级。

（2）地下水流域汇流时间。地下水流属于渗流，由于其流速一般比地面水小得多，因此地下水流域汇流时间总是比地面水流域汇流时间大得多。在地面以下，由于土壤质地、结构和地质构造上的差异，土层一般是分为不同层次的。在地下不同层次土层中产生的地下径流，在汇流时间上也是有差别的。浅层疏松土层中形成的地下径流，即壤中水径流，流速相对较大，是为快速地下径流；在更深的土层中的地下径流，即地下水径流，流速相对较慢，是为慢速地下径流。

地面径流、壤中水径流和地下水径流在汇流时间上的差别仅表现在坡地汇流阶段；在河网汇流阶段，这种差别就不复存在了。

6.3.1.3　流域汇流时间的确定

位于流域上不同地点的水滴，由于流速和汇流路程不同，将具有不同的流域汇流时间。因此，在流域汇流研究中，用什么物理量来反映一场降雨形成出口断面流量过程时的流域汇流时间，就成为一个重要问题。水文学发展到今天，一般使用最大流域汇流时间、平均流域汇流时间和流域滞时等来衡量一个流域或不同径流成分的流域汇流时间的长短。

最大流域汇流时间是指流域中最长汇流路径的水滴与其平均速度的比值，即

$$\tau_m = \frac{L_m}{\bar{v}}。 \tag{6.8}$$

式中：L_m 为从流域出口断面沿流而上至流域分水线的最长距离；$\bar{v}$ 为水滴平均速度。

平均流域汇流时间是指流域上各水滴在流达出口断面时间的平均值，即

$$\bar{\tau} = \frac{1}{F} \int_F \tau \mathrm{d}f。 \tag{6.9}$$

式中：F 为流域面积；τ 为流域上任一处水滴流达出口断面的汇流时间；$\mathrm{d}f$ 为流域汇流时间为 τ 的水滴所拥有的微分面积。

直接利用式（6.9）计算平均流域汇流时间几乎不可能，但水文学家已证明流域滞时是与平均流域汇流时间等价的。流域滞时（K）是指净雨中心与相应的出流过程形心之间的时差（图 6.9），其表达式为：

$$K = M_1(Q) - M_1(h)。 \tag{6.10}$$

式中：$M_1(Q)$、$M_1(h)$ 分别为流域出流过程及相应的净雨过程的一阶原点矩。

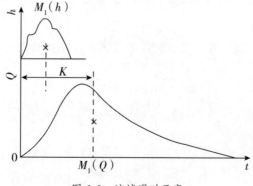

图 6.9　流域滞时示意

如果流域各处流速变化不大，则平均流域汇流时间近似地可按下式估算：

$$\tau_0 = \frac{L_0}{\bar{v}}。 \tag{6.11}$$

式中：L_0 为流域形心至流域出口断面的直线距离；$\bar{v}$ 为水滴平均速度。

6.3.2 流域汇流系统分析

6.3.2.1 系统概念与流域汇流系统

通过某种关系将输入与输出联系起来的结构装置或者过程都可以称为系统，其基本概念如图 6.10(a) 所示。系统的形式多种多样，既可以是具体的仪器装置、电路结构，也可以是物理、化学乃至生物过程；系统的输入与输出方式也多种多样，既可以是物质，也可以是能量、信息；系统的作用在于将输入转化为输出，或者说输出是系统对于输入的响应。系统有静态与动态之分，因而研究系统必须具备参照时间。研究和应用系统的目的在于预测输出。

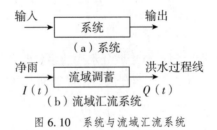

图 6.10 系统与流域汇流系统

参照上述系统概念，可将流域汇流过程视为一种系统，其输入是净雨过程，输出是流域出口断面的洪水过程线；系统的功能则是流域的调蓄作用，如图 6.10(b) 所示。流域出口断面的洪水过程 $Q(t)$ 即为流域系统对净雨过程 $I(t)$ 的响应，简称流域响应，并可表示为：

$$Q(t) = \phi[I(t)]。 \tag{6.12}$$

式中：ϕ 为运算符，表示输入与系统响应之间的特定关系。

依据流域汇流过程的物理特性推断，这一系统是一种具有因果关系的、守恒的和高阻尼的物理系统。

流域的调蓄作用可用 $S = \sum_{m=0}^{M} a_m \dfrac{d^m I}{dt^m} + \sum_{n=0}^{N} b_n \dfrac{d^n Q}{dt^n}$ 表达，将其代入流域蓄泄关系式 $I(t)dt - Q(t)dt = ds(t)$，有：

$$b_n \frac{d^{n+1}Q}{dt^{n+1}} + b_{n-1}\frac{d^n Q}{dt^n} + \cdots + b_0\frac{dQ}{dt} + Q = I - a_m\frac{d^{m+1}I}{dt^{m+1}} - a_{m-1}\frac{d^m I}{dt^m} - \cdots - a_0\frac{dI}{dt}。 \tag{6.13}$$

将微分算子 $D = d/dt$ 引入上式，则有：

$$Q = \left(-\frac{a_m D^{m+1} + a_{m-1}D^m + \cdots + a_0 D - 1}{b_n D^{n+1} + b_{n-1}D^n + \cdots + b_0 D + 1}\right)I = \phi[I(t)]。 \tag{6.14}$$

式(6.14)为流域汇流系统的一般表达式。

依据系统特性，流域汇流系统又可以分为以下几种类型：

(1)线性与非线性流域汇流系统。当流域汇流系统满足叠加和倍比假定时为线性系统，否则为非线性系统。所谓叠加假定指 n 个输入之和所产生的总系统响应等于每个输入所产生的响应的代数和，这意味着各输入所产生的响应之间互不干扰，用数学式表达为：

$$\phi = \left[\sum_{i=1}^{n} I_i(t) \right] = \sum_{i=1}^{n} \phi[I_i(t)] 。 \tag{6.15}$$

倍比假定指若某一输入的 n 倍加之于系统，产生的响应等于原输入产生响应的 n 倍，即

$$\phi[nI(t)] = n\phi[I(t)] 。 \tag{6.16}$$

若式(6.14)的系数 a_m、a_{m-1}、$\cdots$、a_0 及 b_n、b_{n-1}、$\cdots$、b_0 之中只要有一个是 I 和 Q 的函数，此方程所表达的就是非线性流域汇流系统；若所有系数都是常数，即为线性流域汇流系统。

(2)时变与时不变流域汇流系统。若式(6.14)的系数 a_m、a_{m-1}、$\cdots$、a_0 及 b_n、b_{n-1}、$\cdots$、b_0 中，至少有一个系数是时间 t 的函数时，系统为时变流域汇流系统；当上述所有系数均为常数时，系统则为时不变流域汇流系统。

(3)集总和分布式流域汇流系统。当把流域作为一个整体采用同一组系数进行汇流计算时，称之为集总流域汇流系统；把流域按照一定要求划分为单元(块)，各单元采用不同输入或不同系数进行汇流计算，然后再按照一定方式汇总为流域出口断面流量过程时，称之为分布式流域汇流系统或分散式流域汇流系统。

实际流域汇流计算中常常采用几种类型的组合以反映流域汇流系统的基本特性。例如，集总时变非线性流域汇流系统，分布式时不变线性流域汇流系统，等等。

研究流域汇流系统的主要目的在于由净雨输入推求或预测流域的洪水出流过程。目前，求解流域汇流系统有 3 种途径，即黑箱分析方法、概念性模型和数学物理方法。黑箱分析方法的特点在于忽略问题的物理过程，仅仅依据已有的输入和输出资料，了解系统作业的特性。概念性模型应用简化的物理概念单元，如渠道、水库等，组合构成描述系统的模型。一般认为数学物理方法最有前途，因为这种方法从物理途径出发建立微分方程，应用数学方法求其特定条件下的解，物理意义明确，数学解法严格。

6.3.2.2　经验单位线

经验单位线又称时段单位线，或简称单位线(unit hydrograph，UH)。1932 年，Sherman 提出了单位线的定义，即单位时段内在流域上均匀分布的单位净雨在流域出口断面所形成的地表径流过程线。在我国，通常取净雨深 10 mm 为一个单位。经验单位线本质上是线性水文系统的单位响应函数。经验单位线借助倍比和叠加假定，由已知的输入和输出来确定系统的运行特性，而不顾及净雨转化洪水过程中各个环节的物理联系。

在分析和应用单位线时，倍比和叠加假定具体叙述如下：

(1)倍比假定。同一流域上，若两次净雨历时相同，但净雨深不同，各为 I_1、I_2，则二者所形成的地表径流过程线形状相似；即总历时相同、起涨和退水历时完全相同，相应

时段的流量坐标与净雨量成正比，$\dfrac{Q_{a1}}{Q_{b1}}=I_1/I_2$，如图 6.11(a)所示。

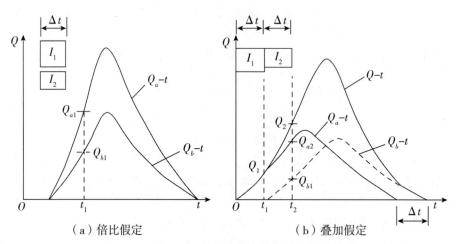

（a）倍比假定　　　　　　　　（b）叠加假定

图 6.11　单位线基本假定示意

（2）叠加假定。同一流域上，两相邻单位时段 Δt 的净雨深 I_1、I_2 各自在流域出口断面形成的地表径流过程线 Q_a-t、Q_b-t 彼此互不干扰，两过程线的相应点（起涨、峰值和终止）恰好相差一个 Δt，而总地表径流过程线由 Q_a-t、Q_b-t 叠加而成，如 $Q_1=Q_{a1}+Q_{b0}$，$Q_2=Q_{a2}+Q_{b1}$ 等[图 6.11(b)]。

依据上述假定，流域出口断面各时刻流量表达式为：

$$Q_i = \sum_{j=1}^{m} \frac{h_j}{10} q_{i-j+1} \text{。} \tag{6.17}$$

式中：Q_i 为流域出口断面各时刻流量，m^3/s；h_j 为各时段净雨量，mm；q_{i-j+1} 为单位线各时刻纵坐标，m^3/s；m 为降雨时段数；单位线时段数应为 $i-j+1=1,\ 2,\ \cdots,\ n$。

6.3.2.3　瞬时单位线

当单系统的输入为单位脉冲函数 δ 时，系统所形成的输出称为脉冲响应函数。对于流域汇流系统，当输入为单位脉冲净雨时，所形成的输出则称为流域瞬时单位线（instantaneous unit hydrograph，IUH）。所谓单位脉冲净雨指在流域上分布均匀，历时趋于零且强度趋于无穷大，而净雨量（净雨强度乘以净雨历时）为 1 个单位的输入过程。依据水量平衡原理可知，流域瞬时单位线的总面积等于 1 个单位。

将上述 δ 函数的定义代入式(6.14)，就得到流域瞬时单位线的数学表达式：

$$u(0,\ t) = \left(-\frac{a_m D^{m+1}+a_{m-1}D^m+\cdots+a_0 D-1}{b_n D^{n+1}+b_{n-1}D^n+\cdots+b_0 D+1} \right)\delta(t) \text{。} \tag{6.18}$$

式中：$u(0,\ t)$ 为流域瞬时单位线。

当上式中的系数 a_m（$m=1,\ 2,\ \cdots,\ M$）和 b_n（$n=1,\ 2,\ \cdots,\ N$）均为常数时，所描述的流域汇流系统为线性时不变系统。若初始条件为零，式(6.18)的拉普拉斯变换为：

$$L[u(0,\ t)] = -\frac{A(P)}{B(P)} L[\delta(t)]。 \tag{6.19}$$

式中：$\frac{A(P)}{B(P)}$ 为系统的传递函数，而 $A(P)$、$B(P)$ 分别为：

$$A(P) = a_m D^{m+1} + a_{m-1} D^m + \cdots + a_0 D - 1，$$

$$B(P) = b_n D^{n+1} + b_{n-1} D^n + \cdots + b_0 D + 1。$$

由于 $L[\delta(t)] = 1$，所以有：

$$L[u(0,\ t)] = -\frac{A(P)}{B(P)}。 \tag{6.20}$$

再取式(6.20)的拉普拉斯逆变换，可得：

$$u(0,\ t) = L^{-1}\left[-\frac{A(P)}{B(P)} \right]。 \tag{6.21}$$

由此可知，流域瞬时单位线就是流域汇流系统传递函数的拉普拉斯逆变换。于是，流域瞬时单位线也称为流域瞬时响应函数或核函数。

对于线性时不变系统，取零初始条件，式(6.14)的拉普拉斯变换为：

$$L[Q(t)] = -\frac{A(P)}{B(P)} L[I(t)]。 \tag{6.22}$$

将式(6.20)代入式(6.22)，得到：

$$L[Q(t)] = L[u(0,\ t)] L[I(t)]。 \tag{6.23}$$

而式(6.23)的拉普拉斯逆变换为：

$$Q(t) = \int_0^t u(0,\ t-\tau) I(\tau)\,\mathrm{d}\tau。 \tag{6.24}$$

式(6.24)就是线性时不变系统在零初始条件下的解，又称为卷积公式。因卷积具有可交换性，式(6.24)也可写为：

$$Q(t) = \int_0^t u(0,\ t) I(t-\tau)\,\mathrm{d}\tau。 \tag{6.25}$$

从式(6.25)推导可知，如果流域汇流系统为线性时不变系统时，若流域瞬时单位线已知，即可由净雨过程求得出口断面的径流过程线。

目前应用广泛的流域瞬时单位线是 Nash 模型，它将流域对洪水的调蓄作用设想为 n 个调蓄功能相同的串联水库，且每一水库的蓄水量 s 与出流量 Q 均为线性关系，其数学方程为：

$$u(0,\ t) = \frac{1}{K\Gamma(n)} \left(\frac{t}{K} \right)^{n-1} \mathrm{e}^{-\frac{t}{K}}。 \tag{6.26}$$

式中：$\Gamma(n) = (n-1)!$，为 n 的伽马函数。

由式(6.26)可看出，瞬时单位线的形状取决于参数 n、K，它们反映了流域的调蓄特征。参数 n、K 值一般由瞬时单位线的矩来确定，而矩又与净雨和流量过程线有关。参照图 6.12，依据式(6.27)和式(6.28)可分别计算出净雨和流量过程的一阶原点矩和二阶中心矩：

$$\begin{cases} v_{I1} = \dfrac{\sum I_i t_i}{\sum I_i} \\[3mm] v_{Q1} = \dfrac{\sum \overline{Q}_i t_i}{\sum \overline{Q}_i} \end{cases}, \tag{6.27}$$

$$\begin{cases} \mu_{I2} = \dfrac{\sum I_i t_i^2}{\sum I_i} - v_{I1}^2 \\[3mm] \mu_{Q2} = \dfrac{\sum \overline{Q}_i t_i^2}{\sum \overline{Q}_i} - v_{Q1}^2 \end{cases} \circ \tag{6.28}$$

式中：v_{I1}、v_{Q1} 分别为净雨、流量过程的一阶原点矩；μ_{I2}、μ_{Q2} 分别为净雨、流量过程的二阶中心矩。

瞬时单位线的一阶原点矩 v_1 和二阶中心矩 μ_2 则为：

$$v_1 = v_{Q1} - v_{I1}, \qquad \mu_2 = \mu_{Q2} - \mu_{I2} \circ \tag{6.29}$$

而参数 n、K 与一阶原点矩和二阶中心矩的关系为：

$$n = \frac{v_1^2}{\mu_2}, \qquad K = \frac{v_1}{n} \circ \tag{6.30}$$

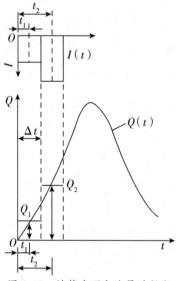

图 6.12　计算净雨和流量过程线

6.4　水文模拟

水文模型是对复杂水循环过程的抽象或概化，能够模拟水循环过程的主要或大部分特征。流域可以被认为是一个水文系统，降水量是系统的输入，流量是系统的输出，同样，蒸发和壤中流也可以被认为是输出。开发水文模型的目的就是建立输入和输出的物理关系，一般不外乎两个目的：一是通过模拟水循环过程，了解流域内水文因子的改变如何影响水循环过程，如研究人类活动与气候变化对水循环的影响；二是将水文模型用于水文预报或水资源规划与管理。

水文模型的诞生是对水循环规律研究和认识的必然结果。水文模型在水资源开发利用、防洪减灾、水库规划与设计、道路设计、城市规划、面源污染评价、人类活动的流域响应等诸多方面都得到了十分广泛的应用，当今的一些研究热点，如生态环境需水、水资源可再生性等均需要水文模型的支持。流域水文模型是在计算机技术和系统理论的发展中产生的，20 世纪 60—80 年代中期是其蓬勃发展的时期，涌现出许多流域水文模型，Stanford 流域模型(SWM)、Sacramento 模型、Tank 模型、前期降水指标(API)模型和新安江模型等是这一时期的典型代表。近几年来，随着计算机技术和一些交叉学科的发展，流域水文模型研究工作也产生了根本性的变化。其突出趋势主要反映在计算机技术、空间技术、遥感(RS)技术等的应用，分布式水文模型得到了广泛关注，遥感与地理信息系统(GIS)技术为水文模型的研究和应用带来了新的机遇和挑战。

6.4.1　新安江水文模型

新安江模型是由原华东水利学院(现为河海大学)赵人俊教授等提出来的。从降雨径流经验相关图研究开始，水文预报教研室的十余位教师、研究生和上百位本科生前后经历了约 20 年才形成了蓄满产流概念、理论以及二水源新安江模型。之后提出三水源新安江模型，并开始在水情预报和遥测自动化的实时洪水预报系统中大量应用。通过对模型结构、考虑因素的不断改进和完善，三水源新安江模型已发展成理论上具有一定系统性、结构较为完善、应用效果较好的流域水文模型，并被联合国教科文组织列为国际推广模型而广为国内外水文学家所了解和应用。

6.4.1.1　模型结构

为了考虑降水和流域下垫面分布不均匀的影响，新安江模型的结构设计为分散性的，分为蒸散发计算、产流计算、分水源计算和汇流计算四个层次结构。每块单元流域的计算流程如图 6.13 所示。

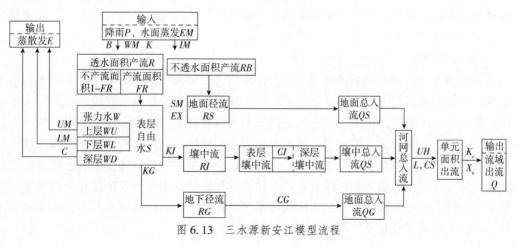

图 6.13　三水源新安江模型流程

图 6.13 中方框外为参数，方框内为状态变量。输入为实测降雨量过程 $P(t)$ 和蒸发皿蒸发过程 $EM(t)$，输出为流域出口断面流量过程 $Q(t)$ 和流域实际蒸散发过程 $E(t)$。有关模型参数将在下节详尽讨论。模型各层次结构的功能、计算采用的方法和相应参数如表 6.1 所示。

表 6.1　新安江模型各层次结构功能、 计算采用的方法和相应参数

层次	第一层次	第二层次	第一层次		第四层次	
功能	蒸散发计算	产流计算	水源划分		汇流计算	
			二水源	三水源	坡面汇流	河道汇流
方法	三层模型	蓄满产流	稳定下渗率	自由蓄水库	单位线或线性水库或滞后演算法	马斯京根或滞后演算法
参数	KC、UM、LM、C	WM、B、IM	FC	SM、EX	UH 或 CS、CI、CG	KE、XE 或 L

6.4.1.2　模型计算

1. 流域分块

为了考虑降雨分布不均和下垫面分布的不均匀性，采用自然流域划分法或泰森多边形法将计算流域划分为 N 块单元流域，在每块单元流域内至少有一个雨量站；单元流域大小适当，使得每块单元流域上的降雨分布相对比较均匀，并尽可能使单元流域与自然流域的地形、地貌和水系特征相一致，以使其能充分利用小流域的实测水文资料以及对某些具体问题的分析处理。若流域内有水文站或大中型水库，通常将水文站或大中型水库以上的集雨面积单独作为一块单元流域；单元流域出口与流域出口用河网连接，对划分好的每块单元流域分别进行蒸散发计算、产流计算、水源划分计算和汇流计算，得到单元流域出口的流量过程。对单元流域出口的流量过程进行出口以下的河道汇流计算，得到该单元流域在全流域出口的流量过程：将每块单元流域在全流域出口的流量过程线性叠加，即为全流域出口总的流量过程。

2. 蒸散发计算

流域蒸散发在流域水量平衡中起着重要的作用，植物截流、地面填洼水量及张力水土壤蓄水量的消退都消耗于蒸散发。据资料统计，在湿润地区的年蒸散发量约占年降水量的 50%，在干旱地区则约占 90%。因为流域内基本都没有蒸散发的实测值，所以只能采用间接的方法来推求。蒸散发计算成果正确与否将直接影响模型产流计算成果。国内外理论和实验研究证实，土壤蒸散发过程大体上可以划分为三个基本阶段，即土壤含水量供水充分的稳定蒸散发阶段、蒸散发随土壤含水量变化而变化的变比例蒸散发阶段和常系数深层蒸散发扩散阶段。土壤蒸散发过程的不同阶段不仅反映了不同的物理现象，而且也揭示了不同阶段蒸散发量的变化规律。

在新安江模型中，流域蒸散发计算没有考虑流域内土壤含水量在面上分布的不均匀性，而是按土壤垂向分布的不均匀性将土层分为三层，用三层蒸散发模型计算蒸散发量。参数有流域平均张力水容量 WM(mm)、上层张力水容量 UM(mm)、下层张力水容量 LM(mm)、深层张力水容量 DM(mm)、蒸散发折算系数 KC 和深层蒸散发扩散系数 C。相关计算公式如下：

$$WM = UM + LM + DM, \qquad (6.31)$$

$$W = WU + WL + WD, \qquad (6.32)$$

$$E = EU + EL + ED, \qquad (6.33)$$

$$EP = KC \cdot EM。 \qquad (6.34)$$

式中：W 为总的张力水蓄量，mm；WU 为上层张力水蓄量，mm；WL 为下层张力水蓄量，mm；WD 为深层张力水蓄量，mm；E 为总的蒸散发量，mm；EU 为上层蒸散发量，mm；EL 为下层蒸散发量，mm；ED 为深层蒸散发量，mm；EP 为蒸散发能力，mm。具体计算为：

若 $P + WU \geq EP$，则 $EU = EP$，$EL = 0$，$ED = 0$；

若 $P + WU < EP$，则 $EU = P + WU$；

若 $WL > C \cdot LM$，则 $EL = (EP - EU)WL/LM$，$ED = 0$；

若 $WL < C \cdot LM$ 且 $WL \geq C(EP - EU)$，则 $EL = C(EP - EU)$，$ED = 0$；

若 $WL < C \cdot LM$ 且 $WL < C(EP - EU)$，则 $EL = WL$，$ED = C(EP - EU) - WL$。

3. 产流计算

产流计算采用蓄满产流机制。蓄满是指包气带的土壤含水量达到田间持水量。蓄满产流是指：降水在满足田间持水量以前不产流，所有的降水都被土壤所吸收而成为张力水；降水在满足田间持水量以后，所有的降水(扣除同期蒸发量)都产流。其概念就是设想流域具有一定的蓄水能力，当这种蓄水能力满足以后，全部降水变为径流，产流表现为蓄量控制的特点。湿润地区产流的蓄量控制特点，解决了产流计算在这些地区处理雨强和入渗动态过程的问题；降雨径流理论关系的建立，解决了考虑流域降雨不均匀的分布式产流计算问题。

按照蓄满产流的概念，采用蓄水容量-面积分配曲线来考虑土壤缺水量分布不均匀的问题。所谓蓄水容量-面积分配曲线是指：部分产流面积随蓄水容量而变化的累计频率曲线。应用蓄水容量-面积分配曲线可以确定降雨空间分布均匀情况下蓄满产流的总径流量。实践表明，对于闭合流域，流域蓄水容量-面积分配曲线采用抛物线形为宜。为计算简便，假定不透水面积 $IM = 0$，其线型为：

$$\frac{f}{F} = 1 - \left(1 - \frac{W'}{WMM}\right)^B。 \qquad (6.35)$$

式中：f 为产流面积，km^2；F 为全流域面积，km^2；W' 为流域单点的蓄水量，mm；WMM 为流域单点最大蓄水量，mm；B 为蓄水容量-面积分配曲线的指数。

流域蓄水容量-面积分配曲线与降雨径流相互转换关系如图 6.14 所示。

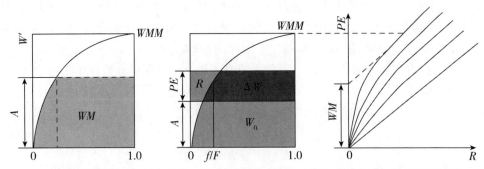

（a）流域蓄水容量-面积分配曲线　　（b）流域蓄水容量-面积分配曲线与降雨径流关系

图 6.14　流域蓄水容量-面积分配曲线与降雨径流间的关系

由式（6.35）和图 6.14（b），得 W_0 的计算公式为：

$$W_0 = \int_0^A \left(1 - \frac{f}{F}\right) dW' = \int_0^A \left(1 - \frac{W'}{WMM}\right)^B dW'。 \tag{6.36}$$

对式（6.36）积分得：

$$W_0 = \frac{WMM}{B+1}\left[1 - \left(1 - \frac{A}{WMM}\right)^{B+1}\right]。 \tag{6.37}$$

由图 6.14（a）知，当 $A=WMM$ 时，$W_0=WM$，将其代入式（6.36）得：

$$WM = \frac{WMM}{B+1}。 \tag{6.38}$$

与 W_0 值相应的纵坐标值 A 为：

$$A = WMM\left[1 - \left(1 - \frac{W_0}{WM}\right)^{\frac{1}{1+B}}\right]。 \tag{6.39}$$

设扣除雨期蒸发后的降雨量为 PE，则总径流量 R 的计算公式为：

$$R = \int_A^{PE+A} \frac{f}{F} dW' = \int_A^{PE+A}\left[1 - \left(1 - \frac{W'}{WMM}\right)^B\right] dW'。 \tag{6.40}$$

若 $PE+A<WMM$，即局部产流时有：

$$R = PE - WM\left[\left(1 - \frac{A}{WMM}\right)^{1+B} - \left(1 - \frac{PE+A}{WMM}\right)^{1+B}\right]。 \tag{6.41}$$

将式（6.37）代入式（6.41）得：

$$R = PE - (WM - W_0) + WM\left(1 - \frac{PE+A}{WMM}\right)^{1+B}。 \tag{6.42}$$

若 $PE+A \geqslant WMM$，即全流域产流时有：

$$R = PE - (WM - W_0)。 \tag{6.43}$$

式中：W_0 为流域初始土壤蓄水量，mm；WM 为流域平均最大蓄水容量，mm；R 为总径流量，mm；其余符号意义同前。

式（6.42）和式（6.43）表明，在蓄满产流模式下，总径流量 R 是降水量 P、雨期蒸散发量 E 和流域初始土壤蓄水量 W_0 的函数，即 $R=\varphi(PE, W_0)$。当 $PE+A<W$，即局部产流时，径流系数 $\dfrac{dR}{d(PE)}=\varphi(PE, f/F)$；当 $PE+A \geqslant W$，即全流域产流时，$\dfrac{dR}{d(PE)}=1.0$。

由式(6.35)可知，只需事先给定流域平均最大蓄水容量 WM 和流域蓄水容量-面积分配曲线指数 B 便可建立以 W_0 为的降雨径流关系。

4. 水源划分

按蓄满产流模型计算出的总径流量 R 中包括了各种径流成分，由于各种水源的汇流规律和汇流速度不相同，相应采用的计算方法也不同。因此，必须进行水源划分。

(1)二水源的水源划分结构。霍顿(Horton)的产流概念认为：当包气带土壤含水量达到田间持水量后，稳定下渗量成为地下径流量 RG，其余的成为地面径流 RS。二水源的水源划分结构就是根据霍尔顿的产流概念，用稳定下渗率 FC 进行水源划分的，其计算公式为：

当 $PE \geqslant FC$ 时，有：

$$RG = FC\frac{f}{F} = FC\frac{R}{PE},\tag{6.44}$$

$$RS = R - RG;\tag{6.45}$$

当 $PE < FC$ 时，有：

$$RS = 0, \quad RG = R。\tag{6.46}$$

则一次洪水过程总的地下径流量为：

$$RG = \sum_{PE \geqslant FC} FC\frac{R}{PE} + \sum_{PE < FC} R。\tag{6.47}$$

式中：FC 为 Δt 时段内的稳定下渗率，$mm/\Delta t$；其余符号意义同前。

从上可知，只要知道了 FC 就可将总径流量 R 划分为地面径流 RS 和地下径流量 RG。水源划分的关键是确定流域的稳定下渗率 FC。最常用的方法是在流量过程线上找出地面径流的终止点，据此分割出地下径流 RG，然后试算出 FC。

二水源的水源划分结构简单，计算与应用方便。但该方法经验性强，因为用一般分割地下径流的方法所分割出来的地面径流实际上常常包括了大部分壤中流在内。国内外学者研究成果表明，雨止至地面径流终止点之间的历时，实际上比较接近于壤中流的退水历时，远远大于地面径流的退水历时。所以，稳定下渗率 FC 的界面就不是在地面，而是在上土层和下土层之间。存在的主要问题是：①用 FC 划分水源是建立在包气带岩土结构为水平方向空间分布均匀的基础上，这假定往往与实际情况不符。②用 FC 划分水源没有考虑包气带的调蓄作用，在某些流域实际计算结果表明，壤中流的坡面调蓄作用有时比地面径流大得多；FC 直接进入地下水库没有考虑坡面垂向调节作用，即包气带的调蓄作用；由于地表径流和壤中流的汇流规律和汇流速度不同，两者合在一起采用同一种方法进行计算，常常会引起汇流的非线性变化。③对许多流域资料的分析表明，即使是同一流域，各次洪水所分析出的 FC 也不相同，而且有的时候变化还很大，很难进行地区综合和在时空上外延，应用时任意性大，常造成较大误差。

(2)三水源的水源划分结构。三水源的水源划分结构借鉴了山坡水文学的概念，去掉了 FC，用自由水蓄水库结构解决水源划分问题。自由水蓄水库结构如图6.15所示。

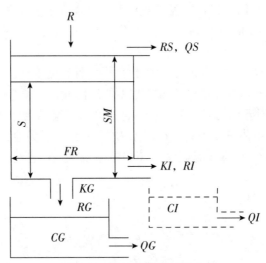

图 6.15 自由水蓄水库结构

自由水蓄水库结构考虑了包气带的垂向调蓄作用。按蓄满产流模型计算出的总径流量 R，先进入自由水蓄水库调蓄，再划分水源。从图 6.15 可见，产流面积上自由水蓄水库设置了两个出口，一个为旁侧出口，形成壤中流 RS；另一个为向下出口，形成地下径流 RG。根据蓄满产流的概念，只有在产流面积 FR 上才可能产生径流，而产流面积是变化的。所以，自由水蓄水库的底宽 FR 也是变化的。在图 6.15 中还设置了一个壤中流水库，该水库用于壤中流受调蓄作用大的流域，也就是将划分出来的壤中流再进行一次调蓄计算。该水库一般是不需要的，故在图中用虚线表示。

由于饱和坡面流的产流面积是不断变化的。所以在产流面积 FR 上自由水蓄水容量分布是不均匀的。三水源的水源划分结构是采用类似于流域蓄水容量-面积分配曲线的流域自由水蓄水容量-面积分配曲线来考虑流域内自由水蓄水容量分布不均匀的问题。所谓流域自由水蓄水容量-面积分配曲线是指部分产流面积随自由水蓄水容量而变化的累计频率曲线，其线型为：

$$\frac{f}{F} = 1 - \left(1 - \frac{S'}{MS}\right)^{EX}。 \tag{6.48}$$

式中：S' 为流域单点自由水蓄水容量，mm；MS 为流域单点最大的自由水蓄水容量，mm；EX 为流域自由水蓄水容量-面积分配曲线的方次。其余符号意义同前。

流域自由水蓄水容量-面积分配曲线与各水源的关系描述见图 6.16。图中，KG 为流域自由水蓄水容量对地下径流的出流系数，KI 为流域自由水蓄水容量对壤中流的出流系数。

由式(6.48)和图 6.16，S_0 计算公式为：

$$S_0 = \int_0^{AU} \left(1 - \frac{f}{F}\right) dS' = \int_0^{AU} \left(1 - \frac{S'}{MS}\right)^{EX} dS'。 \tag{6.49}$$

对式(6.49)积分得：

$$S_0 = \frac{MS}{EX+1}\left[1 - \left(1 - \frac{AU}{MS}\right)^{EX+1}\right]。 \tag{6.50}$$

当 $AU=MS$ 时，$S_0=SM$，将其代入式(6.50)得：

$$SM=\frac{MS}{EX+1}。\tag{6.51}$$

根据式(6.51)可求得流域单点最大的自由水蓄水容量 MS 为：

$$MS=SM(1+EX)。\tag{6.52}$$

与 S_0 值相应的纵坐标值 AU 为：

$$AU=MS\left[1-\left(1-\frac{S_0}{SM}\right)^{\frac{1}{1+EX}}\right];\tag{6.53}$$

产流面积 FR 为：

$$FR=\frac{R}{PE}。\tag{6.54}$$

为了考虑上时段和本时段产流面积不同面引起的 AU 变化，包为民教授提出如下转换公式：

$$AU=MS\left[1-\left(1-\frac{S_0\dfrac{FR_0}{FR}}{SM}\right)^{\frac{1}{1+EX}}\right]。\tag{6.55}$$

当 $PE+AU<MS$ 时，地面径流 RS 为：

$$RS=FR\left[PE+S_0\frac{FR_0}{FR}-SM+SM\left(1-\frac{PE+AU}{MS}\right)^{EX+1}\right];\tag{6.56}$$

当 $PE+AU\geq MS$ 时，地面径流 RS 为：

$$RS=FR\left(PE+S_0\frac{FR_0}{FR}-SM\right)。\tag{6.57}$$

式中：FR_0、FR 分别为上一时段和本时段的产流面积比例。

本时段的自由水蓄量为：

$$S=S_0\frac{FR_0}{FR}+\frac{R-RS}{FR}。\tag{6.58}$$

相应的壤中流和地下径流为：

$$RI=KI\cdot S\cdot FR,\tag{6.59}$$

$$RG=KG\cdot S\cdot FR。\tag{6.60}$$

本时段末即下一时段初的自由水蓄量为：

$$S_0=S(1-KI-KG)。\tag{6.61}$$

在对自由水蓄水库进行水量平衡计算时，通常是将产流量 R 作为时段初的入流量进入自由水蓄水库的，而实际上它是在时段内均匀进入的，这就会造成向前差分的误差。这种误差有时会很大，需要认真对待和解决。解决的方法是：将每个计算时段的入流量 R，按 5 mm 为一段划分为 N 段，即

$$N=INT\left(\frac{R}{5}+1\right)。\tag{6.62}$$

将计算时段 Δt 划分为 N 段，按 $\Delta t'=\Delta t/N$ 作为时段长进行水量平衡计算，这样处理就可

以大大地减小因差分所造成的误差。

由于产流面积 FR 是随着自由水蓄水容量的变化而变化的，当计算时段长改变以后，它也要做相应的改变。改变后计算时段和产流面积分别用 $\Delta t'$ 和 $FR_{\frac{\Delta t'}{N}}$ 表示，则有：

$$FR_{\frac{\Delta t'}{N}} = 1 - (1-FR)^{\frac{\Delta t'}{\Delta t}} = 1 - (1-FR)^{\frac{1}{N}}。 \tag{6.63}$$

由于自由水蓄水库的蓄水量对地下水的出流系数 KG、对壤中流的出流系数 KI、地下水消退系数 CG 和壤中流消退系数 CI 都是以日（24 h）为时段长定义的，当计算时段长改变以后，它们都要做相应的改变。若将一天划分为 D 个计算时段，时段的参数值以 $KG_{\Delta t}$ 和 $KI_{\Delta t}$ 表示，则有：

$$KI_{\Delta t} = \frac{1 - \left[1 - (KI+KG)\right]^{\frac{1}{D}}}{1 + \frac{KG}{KI}}, \tag{6.64}$$

$$KG_{\Delta t} = KI_{\Delta t} \frac{KG}{KI}。 \tag{6.65}$$

计算时段改变后，$KG_{\Delta t}$ 和 $KI_{\Delta t}$ 要满足以下两个关系式：

$$KI_{\Delta t} + KG_{\Delta t} = 1 - \left[1 - (KI+KG)\right]^{\frac{1}{D}}, \tag{6.66}$$

$$\frac{KG_{\Delta t}}{KI_{\Delta t}} = \frac{KG}{KI}。 \tag{6.67}$$

5. 汇流计算

（1）二水源汇流计算。

A. 地面径流汇流。地面径流汇流采用单位线法，计算公式为：

$$QS(t) = RS(t)\phi UH。 \tag{6.68}$$

式中：QS 为地面径流，$\mathrm{m^3/s}$；RS 为地面径流量，单位数；UH 为时段单位线，$\mathrm{m^3/s}$；ϕ 为卷积运算符。

B. 地下径流汇流。地下径流汇流可采用线性水库或滞后演算法模拟。当采用线性水库时。计算公式为：

$$QG(t) = CG \cdot QG(t-1) + (1-CG)RG(t)U。 \tag{6.69}$$

式中：QG 为地下径流，$\mathrm{m^3/s}$；CG 为消退系数；RG 为地下径流量，mm；U 为单位换算系数，$U = \dfrac{\text{流域面积 } F\ (\mathrm{km^2})}{36\Delta t\ (\mathrm{h})}$。

C. 单元面积河网总入流。单元面积河网总入流为地面径流与地下径流出流之和，计算公式为：

$$QT(t) = QS(t) + QG(t)。 \tag{6.70}$$

式中：QT 为单元面积河网总入流，$\mathrm{m^3/s}$。

D. 单元面积河网汇流。单元面积河网汇流可采用线性水库或滞后演算法模拟。当采用滞后演算法时，计算公式为：

$$Q(t) = CR \cdot Q(t-1) + (1-CR) \cdot QT(t-L)。 \tag{6.71}$$

式中：Q 为单元面积出口流量，$\mathrm{m^3/s}$；CR 为河网蓄水消退系数；L 为滞后时间，h。

需要指出的是，单元面积河网汇流计算在很多情况下可以简化。这是由于单元流域的面积一般不大而且其河道较短，对水流运动的调蓄作用通常较小，将这种调蓄作用合并在前面所述的地面和地下径流中一起考虑所带来的误差通常可以忽略。只有在单元流域面积较大或流域坡面汇流极其复杂的情况下，才考虑单元面积内的河网汇流。

E. 单元面积以下河道汇流。从单元面积以下到流域出口是河道汇流阶段。河道汇流计算采用马斯京根分段连续演算法，参数有槽蓄系数 $KE(h)$ 和流量比重因素 XE，各单元河段的参数取相同值。为了保证马斯京根法的两个线性条件，每个单元河段取 $KE \approx \Delta t$。已知 KE、XE 和 Δt，求出 C_0、C_1 和 C_2，即可用下式进行河道演算：

$$Q(t) = C_0 I(t) + C_1 I(t-1) + C_2 Q(t-1)。 \tag{6.72}$$

式中：Q、I 分别为出流和入流，m^3/s。

（2）三水源汇流计算。

A. 地表流汇流。地表流的坡地汇流可以采用单位线，也可以采用线性水库。采用单位线的计算公式见式（6.68），采用线性水库的计算公式为：

$$QS(t) = CS \cdot QS(t-1) + (1-CS) \cdot RS(t) U。 \tag{6.73}$$

式中：QS 为地表径流，m^3/s；CS 为地面径流消退系数；RS 为地表径流量，mm。

B. 壤中流汇流。表层自由水侧向流动，出流后成为表层壤中流进入河网。若土层较厚，表层自由水还可以渗入深层土，经过深层土的调蓄作用才进入河网。壤中流汇流可采用线性水库或滞后演算法模拟。当采用线性水库时，计算公式为：

$$QI(t) = CI \cdot QI(t-1) + (1-CI) \cdot RI(t)。 \tag{6.74}$$

式中：QI 为壤中流，m^3/s；CI 为消退系数；RI 为壤中流径流量，mm。

C. 地下径流汇流。采用线性水库时，与式（6.68）相同。

D. 单元面积河网总入流。其公式为：

$$QT(t) = QS(t) + QI(t) + QG(t)。 \tag{6.75}$$

E. 单元面积河网汇流。采用滞后演算法时，与式（6.70）相同。

F. 单元面积以下河道汇流。与二水源计算方法相同。

6.4.1.3　模型参数率定

原则上，任何模型的任一参数都可通过参数率定方法确定。然而，模型参数的率定是一个十分复杂和困难的问题。流域水文模型除了模型的结构要合理外，模型参数的率定也是一个十分重要的环节。新安江模型的参数大都具有明确的物理意义，它们的参数值原则上可根据其物理意义直接定量计算。但由于缺乏降雨径流形成过程中各要素的实测与试验过程，故在实际应用中只能依据出口断面的实测流量过程，用系统识别的方法推求。由于参数多，信息量少，就会产生参数的相关性、不稳定性和不唯一性问题。下面就新安江模型参数的敏感性问题、参数的相关性问题、参数的人机交互率定和自动率定做一些讨论。

1. 参数的敏感性分析

所谓参数的敏感性是指：将待考察的参数增加或减少一个适当的数量，再进行模型模拟计算，观察它对模拟结果和目标函数变化的影响程度，这叫参数的灵敏度。参数改变后的模拟结果比参数改变前的模拟结果改变越大，则说明该参数越敏感(灵敏)；反之，当参数改变后的模拟结果与参数改变前的模拟结果基本不变，则说明该参数反应迟钝，不敏感。敏感性参数，其数量稍有变化，对输出的影响就很大；反映迟钝的参数，对输出影响不大。有的参数在湿润季节敏感，在干旱季节不敏感；另外的参数则反之。对敏感性的参数应仔细分析，认真优选；对不敏感的参数可粗略一些或根据一般经验固定下来，不参加优选。

新安江模型参数可分蒸散发计算、产流计算、分水源计算和汇流计算四类(或四个层次)，各层次参数见表6.2，表中提及的各参数的取值仅供参考，在应用中应根据特定流域的具体情况来分析确定。

表6.2 新安江模型各层次参数

层次		参数符号	参数意义	敏感程度	取值范围
第一层次	蒸散发计算	KC	流域蒸散发折算系数	敏感	
		UM	上层张力水容量/mm	敏感	$10\sim50$
		LM	下层张力水容量/mm	敏感	$60\sim90$
		C	深层蒸散发折算系数	不敏感	$0.10\sim0.20$
第二层次	产流计算	WM	流域平均张力水容量/mm	不敏感	$120\sim200$
		B	张力水蓄水容量曲线方次	不敏感	$0.1\sim0.4$
		IM	不透水面积占全流域面积的比例	不敏感	
第三层次	分水源计算	SM	表层自由水蓄水容量/mm	敏感	
		EX	表层自由水蓄水容量曲线方次	不敏感	$1.0\sim1.5$
		KG	表层自由水蓄水水库对地下水的日出流系数	敏感	
		KI	表层自由水蓄水水库对壤中流的日出流系数	敏感	
第四层次	汇流计算	CI	壤中流消退系数	敏感	
		CG	地下水消退系数	敏感	
		CS(UH)	河网蓄水消退系数	敏感	
		L	滞时/h	敏感	
		KE	马斯京根法演算参数/h	敏感	$KE=\Delta t$
		XE	马斯京根法演算参数	敏感	$0.0\sim0.5$

2. 参数的相关性分析

模型参数的相关性问题历来是模型研制者关注的重点问题，模型中只要有相关程度较高的参数存在，其解就不稳定，也不唯一。为了解决参数相关性的问题，可按新安江模型的层次结构率定参数，每个层次分别采用不同目标函数的优化方法。

实际应用中发现，新安江模型有些参数之间的不独立性既存在于层次之内，也存在于层次之间。

（1）层次之间参数的相关性分析。

A. 第一、第二层次之间参数。当第二层次中参数 B 有变化时，对总径流量 R 的计算结果会产生一定的影响，因此就会影响总的水量平衡，也就影响了第一层次参数的调试结果。分析表明，这种作用很小，因为它只在局部蓄满产流时起作用，当全流域蓄满时就没有作用了。参数 B 可根据次洪的降雨径流关系求出，因此与第三层次参数无关。对参数 B 的分析结果见表 6.3。

表 6.3　参数 B 的敏感性分析

B	0	0.125	0.25	0.375	0.5
年径流 R/mm	1287.8	1300.1	1308.3	1314.3	1319.1

由表 6.3 可见，随着参数 B 值的增大，计算的年径流有增大的趋势，但影响很小，对水源划分的影响更小。

WM 不影响蒸散发计算，因此与第一层次参数无关；但 WM 与 B 有关，因而对产流产生一些间接的影响。天然流域 IM 很小，影响不大；但都市化地区 IM 较大，对产流有一定的影响。WM 只与 B 有关，与第三层次参数也无关，IM 也与其他参数无关。

B. 第二、第三层次之间参数。由于产流计算采用蓄满产流，在分水源以前，总径流量 R 已经计算好了。所以第三层次参数完全不影响第二层次参数。

C. 第三、第四层次之间参数。在分水源计算结束后，所求得的是河网总入流。汇流计算只处理河网汇流问题，与水源划分无关。所以，第三、第四层次之间参数在性质上是完全独立的。但在优化参数时，都是根据流域出口断面的流量过程线，因此在定量上有一定的相关性。但流量过程线与这两个层次间参数的关系，可以通过流量过程线的分段处理来解决。在高水部分流量基本上是由地面径流和壤中流组成，主要调整参数 SM、EX、$KG+KI$、$UH(CS，L)$；退水段尾部流量基本上是由壤中流和地下径流组成，主要调整参数 KG/KI、CI、CG；低水部分小流量基本上是由地下水组成，主要调整参数 KG/KI、CG。因此，若分段采用不同的目标函数，可以克服某些参数之间相互不独立的问题。

（2）同一层次中参数的相关性分析。

A. 第一层次中参数。在第一层次中，若加大 UM、LM、C 的值，计算的蒸散发量 E 值就会增加。因此，为了控制水量平衡，调试时就会减小 KC 的值。由于 UM 与 LM 都有一定的变化范围，所以这种影响是有限的。对 UM 与 LM 的分析结果见表 6.4。从表中可见，随着 UM 的增大和 LM 的减小，年径流有逐渐减小的趋势，但 UM 与 LM 对年径流影响不大。

表 6.4　UM 与 LM 的敏感性分析

参数	$UM+LM=100\text{ mm}$				$UM+LM=80\text{ mm}$			
UM	5	10	15	20	5	10	15	20
LM	95	90	85	80	75	70	65	60
R/mm	1333.2	1321.8	1414.4	1308.3	1327.7	1315.9	1308.7	1303.3

深层蒸散发扩散系数 C 值只对干旱季节起作用，由于湿润地区很少用到深层蒸发计算，所以一般情况下它是不敏感的；但对半湿润地区，它则是重要的。

B. 第二层次中参数。在第二层次中，如果流域蓄水容量-面积分布曲线保持不变，则 WM 值越大，B 值越小，两者并不是相互独立的，它们共同确定了流域蓄水容量-面积分布曲线。在第一、第二层次间参数分析中已论述，WM 不敏感，它只代表蓄满的标准，并不影响蒸散发计算。WM 有一个约束条件，就是模型计算中 W_0 不能出现负值；若出现负值，WM 要酌情加大。

C. 第三层次中参数。新安江模型中，第三层次参数是敏感和重要的，参数相互之间的关系也相对比较复杂，需要认真分析。SM 与 EX 之间是不独立的，它们共同确定了自由水蓄水容量-面积分布曲线。存在问题和 WM 与 B 之间存在的问题大致相同。但 WM 与 B 之间的关系可以根据降雨径流相关图推求出，而 SM 与 EX 之间的关系则没有类似的途径可以解决，只能采用优化检验的方法分析。方法是先根据经验调试好全部参数，然后将其他参数固定不变，只调试 SM 与 EX，确定最优解的范围。据分析研究，EX 值大体上反映了流域自由水分布的不均匀程度。其值的最优范围在 $1.0 \sim 15$，变幅不大，因此可以将 EX 定为 1.5，不参加优选。

SM 与 $KG+KI$ 间存在相关关系。若 $KG+KI$ 和 EX 固定，SM 就决定了地面径流的多少，KG/KI 就决定了壤中流和地下径流的比例。当 SM 增大时，RS 减小；若同时减小 $KG+KI$，则 RS 可以保持不变；若 KG/KI 也不变，则 RI 与 RG 也保持不变。这 3 个参数之间是不相互独立的，这种不独立性是由线性水库结构所造成的，采用结构性约束 $KG+KI = 0.7$ 来解决。这等于把参数减为两个，SM 与 KG 的独立性增强了，可优化得出唯一解，只有这种解才存在各流域之间的可比性，找出区域性规律。分析方法是先根据经验调试好全部参数，然后将其他参数固定不变，只调试 SM 与 KG/KI，确定最优解的范围。

由上述分析可见。分水源层次参数的独立性问题特别复杂，必须加结构性约束才能解决；如不加约束，则各种模型的分水源参数的最优解可能有多种组合。

D. 第四层次中参数。在汇流层次中，CI 的作用是弥补 $KG+KI = 0.7$ 的不足，它取决于退水段退水流量的快慢，与其他因素无关，因此相对比较独立，但它对整个过程的影响远不及 SM 与 KG/KI 明显。CG 取决于地下径流的退水快慢，也相对比较独立，用枯季径流的资料很容易确定。UH（或 L、CS）取决于流量过程线的中高水部分，因此与第三层次参数之间是比较独立的。L 与 CS 的功能不同，前者处理平移，后者处理坦化，相互间是很独立的。UH（或 L、CS）与 KE、XE 之间具有相关性。解决的方法是：若单元面积汇流快一些，则河网汇流就可以慢一些，反之亦然，使它们相互间有一定的补偿作用。

3. 人机交互率定

模型参数率定，就是根据特定的目标准则（或目标函数），调整一套参数值，使模型用这一套参数值计算出的结果在给定准则下最优。由图 6.16 可见，模型参数率定包括 4 个基本步骤：①估计参数初值；②模型计算；③根据确定的目标准则判断优或否；④寻找新的参数值或参数寻找结束。

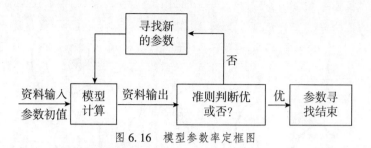

图 6.16　模型参数率定框图

模型参数率定的准则选择以下形式：

$$\min_{\omega \in \mathbf{R}^n} \left\{ F(\omega) = \sum |Y_{ci} - Y_{oi}|^j \right\}。 \tag{6.76}$$

式中：j 为正整数，一般取 1 或 2；n 为参加优选的参数个数；ω 为 n 维参数向量；R^n 为 n 维的实数空间域；Y_{ci} 为 n 模型计算值；Y_{oi} 为实测值。

参数率定就是选择一个参数向量 ω_P，使得 $F(\omega_P)$ 达到最小，即

$$|F(\omega_P) \leqslant F(\omega)|_{\omega \in \mathbf{R}^n}。 \tag{6.77}$$

不论模型的结构如何复杂，人机交互率定参数是一种现实可行的常用方法。人机交互率定参数的基本原则是：假定一组参数，在计算机上运算，比较计算值与实测值，分析对比，调整参数，使计算结果达到最优。

4. 自动率定

模型参数自动率定的重要性是众所周知的。一个模型要应用，首要的问题是必须确定模型的参数值。在模型结构确定的条件下，模型应用成败的关键在于参数值的估计。参数值不正确，即使是合理的模型也难于获得满意的结果。模型参数最优化估计的主要目的在于参数的自动估计，使模型能方便地被人们使用，节约时间，降低模型使用成本和有利于模型的进一步研究和发展。

模型参数自动率定，就是在模型参数率定过程中，不需要人们的判断、估计。也就是说，当人们要率定某一个模型的参数时，只要给出模型参数的初始值，就能通过自动率定获得模型参数的最优值。具体地说，人们可以预先编制好一个参数自动寻优的计算机程序，使用者只要将程序、资料和参数初值输入计算机，就可获得最优的模型参数值。

6.4.2　模型应用实例

新安江模型在全国已有大量的推广应用，而且应用效果在湿润地区基本都能达到水利部部颁标准甲等方案，在半湿润半干旱地区，大部分能达到水利部部颁标准乙等方案。这里举一应用例子，分析其模型特点与效果。

6.4.2.1　流域概况

东溪水库流域地处崇阳溪上游——武夷山市吴屯乡冲溪自然村下游，距城关 7 km。水库流域集雨面积为 554 km²，主河道长 44.5 km，总库容为 1.018 亿 m³。下游有支流西溪汇入，城关以上坝下区间面积为 526 km²。流域水系分布如图 6.17 所示。

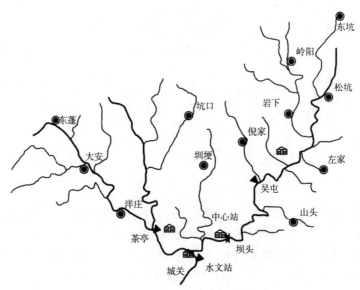

图 6.17 东溪流域水系分布

水库流域的年径流主要靠降水补给，多年平均降水量为 1980 mm，多年平均径流深为 1450 mm，多年平均蒸发量为 530 mm，年平均径流系数为 0.73，属典型的湿润地区。流域位于武夷山暴雨中心，上游在东蓬、洋庄、坑口的分界线处，降雨强度大，为华东地区的暴雨中心，历史上曾有 15 min 百余毫米的降雨记录，洪水来得快、峰高量大、洪水频繁，常给武夷山市带来灾害。

6.4.2.2 模型参数率定

模型采用结构、参数及其率定的参数值如下：

(1)蒸发。蒸发计算采用三层蒸发模式，以雨量站控制面积为单元，分单元计算蒸发，主要参数有蒸发折算系数 K。通过对 12 年日资料的分析率定得 $K = 0.9$。

(2)产流。产流计算采用蓄满产流，以雨量站控制面积为单元，分单元计算产流，主要参数有流域平均蓄水容量 WM、上层平均蓄水容量 WUM、下层平均蓄水容量 WLM、流域蓄水容量分布曲线指数 B 和流域蒸发扩散系数 C。通过对 12 年日资料的分析率定得：

$$WM = 150 \text{ mm}, \quad WUM = 20 \text{ mm}, \quad WLM = 80 \text{ mm}, \quad B = 0.43, \quad C = 0.16。$$

(3)分水源。分水源计算采用自由水箱结构，以雨量站控制面积为单元，分单元划分径流，主要参数有流域平均自由水容量 SM、自由水分布曲线指数 EX、壤中流和地下水出流系数 KI 和 KG。通过对日资料和洪水水文资料分析率定得：

$$SM = 14 \text{ mm}, \quad EX = 1.5, \quad KI = 0.35, \quad KG = 0.4。$$

(4)坡面汇流。坡面水流有地面、壤中和地下三种径流成分，全部采用线性水库，以雨量站控制面积为单元，分单元分水源单独进行汇流，主要参数有地表径流退水系数 CS、壤中流退水系数 CI 和地下径流退水系数 CG。通过对历史洪水资料的分析率定得：

$$CS = 0.6, \quad CI = 0.88, \quad CG = 0.995。$$

(5)河道汇流。河道汇流采用分段马斯京根法，其参数有河段水流平均传播时间 *KE* 和流量坦化系数 *XE*。通过对历史洪水资料的分析率定得：

$$KE = 1, \quad XE = 018。$$

6.4.2.3 结果分析

计算结果如表 6.5 和表 6.6 所示。表中列出了次洪降雨量、实测径流深、计算径流深、实测洪峰、计算洪峰和确定性系数与合格性判别。合格性判别以次洪径流深和洪峰流量为标准，两者均以实测与计算之差相对其实测值小于 20% 为满足误差精度。如果实测次洪径流深大于 100 mm，以 20 mm 误差为上限；如果实测次洪径流深小于 15 mm，以 3 mm 误差为下限。一次洪水只有当洪峰和洪量都满足误差要求的情况下才为合格，否则为不合格。表 6.5 中的洪水为用于参数率定的洪水，表 6.6 中的洪水为用于模型验证的洪水。图 6.18 是 1998 年 6 月 12 日发生的该流域近年发生的最大洪水，图中比较了洪水实测和计算流量的全过程，能形象地反映模型检验的效果。

表 6.5 东溪水库流域洪水模拟（率定）结果比较

洪号	降雨量/mm	实测径流深/mm	计算径流深/mm	实测洪峰/m³·s⁻¹	计算洪峰/m³·s⁻¹	确定性系数	合格否
950813	102.1	47.4	55.5	317	356	0.848	合格
950626	329.2	279.3	265.1	1158	1354	0.834	合格
950619	76.5	61.1	57.3	441	425	0.907	合格
950602	80.6	60.6	54.2	464	467	0.85	合格
950527	74	39.1	41.9	469	524	0.865	合格
950429	84.5	55.5	44.7	349	363	0.815	合格
940613	250	206.9	209.1	893	814	0.949	合格
930728	54.5	21.8	23.9	296	321	0.769	合格
930630	148.1	88.8	94.8	436	474	0.791	合格
930613	455.6	321.5	311	898	716	0.904	不合格
930604	53.7	30.2	25.3	328	380	0.64	合格
930531	72.4	33.5	32.5	244	288	0.736	合格
930505	115	71.6	59.4	353	382	0.651	合格
920703	274.7	214.3	231	2263	2104	0.851	合格
920622	146.6	95.9	89.6	342	319	0.474	合格
920614	144	66.1	66.4	379	353	0.893	合格
920516	120.1	75.1	63.8	972	866	0.944	合格
900611	108.5	84.1	78.2	466	379	0.805	合格

（续表）

洪号	降雨量/mm	实测径流深/mm	计算径流深/mm	实测洪峰/m³·s⁻¹	计算洪峰/m³·s⁻¹	确定性系数	合格否
890721	104.4	49	54.1	758	602	0.843	不合格
890628	202.8	112	113	372	371	0.363	合格
890526	93.5	65.4	69.1	413	332	0.689	合格
890522	88	62.8	60.9	755	608	0.906	合格
880904	81.4	33.9	38.2	347	312	0.787	合格
880618	234.5	132.7	142	559	463	0.526	合格
880520	171.1	110.8	111.3	783	725	0.92	合格

表 6.6 东溪水库流域洪水检验结果比较

洪号	降雨量/mm	实测径流深/mm	计算径流深/mm	实测洪峰/m³·s⁻¹	计算洪峰/m³·s⁻¹	确定性系数	合格否
990830	100.5	89.5	85.7	395	415	0.819	合格
990615	133.3	110	108.9	713	632	0.277	合格
990516	142.1	73.4	73.1	375	336	0.907	合格
990416	79.1	51.3	47.7	409	334	0.892	合格
980904	76.5	22.4	26.4	127	122	0.3	合格
980723	74.5	43.2	48.4	266	281	0.882	合格
980718	74.1	23	26.4	375	337	0.773	合格
980612	882.2	747.7	735	1439	1512	0.925	合格
980513	109.6	65.9	63.5	457	306	0.855	不合格
980306	101	71.4	64.2	292	266	0.792	合格
980113	70	57.3	53.7	440	428	0.898	合格
970826	119.3	53.6	53.6	230	251	0.748	合格
970818	36.5	30.5	30.5	139	148	0.479	合格
970707	312.7	211.1	211.1	882	787	0.949	合格
970622	117	83.8	83.8	832	799	0.892	合格
970607	97.1	68.5	68.5	493	523	−2.037	合格
970513	37.5	44.8	44.8	223	207	0.137	合格
960524	58.5	30.8	30.8	494	413	0.915	合格
960418	47.4	17.3	17.3	224	203	−1.864	合格
960316	143.1	61.9	61.9	298	309	0.407	合格

　　从图表结果看，模型的结构是合理的，效果是好的。率定期洪水有 8 年 25 场，合格的有 23 场，合格率为 92%；检验期洪水有 4 年 20 场，合格的有 19 场，合格率为 95%。从这些结果看，总体的洪水合格率比较高，特别是所有洪水的总量误差都满足精度要求；三场不合格的都是计算洪峰流量偏小，经分析，这与水库的入库实测流量误差放大现象有关。

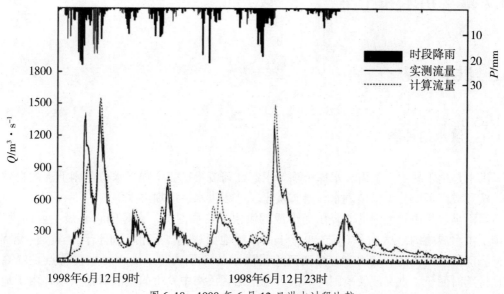

图 6.18　1998 年 6 月 12 日洪水过程比较

1. 何谓超渗产流，何谓蓄满产流，它们的主要区别在哪里？
2. 简述时段单位线的基本定义及假定。

● 本章参考文献

包为民. 水文预报[M]. 5 版. 北京：中国水利水电出版社，2017.

门宝辉，王俊奇. 工程水文与水利计算[M]. 北京：中国电力出版社，2017.

沈冰，黄红虎. 水文学原理[M]. 2 版. 北京：中国水利水电出版社，2015.

徐宗学，等. 水文模型[M]. 北京：科学出版社，2009.

第7章 洪水和干旱

7.1 洪水过程

7.1.1 洪水的种类

洪水是由于暴雨、融雪、水库垮坝等引起江河流量迅速增加、水位急剧上涨的自然现象，按照成因可以分为暴雨洪水、融雪洪水、冰凌洪水、溃坝洪水等。

暴雨洪水是由较大强度的降雨而形成的洪水，简称雨洪。在我国它是最主要的洪水。我国受洪水威胁的地区面积达 73.8 万 km^2，耕地面积达 5 亿亩，如长江、黄河、淮河、海河、珠江、松花江、辽河等七大江河均受洪水的严重威胁。洪水的主要特点是峰高量大，持续时间长，洪灾波及范围广。山洪是指山区溪沟中发生的暴涨暴落洪水。由于地面新河床坡降较陡，降雨后产流、汇流都较快，形成急剧涨落的洪峰。所以山洪具有突发性，以及水量集中、流速大、冲刷破坏力强、水流中挟带泥沙甚至石块等特点，常造成局部性洪灾。

融雪洪水是由积雪融化形成的洪水，简称雪洪。融雪洪水在春、夏两季常发生在中高纬度地区和高山地区，是漫长的冬季积雪或冰川在春夏季节随着气温升高融化而形成的。若前一年冬季降雪较多，而春夏季节升温迅速，大面积积雪的融化便会形成较大洪水。融雪洪水一般发生在 4—5 月。在我国，融雪洪水主要分布于东北和西北的高纬度地区。

冰凌洪水是河流中因冰凌阻塞和河道内蓄冰、蓄水量的突然释放而引起的显著涨水现象，又称凌汛，主要发生在初春，当气候转暖时，北方河流封冻的冰块开始融化。由于某些河段由低纬度流向高纬度，在气温上升、河流开冻时，低纬度的上游河段先行开冻，而高纬度的下游河段仍封冻，上游河水和冰块堆积在下游河床，形成河坝，由于大量冰凌阻塞形成的冰塞或冰坝拦截上游来水，导致上游水位壅高，在冰塞溶解或冰坝崩溃时槽蓄水量迅速下泄形成了冰凌洪水。在河流封冻时也有可能产生冰凌洪水。

溃坝洪水是由堤坝或其他挡水建筑物瞬时溃决，发生水体突泄所形成的洪水。破坏力远远大于一般暴雨洪水或融雪洪水。溃坝属于非正常、难于预料的突然事件。坝体或挡水建筑物或挡水物体溃决后，突然失去阻拦的水体以立波形式向前推进，其运动速度和破坏力远比一般洪水为大，造成的灾害往往是毁灭性的。

洪水是自然环境系统变化的产物，其发生和发展受自然环境系统的作用和制约，影响洪水特性的主要自然因素有流域气候条件，地形、地质、地貌等。洪水虽然是一种自然现象，但洪水能否成为灾害与人类社会经济活动有密切关系，只有当洪水威胁到人类安全和影响社会经济活动并造成损失时才成为洪水灾害。洪水灾害是自然因素和社会因素综合作用的结果。

7.1.2 影响洪水的自然因素

7.1.2.1 季风

影响洪水形成及洪水特性的气候要素中，最重要、最直接的是降水。对于冰凌洪水、融雪洪水、冰川洪水及冻土区洪水来说，气温也是重要要素。其他气候要素，如蒸发、风等也有一定影响。降水、气温情况都深受季风的进退活动的影响。

我国的地理位置处于中纬度和大陆东岸，受到青藏高原的影响，季风气候异常发达。季风气候的特征主要表现为冬夏盛行风向有显著变化，随着季风的进退，雨带出现和雨量大小有明显季节变化。中国东部地区的天气气候深受东亚夏季风的影响。充沛的季风降水给这些地区带来了丰富的水资源，但相伴夏季风发生的极端天气气候事件，如暴雨与洪水也给这些地区带来严重的灾害。东亚夏季风最显著的一个特征是具有持续稳定的西南或东南气流，它把热带海洋上的丰沛水汽持续不断地输送到东亚地区，为大范围的降水提供主要水汽来源。但东亚夏季风的水汽输送在时空上是不均匀的，具有不同时间尺度和空间尺度的变率，从而造成中国东部降水的不同时空差异。

我国夏季风主要有东南季风和西南季风两类。大致以东经105°—110°为界，其东主要受东南季风影响，一般每年4—5月华南夏季风盛行，6月中下旬北移至长江流域，7月中下旬又北移至华北和东北地区。8月底、9月初夏季风开始南撤，约一个月后退出我国大陆。与之相应，华南地区4月开始进入雨季，长江流域和华北地区分别在6月上旬和7月上旬开始多雨。东经105°—110°以西主要受西南季风影响，5月下旬西南季风突然爆发北进，西藏东部、四川西部和云南等地降水迅速增加，一直到10月份西南季风撤退，雨季才结束。雨季连续最大4个月雨量一般是当地全年降水总量的60%～80%。南岭以南地区也会受到西南季风的影响。

7.1.2.2 降水

降水是影响洪水的重要气候要素，尤其是暴雨和连续性降水。瞬间雨量或累积雨量超过河道的排放能力即可能产生洪水。一般来说，如果一地有持续的大雨，发生洪灾的可能性便会增加。受季风影响的国家气候变化很大。夏季时，潮湿的季风会为当地带来大量雨水。当大雨持续，而河道又未能容纳所有水时，洪水便会溢出河道，造成水灾。此外，暴风亦会造成沿海地区泛滥。暴风把海水推向沿海地区，造成风暴大浪，沿海地区会因此而被水淹没。我国是一个暴雨洪水问题严重的国家，暴雨对于灾害性洪水的形成具有特殊重要的作用。第4章详细介绍了我国降水和暴雨的分布特点和形成原因。

7.1.2.3 气温

气温对洪水最明显的影响主要表现在融雪洪水、冰凌洪水和冰川洪水的形成、分布和特性方面。另外，气温对蒸发影响很大，间接影响着暴雨洪水的产流量。我国地域辽阔，所跨纬度大，境内多高山，致使南北温差很大，地形对气温分布影响显著。我国气温分布总的特点是：在东半部，自南向北气温逐渐降低；在西半部，地形影响超过了纬度影响，地势愈高气温愈低。气温的季节变化则深受季风进退活动的影响。

一般来说，1月我国各地气温下降到最低值，可以代表我国冬季气温。1月平均0℃等温线大致东起淮河下游，经秦岭沿四川盆地西缘向南至金沙江，折向西至西藏东南隅。此线以北以西气温基本在0℃以下，愈向北温度愈低。大兴安岭北部多年平均1月气温为-30℃，是全国最寒冷的地方；黑龙江省漠河气温曾降至-52.3℃（1969年2月13日），为我国最低气温记录。有的年份，冬季强寒潮南下，除南海诸岛外，各地均可出现低温，华南可能结冰，甚至海南岛也曾出现过负气温。西部地区多高山和大高原，气候寒冷，高山积雪线4000～5000 m以上有现代冰川，青藏高原分布有多年冻土。1月以后气温开始逐渐回升，4月平均气温除大兴安岭、阿尔泰山、天山和青藏高原部分地区外，由南到北都已先后上升到0℃以上，融冰、融雪相继发生。

7.1.2.4 地貌

我国地貌十分复杂，地势多起伏，高原和山地面积比重很大，平原辽阔，对我国的气候特点、河流发育和江河洪水形成过程有着深刻的影响。可用的滞洪区的容积减少，则会增加洪水发生的风险。例如，湖泊面积减少是洪灾发生的原因之一。湖泊可以说是一个缓冲区，若河水满溢，湖泊可以储存过多的河水，以及调节流量。因此，若湖泊的面积减少，它们调节河流的功能也会随之下降。河道淤积，疏于疏浚，亦会降低河道的行洪蓄洪能力。有些河流会运载大量沉积物。河流中的砂石到达下游时便会沉积，令河床变浅，河道淤积，河道容量因而减少。当遇上大雨时，洪水便会溢出河道，造成洪灾。

7.1.3 影响洪水的社会经济因素

洪水灾害的形成，自然条件是一个很重要的因素，但形成严重灾害则与社会经济条件密切相关。由于人口的急剧增长，水土资源过度的不合理开发，人类经济活动与洪水争夺空间的矛盾进一步突出，而管理工作相对薄弱，引起了许多新的问题，加剧了洪水灾害。

7.1.3.1 水土流失加剧，江河湖库淤积严重

森林植被既可以减少蒸发、减少地表径流、增加降水，又可以截留降水、涵养水源、保持水土、改变局部地区的水分循环，从而调节气候。它既能防治洪水，又能防治干旱。森林被盲目砍伐，一方面导致暴雨之后不能蓄水于山上，使洪水峰高量大，增加了水灾的

频率；另一方面增加了水土流失，使水库淤积，库容减少，也使下游河道淤积抬升，降低了调洪和排洪的能力。

据统计，1957 年我国长江流域森林覆盖率为 22%，水土流失面积为 36.38 万 km²，占流域面积的 20.2%；到 1986 年森林覆盖率减少了一半多，水土流失面积增加 1 倍，仅四川省的水土流失面积就超过了 20 世纪 50 年代长江流域水土流失面积的总和。黄河流域森林覆盖率更低，水土流失面积达 43 万 km²，大量泥沙源源不断地输往下游，平均每年有 4 亿 t 泥沙淤积在河道内。海河、淮河、黑龙江等流域植被破坏造成的水土流失也非常严重，河水含沙量不断增加，生态环境日益恶化。水土流失造成大量下泄泥沙淤塞江河湖泊，加高河床，缩小湖泊容积。

7.1.3.2　围垦江湖滩地，湖泊天然蓄洪作用衰减

我国东部人口密集，人多地少矛盾突出，河湖滩地的围垦在所难免。虽然江湖滩地的围垦增加了耕地面积，在围垦后不太长的时期内即可成为国家商品粮、棉和副食品基地，但是任意扩大围垦使湖泊面积和数量急剧减少，降低了湖泊的天然调蓄作用。

新中国成立后，湖滩地的围垦速度和规模超过过去任何历史时期。据粗略统计，近 40 年来，湖南、湖北、江西、安徽、江苏 5 省围垦湖泊的面积在 12000 km² 以上，相当于今洞庭湖面积的 4 倍多；因围垦而消亡的大小湖泊达 1100 个左右，其中对调蓄长江洪水起关键作用的通江湖泊围垦和淤积尤为严重。湖南省的洞庭湖，20 世纪 50 年代初期面积为 4350 km²，因大量围垦，先后建起垦区面积在 100 km² 的大垸有大通湖蓄洪垦殖区、西洞庭湖蓄洪垦殖区等 7 处，总计围垦区面积在 1500 km² 以上，至 1977 年湖面仅剩 2740 km²。

7.1.3.3　人为设障阻碍河道行洪

河道是宣泄洪水的空间，河道内是不允许有阻碍行洪的障碍物存在的。《中华人民共和国水法》第二十四条明确规定：“在江河、湖泊、水库、渠道内不得弃置、堆放阻碍行洪、航运的物体，不得种植阻碍行洪的林木和高秆作物。未经主管部门批准，不得在河床、河滩内修建建筑物。”但是，随着人口增长和城乡经济发展，沿河城市、集镇、工矿企业不断增加和扩大，滥占行洪滩地，在行洪河道中修建码头、桥梁等各种阻水建筑物，一些工矿企业任意在河道内排灰排渣，严重阻碍河道正常排洪。武汉市江滩 20 世纪 70 年代以来被抢占了 184 万 m²，大量阻水建筑物抬高了长江水位，1980 年洪水最大流量比 1969 年小 2900 m³/s，而最高洪水位却比 1969 年高出 0.57 m，严重威胁武汉市安全。荆江分洪区在 1952 年新建时，区内只有 17 万人口，一次分洪只需安置移民 6 万人。现在区内共有 47 万人，固定资产 17 亿元，事实上很难再行使分洪功能。目前，与河争地、人为设障等现象仍在继续。据初步统计，目前主要江河滩地、行洪区居民约 400 万人，耕地约 93 万 hm²，不仅影响常遇洪水的正常下泄，滩区内数百万人的生命财产安全也存在很大风险。

7.1.3.4　城市集镇发展带来的问题

近代以来城市集镇发展迅速，城市范围不断扩展，不透水地面持续增加。降雨后，地

表径流汇流速度加快，径流系数增大，峰现时间提前，洪峰流量成倍增长。与此同时，城市的热岛效应使城区的暴雨频率与强度提高，加大了洪水成灾的可能。此外，城市集镇的发展使洪水环境发生了变化，城镇周边原有的湖泊、洼地、池塘、河沟不断被填平，对洪水的调蓄功能随之消失。城市集镇的发展，不断侵占泄洪河道、滩地，给河道设置层层卡口，行洪能力大为减弱，加剧了城市洪水灾害。城市人口密集，经济发达，洪水灾害造成的损失十分显著。

7.2 干旱过程

7.2.1 干旱的概念及干旱指标

7.2.1.1 干旱的概念

干旱是指由于水分的收与支或者供与求不平衡形成的水分短缺现象。在自然界，一般有两种类型的干旱。一类是由气候特性、海陆分布、地形等相对稳定的因素在某一相对固定的地区形成的常年水分短缺现象，称为气候干旱。气候干旱出现的区域为干旱区。在干旱区内，可以按水分短缺状况或降水量的多少划分为绝对干旱、半干旱、半湿润等类型。另一类干旱是由诸如气候变化等因子形成的随机性异常水分短缺现象，称为短期干旱。这类干旱可以发生在任何区域的任何季节，在多数情况下所说的干旱是指这类干旱。

应该指出的是，干旱不等于旱灾，只有对人类造成损失和危害的干旱方称为旱灾。但一般来说，达到某一程度的干旱都可能对人类造成损失和危害，因此，有时对干旱和旱灾不做严格区分。

7.2.1.2 影响干旱的主要因素

（1）降水量。降水是土壤-植物-大气系统中水分平衡和水分循环的主要收入项，降水量偏少的程度不仅是干旱气候分级的主要因子，也是划分各类干旱严重程度的主要因子。地表水、地下水和土壤水可以互相转化，但它们同出于降水，因而降水量偏少的程度影响着水资源短缺的程度。由于干旱程度是逐渐积累的过程，前期降水状况对于干旱的严重程度也有重要影响。

（2）土壤状况。不管是大气降水、地表水或地下水，都必须通过土壤才能被作物吸收利用。土壤既是作物生长的载体，又是水分和养分的储存库，使大气间断性的不均匀降水以及灌溉供水变为对作物连续的均匀给水。土壤干旱是形成农业减产的直接原因，而土壤干旱的程度与土壤种类、性质、结构、厚度，以及耕作措施、施肥等都有关系。例如，由于不同性质、厚度和坡度的土壤保水性能有差别，雨水的流失量不同，造成干旱程度的较大差异。

（3）大气参数。土壤和作物的主要支出项为蒸散发，其强弱受空气温度、湿度、对流等大气参数影响。一般情况下，空气干燥、气温高、风速大，则蒸散发量大、土壤和作物水分支出多，干旱的程度重。

（4）作物品种和生育期。作物或植被是主要的受旱对象，不同的品种或生育期对水分的需求量不同，因而受旱程度有较大差异。在干旱发生时，抗旱能力强的作物受旱较轻，耐旱能力弱的作物受旱严重；同一品种的作物在不同生育期，抗旱能力和受害程度也大不相同。

（5）人类活动。干旱强度不仅与自然环境因子有关，与人类活动也有密切关系。人类活动可以减轻或避免干旱，也可能会加重甚至造成干旱。如围垦水面降低了河湖调蓄能力，扩大灌溉面积大大增加蒸散发量，过度放牧引起土地荒漠化，不顾地区水源状况的盲目发展等，这些行为往往造成水资源严重短缺和旱灾加剧。

7.2.1.3 干旱指标

既然干旱是由水分收支不平衡形成的水分短缺现象，因此可由水分循环的各个环节或水分平衡方程分析推导或定义各种类型的干旱，包括由自然因素形成的干旱，如气象干旱、水文干旱和农业干旱，以及社会经济干旱。

干旱指标是反映干旱成因和程度的量度。原则上说，好的指标应该具备明确的物理意义，可以反映干旱的成因、程度、开始、结束和持续时间，且资料收集方便、参数计算简便。一个完整的干旱指标应包含三个要素：持续期（包括起始和终止日期）、平均强度（即平均水分短缺量）和严重程度（即水分累积短缺量）。

在气象干旱、水文干旱、农业干旱和社会经济干旱这四类干旱中，气象干旱是最普遍和基本的，其他类型的干旱多起源于气象干旱，尤其是降水的异常短缺形成水文、土壤、植物、人类等对水分需求的短缺的情况。例如，气象干旱与水文干旱及农业干旱之间的关系密切，在时间上存在相位差，气象干旱的直接影响和造成的灾害常常通过农业干旱和水文干旱反映出来。气象干旱并不等同于农业干旱或水文干旱，干旱的研究决不能仅仅停留在气象干旱上。正确的途径应该是以气象干旱为基础，进而深入农业干旱和水文干旱。农业干旱由于涉及土壤、作物、大气等，所以比较复杂。此外，还要落实到社会经济干旱，以进一步寻求减灾对策。

7.2.2 气象干旱

气象干旱是指由降水与蒸散发收支不平衡造成的异常水分短缺现象。其原因是由收入项降水的短缺或支出项蒸散发的增大所形成。由于降水是主要的收入项，且降水资料最易获得，因此，气象干旱通常主要以水的短缺程度作为指标的标准。

7.2.2.1 气象干旱的指标

导致气象干旱的因素包括降水量低于某个数值的日数、连续无雨日数、降水量距平的异常偏少以及各种大气参数的组合等。

（1）降水量低于某个数值或连续无雨的日数。这是早期人们使用得最多的指标。某个时段或某一年的降水量如果少于某个界限值，则可能发生干旱。在没有灌溉的情况下，某一时段无雨，日数越多，缺水越严重，越容易干旱。这类判据很直观，但这些数值大多具有明显的地区性，一般只适用于指定的国家、地区，甚至某些季节或某些行业。在使用时必须了解选择每种临界判据的理由，检验定义的可靠性。例如，北京市平原区小麦关键期4月中旬至6月中旬内，降水量小于40 mm则发生干旱；夏玉米关键期的7月下旬至8月中旬，降水量小于100 mm时发生干旱。又如广东省在对春、秋旱的分析中，以两场透雨之间相隔的日数定为旱期，由旱期长短确定干旱的严重程度。

（2）降水量距平百分比或降水距平的异常偏少。鉴于不同地区的年、月降水量差异很大，如果使用降水量作为干旱指标，缺乏可比性。降水量距平或距平百分比是指月或年降水量低于多年平均值的百分比（某个时期）。这一干旱指标的优点是简单、直观，一般能反映气候变化和异常，对不同地区具有一定的可比性。美国的亨利1906年最早使用了这类概念，他的定义是21天或更长时期的降水量等于或少于该地区同期正常值的30%时为干旱，不足正常值的10%时为极端干旱。这一概念在我国得到广泛应用。例如中央气象台规定，连续3个月以上降水量比多年平均值偏少25%～50%为一般干旱，偏少50%～80%为严重干旱；或连续2个月降水距平偏少50%～80%为一般干旱，偏少80%以上为严重干旱。

（3）降水十分位数及百分位数的应用。Gibbs等1975年提出用降水的十分位数概念研究澳大利亚的干旱。他们将逐年降水量从最低到最高进行排列，并从累积频率中确定十分位数的范围，如第1个十分位数代表最低的10%的降水值，第2个十分位数代表10%～20%之间的降水值，依此类推，第10个十分位数代表降水量中最高的10%。该系统已经成为澳大利亚干旱监测系统的基础。严重的干旱相当于干旱期在3个月或以上时期，降水量不超过第5个十分位数；极端干旱则出现在3个月或以上时期的降水量不超过第1个十分位数。

降水量百分位数也有类似的意义，计算方法如下：

$$P = \frac{m}{n+1} \times 100\% 。 \tag{7.1}$$

式中：P 为百分位数；n 为资料年限；m 为年降水量从小到大排列的序号。用降水量百分位数划分干旱的一般标准是：$P < 15\%$ 为重旱，$15\% < P < 25\%$ 为轻旱。

7.2.2.2 大范围气象干旱的原因

大范围的气象干旱非几日少雨所致，而是长期持续明显少雨的结果。研究表明，大范围持久性的干旱是大气环流和主要天气系统持续异常的直接反映。就中国而论，高纬度的极涡、中纬度的阻塞高压和西风带、西太平洋的副热带高压、南亚高压，以及季风系统的成员都是影响和制约中国大范围干旱的大气环流系统，它们的强度和位置的异常变化对各地区的干旱有不同程度的作用。此外，季风的强弱、来临和撤退的迟早，以及季风期内季风中断时间的长短，与干旱也有关系。

此外，鉴于气候变化的非绝热性，大气环流异常不仅是由于大气环流内部动力过程形成，外部的强迫，特别是下垫面的热状况，如海洋热异常、陆面积雪、土壤温度与湿度异常等都是引起大气环流异常的基本原因。据调查，当厄尔尼诺现象到来时，经常出现大范围的干旱。如印度过去 100 年间约 26 次干旱中，有 20 次发生在厄尔尼诺年。研究表明，中国的干旱与厄尔尼诺现象也有一定的关系，一般在厄尔尼诺年内蒙古及华北地区偏旱。对于更长尺度干旱的原因，还可以从太阳活动以及各种地球物理因子等的异常中分析得出。

7.2.3 水文干旱

水文干旱是指由降水与地表水、地下水收支不平衡造成的异常水分短缺现象。由于地表径流是大气降水与下垫面调蓄的综合产物，它在一定程度上能反映降水与地面条件的综合特性。因此，水文干旱主要指的是由地表径流和地下水位造成的异常水分短缺现象。水文干旱年(或月)即地表径流、地下水位比多年平均值小的年份(或月)。可以用年(或月)径流量、河流平均日流量、水位等小于一定数值作为干旱指标，或者，求取某年或某月某区域水资源总量或其分量与多年平均值的偏差，如负距平或负偏差达到了某一量级或持续一定时期，则可定为某一时期某一区域为极端干旱、严重干旱、一般干旱等水文干旱等级。

一定区域内的水资源总量(W)是指当地降水形成的地表和地下的产水量，即

$$W = P - E_S = R_S + V_P。 \tag{7.2}$$

式中：P 为降水量；E_S 为地表蒸散发量；R_S 为地表径流量；V_P 为区域内地下水的降水入渗补给量。

在水资源的分类中，把地表径流量作为地表水资源量，把地下水补给量作为地下水资源量。由于地表水和地下水互相联系而又互相转化，地表径流量中包括一部分地下水排泄量，地下水补给量中有一部分来源于地表水的入渗，故不能将地表水资源量和地下水资源量直接相加作为水资源总量，而应该扣除两者互相转化的重复水量，即

$$W = R + Q - D。 \tag{7.3}$$

式中：W 为一定区域内水资源总量；R 为地表水资源量；Q 为地下水资源量；D 为地表水和地下水互相转化的重复水量。

分区重复量 D 的计算方法因不同类型(如山丘区、平原区、混合区等所包含的不同地下水评价类型)而异，故分区水资源总量的计算方法也不同。计算出区域水资源总量，即可分析不同年份的水文干旱情况。

7.2.4 农业干旱

7.2.4.1 农业干旱的分类

农业干旱是指由于外界环境因素造成作物体内水分失去平衡，发生水分亏缺，影响作物正常生长发育，进而导致减产或失收的一种农业气象灾害。农业干旱涉及土壤、作物、大气和人类对自然资源的利用等多方面因素，不仅是一种物理过程，而且也与生物过程和

社会经济有关。造成作物缺水的原因很多，按其成因不同可将农业干旱分为土壤干旱、生理干旱和大气干旱三种类型。

(1)土壤干旱。作物依靠根系直接从土壤中吸取水分以满足自身需水。如果土壤含水量少，土壤颗粒对水的吸力增大，作物根系吸收水的阻力增大，吸水量减少，不能满足作物蒸腾和光合作用等生理过程对水的需求，从而导致作物体内水分供需失去平衡，影响各种生理生化过程和形态而发生种种危害。因此，农业干旱根据土壤水分含量来确定，而不是根据降水情况来确定。当根层土壤水分达到限制作物生长和产量时称为土壤干旱。这里需要特别注意的是土壤干旱是指根层的土壤干旱。因为不同作物种类的根层深度不一样，如豆科作物根系深、根层厚，而禾本科作物根系浅、根层薄；即使同一种作物，不同生育期其根系深度也有很大差别；另外，不同降水量的地区，作物根系深度也不同，在干旱少雨地区作物根系一般较深，在多雨地区作物根系则一般较浅。

(2)生理干旱。生理干旱是因土壤环境不良，使植物根系生理活动受阻、吸水困难，导致作物体内水分失去平衡而发生的危害。植物体的水分状况是由水分收入和支出两方面决定的。植物一方面从根吸收大量的水分和土壤中的无机盐类，另一方面又由叶面上把大量水分蒸腾出去，以保持正常的生理状态。蒸腾量与吸水量之比在正常生长时略小于1；当干旱开始发生时该比接近于1；当该比大于1时，蒸腾量超过吸水量而使叶内水分逐渐减少，于是气孔闭塞，光合作用减少，植物的生长速度和产量降低；如果继续干旱，最终将使作物旱死。

有时，土壤即使有足够水分，但由于土壤温度过高或过低，氧气不足，或施肥过多等原因，也会使作物根系吸水困难，体内水分失调而受害。作物干旱不但受气象和土壤的影响，还随作物种类、生长阶段、种植制度、灌溉保水方法、耕作措施等而有所不同。

(3)大气干旱。大气干旱是由于太阳辐射强、气温高、空气湿度低、风力较强等因素导致作物蒸腾旺盛、耗水加大所致。此时即使土壤不干，有足够的水供根系吸收，但因蒸腾耗水太多，根系吸取的水量不抵蒸腾耗水量，从而使作物体内发生水分亏缺。大气干旱能对多种作物发生危害。在中国，最为典型的大气干旱是北方广大冬、夏小麦产区在产量形成阶段的干热风。据研究，黄淮海流域小麦轻干热风日指标是：灌浆速度下降值大于0.4~0.5 g，日最高气温不小于32 ℃，14时空气相对湿度不大于30%，风速大于2 m/s；重干热风日指标是：灌浆速度下降值大于1.0 g，日最高气温不小于35 ℃，14时空气相对湿度不大于25%，风速大于3 m/s。在黄土高原旱塬区，轻干热风日指标为日最高气温不小于31 ℃，14时空气相对湿度不大于30%，风速大于3 m/s；重干热风日指标为日最高气温不小于34 ℃，14时空气相对湿度不大于25%，风速大于4 m/s。

7.2.4.2　农业干旱指标

(1)降水量。大气降水是农业水分供应的主要来源。降水长时间偏少可能造成土壤水分不足，植物体内水分平衡遭到破坏，正常的生理活动受阻，影响生长发育及产量形成。尽管大气降水只是农田水分平衡收入项的一部分，但是，一定气候区域内大气降水的多少及其年内分配情况与当地的干湿状况有密切的关系，在一定程度上反映了对农业需水的满足程度；而且降水资料易于获得，时间序列长，资料的站点多，覆盖面大。因此，降水量仍是评价农业干旱的常用指标之一。在气候分析中，常用的降水量指标有年、季、月、旬降水量及其距平百分率、连续无雨日数等。针对农业干旱，还可分析一定保证率下的降水量、作物某发育阶段降水量、需水关键期降水量等。

(2)帕默尔指数。干旱的形成和发展是水分亏缺缓慢累积的过程。大多数气候学的干旱指标，只考虑某一时段的水分亏缺量，没有和持续时间相联系，因此难以揭示干旱的严重程度。帕默尔(W. C. Palmer)提出了一个干旱严重程度指标，这个指标综合了水分亏缺量和持续时间因子，并考虑了前期天气条件，具有较好的时空比较性，是评估干旱程度的较好指标。

确定帕默尔指数时，将土壤分为上(地表到犁底层)、下两层。首先通过计算土壤水分平衡各分量及上下层间的交换，求出气候适宜降水量(P)：

$$\hat{P} = \hat{E} + \hat{R} + \hat{R}_0 - \hat{L}。 \tag{7.4}$$

式中：$\hat{E}$ 为气候适宜蒸散发量；$\hat{R}$ 为补水量；$\hat{R}_0$ 为径流量；$\hat{L}$ 为失水量。这些变量可分别用历史资料逐时段进行水分平衡计算而得到，然后求出各时段实际降水量(P_j)相对于气候适宜降水量($\hat{P}_j$)的差值(d_j)：

$$d_j = P_j - \hat{P}_j。 \tag{7.5}$$

为了得出在时间和空间上相对独立的干旱指标，我国气象科学研究院安顺清等 1986 年提出了适合我国气候特征的改进帕默尔旱度模式，模式中采用的旱度值 Z_j 为：

$$Z_j = K_j \frac{d_j}{D}。 \tag{7.6}$$

式中：D 为一年内各时段 P_j 与 $\hat{P}_j$ 的绝对离差平均值；K_j 为反映地区水资源供需关系的特征因子。由下式定义：

$$K_j = \frac{k_j}{\sum k_i}, \tag{7.7}$$

$$k = \frac{E + R_G + R_V}{P + I}。 \tag{7.8}$$

式中：E 为时段蒸散发量；R_G 为时段土壤水补给量；R_V 为时段径流补给量；P 为时段降水量；I 为时段土壤水损失量。

为了反映前期干旱的影响和消除计算误差的累积，帕默尔旱度指标计算采用经验递推公式：

$$PDSI_j = aZ_j + b \cdot PDSI_{j-1}。 \tag{7.9}$$

式中：$PDSI_j$ 为第 j 时段的帕默尔旱度指标值；a、b 为由历史旱灾资料确定的经验系数。

利用中国济南市、郑州市的资料得到修正的帕默尔指数公式：

$$PDSI_j = \frac{Z_j}{57.136} + 0.805 PDSI_{j-1}。 \tag{7.10}$$

根据公式(7.10)得出的指数 $PDSI$ 与帕默尔指数干湿等级对应关系如表 7.1 所示。

表 7.1　帕默尔指数干湿等级

指数值($PDSI$)	等级
$\geqslant 4.00$	极端湿润
$3.00 \sim 3.99$	严重湿润
$2.00 \sim 2.99$	中等湿润
$1.00 \sim 1.99$	轻微湿润
$-0.99 \sim 0.99$	正常
$-1.99 \sim -1.00$	轻微干旱
$-2.99 \sim -2.00$	中等干旱
$-3.99 \sim -3.00$	严重干旱
$\leqslant -4.00$	极端干旱

（3）温度。当土壤干旱时，所含水分越少，叶温与气温的差值越大。另外，13—15 时的太阳辐射强、气温高，植物叶片蒸腾最强。因此，董振国 1986 年提出用 13—15 时的作物层温度与气温的差值作为干旱指数。其计算公式为：

$$S = \sum_{i=1}^{N} (T_c - T_a) \qquad (T_c > T_a)。 \tag{7.11}$$

式中： S 为植物水分亏缺指标； i 是作物层温度高于气温时的起始日期； N 是 S 值达到预定缺水指标时的天数； T_c 为作物层温度； T_a 为作物层顶以上 2 m 处气温。当土壤水分减少到一定程度时，作物层温度便开始高于气温。连续 N 天正值温差累积大于 S 时即表明农田缺水。

（4）土壤水分。植物利用的水分主要是植物通过根系从土壤吸收的。如果土壤水分充足，能够满足植物蒸腾的需要，植物的光合作用及干物质生长便能顺利进行；反之，土壤水分减少到一定程度时，土壤对水分的束缚力加大，植物吸水困难，蒸腾受到影响，光合作用减弱，植物萎蔫，严重时可逐渐死亡。因此，土壤干旱是农业干旱的直接原因，土壤水分含量可以作为衡量农业干旱程度及其对植物生长影响的指标。土壤水分有不同的表示方法，因而有不同形式的干旱指标。

第一种是以土壤湿度表示的干旱指标。当土壤湿度低于某一数值，植物吸收不到足够的水分时便会受旱。不同质地的土壤，植物受旱的土壤湿度不同，如砂性土壤的值一般较小；不同作物及作物不同生育期对土壤湿度有不同的要求。表 7.2 为春播作物种子出苗时的最低土壤湿度，低于此值便出现干旱。冬小麦春季正值拔节、抽穗等需水关键期，最低土壤湿度的值比春作物更高一些。轻壤土春季土壤水分应保持在 15% ～18%，耕层土壤湿度小于 13% ～15% 即为旱象露头。表 7.3 为棉花现蕾到吐絮期出现干旱的土壤湿度指标。

表 7.2　春播作物种子出苗期最低土壤湿度

单位:%

作物	黏土	壤土	砂壤土	砂土
棉花	18～20	15	12～15	10～12
玉米	17	13～14	12	10
谷子、高粱	15	12～13	10	6～7
花生	15～16	12～13	10～11	9

表 7.3　棉花现蕾到吐絮期干旱受害土壤湿度指标

受害表现	白天凋萎夜晚恢复			白天夜晚均凋萎			蕾铃脱落			蕾铃大量脱落		
土壤深度/cm	10	20	30	10	20	30	10	20	30	10	20	30
土壤湿度/%	5～8	7～10	8～12	3～6	4～8	6～9	6～9	8～11	9～12	3～7	5～8	7～10

第二种是以土壤有效水分储存量表示的干旱指标。除了土壤湿度外,还可用土壤有效水分储存量表示作物受干旱影响的程度。如谷类作物从分蘖到拔节时,0～20 cm 土层中有效水分储存量小于 20 mm 时作物生长开始受影响,不足 10 mm 则明显受旱;拔节至开花期内,1 m 土层的有效水分贮量少于 80 mm 时,将因水分不足而受旱。

土壤有效水分储量的计算公式为:

$$S = (W - W_P) \times \rho \times h \times 10。 \tag{7.12}$$

式中:S 为某一厚度土层所含有效水分,mm;W 为土壤湿度,%;W_P 为凋萎湿度,%;ρ 为土壤密度,g/cm³;h 为土层厚度,cm。

7.2.5　社会经济干旱

虽然干旱问题受到广泛的关注,但至今尚没有普遍认同的从社会经济总体角度出发的评价方法。社会经济干旱应当是水分供给量少于总需求量的现象,应从自然界与人类社会系统的水分循环原理出发,用水分供需平衡模式来进行评价。

7.2.5.1　水分总供给量和总需求量的组成

按水分供需平衡的观点,水分的总供给量有以下几个组成部分:

(1)第一水资源(W_1),包括径流与地下水可开采量(即补给量)。这种水资源可以收集、调运、储存和分配使用,是除农、林、牧业外,其余各行业的唯一水源,具有最大的使用价值。在评价干旱时,这一水资源的缺乏是有代表性的指标。但是农业用水量最大,而农业并不完全依赖这一水资源,故仅就这一水资源评价干旱是不全面的。

(2)第二水资源(W_2),为土壤水。雨量中有很大一部分被土层吸收形成土壤水,尤其当雨量不大时，降水往往全部蓄于土壤，不能转换为径流与地下水，故不能列入第一水资源。但土壤水是野生植物与旱作农业生产的主要水源，特别在中国北方地区，其数量甚至远超过第一水资源。因此，这一水资源在评价干旱时是不可忽视的。

(3)第三水资源(W_3)，为蒸发。可以通过人工抑制蒸发，使之转变成有用的水资源。但抑制蒸发所获水量仍留在土壤与水体中，同前两种水资源难以区分，故可看作前两种水资源开发潜力的一部分，计算中可暂不考虑。

(4)第四水资源(W_4)，是地区间的径流交换，流入为收入，流出为支出。但如以流域为单元计算，在闭合流域中，这种水资源的量接近于0。

因此，水分的总供给量主要是第一水资源与第二水资源两种。另外，废水利用量 W' 是再生水资源量，水库调节水量 W'' 是可调节水量(调出为正值，调入为负值)。故水资源总量 W 应为：

$$W = W_1 + W_2。 \tag{7.13}$$

每年可供调节的水量 W 为：

$$\Delta W = W' + W''。 \tag{7.14}$$

社会对水的需要主要分为工业需水量(D_1)、农业需水量(D_2)和社会与服务行业需水量(D_3)，三者有不同性质，应当分别计算。

7.2.5.2 社会经济干旱的判别和计算

对水的需求大于供给就成为社会经济干旱的判别式，即

$$W < D_1 + D_2 + D_3。 \tag{7.15}$$

如果使用了调节水量 ΔW 仍不能满足需求，就会出现旱灾，用下式表示：

$$W + \Delta W < D_1 + D_2 + D_3。 \tag{7.16}$$

由于只有农业能够使用第二水资源土壤水，为缓解对第一水资源供不应求的矛盾，在农业生产上应尽量发挥土壤水的效益，不足部分才由第一水资源解决。水分的供需平衡是由各种水资源的总量与社会经济、科学技术等诸多因子所共同确定的一个函数，对人水关系的监测与调整有指示性意义。

7.3 我国的洪灾和旱灾

7.3.1 洪灾的时空分布

7.3.1.1 我国的洪灾情况

我国地处东亚季风区，降水时空分布不均且年际变率高，加之地形复杂，导致暴雨频繁发生。我国暴雨主要集中在 5—8 月汛期，暴雨强度大，极值高，持续时间长，范围广。暴雨量、暴雨日数和雨强以胡焕庸线为界呈现东南高、西北低的分布特征。强降水通过洪

水、山洪、城市内涝及其引发的滑坡、泥石流等灾害对生命安全、粮食安全、生态安全以及经济社会的发展造成影响。1984—2008 年，我国平均每年洪涝灾害造成直接经济损失约为 573 亿元，并且南方地区损失较重。洪涝灾害造成直接经济损失占全部气象灾害损失的 39.5%，死亡人口占比超过一半，是对我国社会经济影响最为严重的自然灾害之一。2008—2013 年，我国平均每年出现暴雨过程 39 次。2021 年 7 月，河南遭受特大暴雨洪涝灾害，造成 1478.6 万人受灾，398 人死亡（含失踪），直接经济损失高达 1200.6 亿元。

气候增暖影响下，温度增加导致大气中水汽含量增加，水循环持续增强，降水增加。中国区域降水对增暖具有很强的敏感性。我国年降水量变化趋势主要呈现东北—西南向的"+、−、+"的分布特征，其中长江三角洲地区显著增加。极端降水对增暖的响应比年降水量更强。我国极端降水事件频发，且未来降水的极端性可能更强。近年来我国水灾发生频次增多，并且与暴雨雨量、雨日和雨强的变化具有一致性。

7.3.1.2　我国洪灾的时间分布

2001—2020 年，洪涝灾害造成的全国年均受灾人口 1.04 亿人。其中 2003 年受灾人口最多，超过 2 亿人，主要由淮河流域夏季特大洪水和黄河中下游及汉江历史罕见秋汛造成。受灾人口有显著减少趋势，尤其是 2010 年以后受灾人口急剧减少，2011—2020 年洪涝灾害造成的受灾人口较 2001—2010 年减少了 35.6%。受灾人口占总人口的比例多年平均为 7.7%，其历年变化与受灾人口基本一致，也呈显著减少趋势。洪涝灾害造成的全国年均死亡人口 1062 人。其中 2010 年死亡人口最多，达 3104 人，主要由甘肃舟曲特大泥石流灾害造成。死亡人口呈显著减少趋势，2011—2020 年死亡人口较上个 10 年减少 52.7%（图 7.1）。

2001—2020 年，洪涝灾害造成的全国年均农作物受灾面积 857.7 万 hm^2，呈不显著的减少趋势。其中 2003 年农作物受灾面积最大，达 1937.4 万 hm^2。农作物受灾面积占当年主要农作物播种面积的比例多年均值为 0.5%，其变化特征与受灾面积一致，呈显著减少趋势。洪涝灾害造成的全国年均损坏房屋 210.4 万间，呈显著减少趋势。其中 2010 年最多，达 496.4 万间；其次为 2003 年，达 465.9 万间。洪涝灾害造成的全国年均直接经济损失 1678.6 亿元，占 GDP 的 0.34%。其中，2010 年直接经济损失最多，超过 4000 亿元；2003 年占比最高，达 0.9%。洪涝灾害造成的直接经济损失呈不显著增加趋势，但直接经济损失占 GDP 的比例呈显著减少趋势（图 7.1）。有研究表明，1949 年以来中国气象灾害造成的直接经济损失增加与经济发展水平相关。随着中国经济社会快速发展和城镇化程度不断提升，人口和财富高度聚集，承灾体暴露度增加，洪涝灾害造成的直接经济损失也随之增加。可见，除了直接经济损失外，洪涝灾害造成的其他损失均呈减少趋势，并且近 10 年的灾害损失较上个 10 年明显减少。在经济发展导致承灾体暴露度增加的同时，对洪涝灾害的设防能力和应对能力也在提高，有效降低了承灾体的脆弱性，这是洪涝灾害其他损失减少的原因之一。

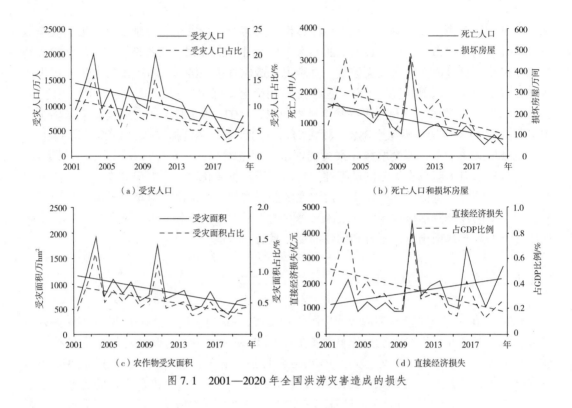

图 7.1　2001—2020 年全国洪涝灾害造成的损失

7.3.1.3　我国洪灾的空间分布

　　受季风气候影响，我国降水空间分布不均匀，洪涝灾害损失也存在地区差异。2001—2020 年，洪涝灾害造成的受灾人口主要集中在长江流域及河南、广西等地，其中四川、湖南年均受灾人口较多，分别超过 1300 万人、1000 万人。近 20 年，受灾人口呈北增南减的趋势，江苏、浙江、福建、重庆、广东、广西和云南减少趋势显著。与 2001—2010 年相比，近 10 年受灾人口在北方地区增加而南方地区减少。除陕西和辽宁外，北方大部分地区受灾人口均增加，河北增加幅度达 173.3 万人。2011—2020 年河北有 4 年受灾人口超过 400 万，其中 2016 年受灾人口高达 1112 万人。年均受灾人口较多的江淮、黄淮及四川、重庆、江西、广西、广东等地近 10 年的减少幅度均在 200 万人以上，其中广西减少幅度最大，达 642.2 万人。

　　与受灾人口空间分布不同，近 20 年洪涝灾害造成的死亡人口在我国东部地区较少，而中西部地区尤其是西南地区较多。云南、四川和甘肃的年均死亡人数超过 100 人，其中云南最多，达 156 人。除了吉林、河北和北京外，全国大部分地区死亡人口呈减少趋势，其中内蒙古、山西、山东、上海、湖南、四川、贵州和云南减少趋势显著。近 10 年，除河北和北京外，全国大部分地区死亡人口较上个 10 年减少，云南、四川和甘肃减少幅度较大。北京和河北死亡人口增加主要受极端强降水过程影响，如 2012 年“7·21”北京特大暴雨和 2016 年“7·19”河北特大暴雨洪涝灾害。

　　2001—2020 年，洪涝灾害造成的年均农作物受灾面积在黄淮、江淮、江汉、江南中西部及黑龙江、内蒙古、四川、广西等地超过 30 万 hm²。湖北年均受灾面积最大，为

92.1 万 hm²；黑龙江和湖南在 70 万 hm² 以上。近 20 年，我国北方农牧交错带附近地区的受灾面积呈增加趋势，而其他地区主要呈减少趋势，其中陕西、四川、重庆、云南、广西、广东、福建等地减少趋势显著。近 10 年，农作物受灾面积较上个 10 年呈北增南减的变化特征。江淮、黄淮及四川、重庆、湖北、湖南、广西受灾面积减少幅度较大，其中河南减少幅度最大；黑龙江和内蒙古年均受灾面积增幅在 10 万 hm² 以上。近 10 年黑龙江夏季降水量增多，同时农作物种植面积迅速增加并在 2017 年成为全国最大，可能导致黑龙江受灾面积增加。

近 20 年，洪涝灾害造成的年均损坏房屋在长江流域上中游地区超过 10 万间，其中四川最多，达 27.4 万间。除了新疆、甘肃、北京、天津、河北、贵州外，全国大部分地区损坏房屋数量呈减少趋势，其中重庆、云南、广东、广西、湖南、江西、浙江、湖北和河南减少趋势显著。近 10 年，损坏房屋数量在湖南、江西、重庆、广西及吉林等地较上个 10 年明显减少；甘肃、河北、贵州等地明显增加，其中河北年均损坏房屋增幅最大，为 4.8 万间。

近 20 年，洪涝灾害造成的直接经济损失主要集中在长江流域上中游地区及甘肃、陕西、河南、山东、河北、吉林、黑龙江等地。其中，四川年均直接经济损失最高，达 202.7 亿元；湖南、湖北、安徽、江西超过了 100 亿元。除黄淮、江淮东部、江南东部以及广西、海南外，全国其余大部分地区直接经济损失呈增加趋势。近 10 年全国大部分地区直接经济损失较上个 10 年增多，四川、湖南、湖北、安徽和河北的年均直接经济损失增幅超过 40 亿元，其中四川最高，达 120.5 亿元。

可见，洪涝灾害造成的损失严重地区主要集中在长江流域上中游地区及黑龙江、河北、甘肃等地。死亡人口和损坏房屋在全国大部分地区具有一致性变化特征，而受灾人口和农作物受灾面积呈北增南减的变化趋势。

7.3.2 旱灾的时空分布

7.3.2.1 我国干旱区的划分

在自然界中一般有两种类型的干旱：一类是由气候、海陆分布、地形等相对稳定的因素在某一相对固定的地区常年形成的水分短缺现象，另一类是由气候变化等因素形成的随机性异常水分短缺现象。本节仅讨论后者，重点是我国东部干旱区从江南到华北的干旱。我国东部干旱区可划分为东北干旱区、黄淮海流域干旱区、长江流域干旱区、华南及西南干旱区。

(1) 东北干旱区。春旱最为突出，有时干旱从春播作物开始播种的 4 月持续到 5 月或 6 月。夏季干旱一般出现于 7—8 月。个别年(如 1958 年)春旱连着夏旱，则影响更为严重。

(2) 黄淮海流域干旱区。这是我国干旱面积最大、频率最高的干旱区，3—10 月的农作物生长期均有可能出现干旱。春旱频率最高，有十年九旱之说，如 1951—1980 年 30 年内就有 26 年出现不同程度的春旱。大多数春旱年之前的冬季即少雨雪。进入 3 月，一旦土壤解冻，作物需水而又没有透雨，干旱往往持续到夏季。有时春旱可持续到 7—8 月，造成春夏连旱，1962 年就是一个突出的例子。个别年（如 1965 年）甚至造成春、夏、秋三季连旱。

（3）长江流域干旱区。这是我国东部干旱频率较低的一个地区，干旱出现的次数不仅低于北部的黄淮海流域，甚至也低于其南部的华南及西南地区。这里春旱频率不高，夏旱比较常见。1951—1980 年 30 年内中有 25 年出现不同程度的夏旱，最突出的是 1961 年和 1972 年。有时夏旱可持续到 10 月或 11 月，出现夏秋连旱，如 1959 年干旱从 7 月持续到 9 月。单独出现的秋旱一般范围较小，影响程度较轻。

（4）华南及西南干旱区。这两个地区一年四季都有农作物生长，干旱频率也比较高。但与前几个区不同之处是以冬、春两季干旱为主，特别冬春连旱影响巨大。有时也发生秋、冬、春三季的连旱，如 1954 年 9 月到 1955 年 4 月华南地区发生了持续期最长的三季连旱。1959 年 11 月到 1960 年 5 月西南地区的干旱持续了 7 个月之久。

7.3.2.2 我国的旱灾情况

干旱是全球范围内频繁发生的一种慢性自然灾害，严重威胁着人类赖以生存的粮食、水和生态环境，尤其是给农业生产造成了严重影响。2010 年，我国因旱作物受灾面积 1325.86 万 hm^2，其中成灾 898.65 万 hm^2，绝收 267.23 万 hm^2，有 3334.52 万农村人口、2440.83 万头大牲畜因旱发生饮水困难；因旱粮食损失 168.48 亿 kg，经济作物损失 387.93 亿元，直接经济总损失 1509.18 亿元。60 年来，我国平均每年受灾面积达到了 2159.95 万 hm^2，平均每年成灾面积达 961.34 万 hm^2，平均每年因灾损失粮食为 161.18 亿 kg（表 7.4）。总体上，60 年来干旱灾害的受灾、成灾面积和粮食损失在逐年不断增加（图 7.2），受灾面积以平均每年 21.97 万 hm^2 的速度在增加，成灾面积以平均每年 17.88 万 hm^2 的速度在增加，而粮食损失以平均每年 5.39 亿 kg 的速度在增加。

表 7.4　1950—2010 年全国干旱灾情统计

单位：$10^3 hm^2$、$10^8 kg$

年份	受旱面积	成灾面积	粮食损失	年份	受旱面积	成灾面积	粮食损失
1950	2398.00	589.00	19.00	1960	38125.00	16177.00	112.79
1951	7829.00	2299.00	36.88	1961	37847.00	18654.00	132.29
1952	4236.00	2565.00	20.21	1962	20808.00	8691.00	89.43
1953	8616.00	1341.00	54.47	1963	16865.00	9021.00	96.67
1954	2988.00	560.00	23.44	1964	4219.00	1423.00	43.78
1955	13433.00	4024.00	30.75	1965	13631.00	8107.00	64.65
1956	3127.00	2051.00	28.60	1966	20015.00	8106.00	112.15
1957	17205.00	7400.00	62.22	1967	6764.00	3065.00	31.83
1958	22361.00	5031.00	51.28	1968	13294.00	7929.00	93.92
1959	33807.00	11173.00	108.05	1969	7624.00	3442.00	47.25

（续表）

年份	受旱面积	成灾面积	粮食损失	年份	受旱面积	成灾面积	粮食损失
1970	5723.00	1931.00	41.50	1991	24914.00	10558.67	118.00
1971	25049.00	5319.00	58.12	1992	32980.00	17048.67	209.72
1972	30699.00	13605.00	136.73	1993	21098.00	8658.67	111.80
1973	27202.00	3928.00	60.84	1994	30282.00	17048.67	233.60
1974	25553.00	2296.00	43.23	1995	23455.33	10374.00	230.00
1975	24832.00	5318.00	42.33	1996	20150.67	6247.33	98.00
1976	27492.00	7849.00	85.75	1997	33514.00	20010.00	476.00
1977	29852.00	7005.00	117.34	1998	14237.33	5068.00	127.00
1978	40169.00	17969.00	200.46	1999	30153.33	16614.00	333.00
1979	24646.00	9316.00	138.59	2000	40540.67	26783.33	599.60
1980	26111.00	12485.00	145.39	2001	38480.00	23702.00	548.00
1981	25693.00	12134.00	185.45	2002	22207.33	13247.33	313.00
1982	20697.00	9972.00	198.45	2003	24852.00	14470.00	308.00
1983	16089.00	7586.00	102.71	2004	17255.33	7950.67	231.00
1984	15819.00	7015.00	106.61	2005	16028.00	8479.33	193.00
1985	22989.00	10063.00	124.04	2006	20738.00	13411.33	416.50
1986	31042.00	14765.00	254.34	2007	29386.00	16170.00	373.60
1987	24920.00	13033.00	209.55	2008	12136.80	6797.52	160.55
1988	32904.00	15303.00	311.69	2009	29258.80	13197.10	348.49
1989	29358.00	15262.00	283.62	2010	13258.61	8986.47	168.48
1990	18174.67	7805.33	128.17	平均	21599.54	9613.61	161.18

注：台湾省和香港、澳门特别行政区统计数据暂缺。

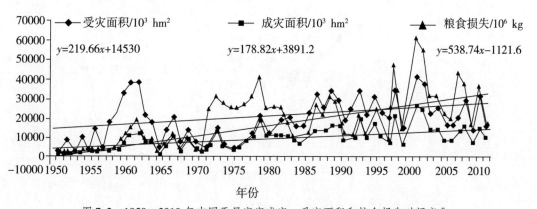

图 7.2　1950—2010 年中国干旱灾害成灾、受灾面积和粮食损失时间变化

7.3.2.3 中国干旱灾情频率–规模关系分析

干旱灾害可类比于地震灾害。地震现象是复杂的，但是人类很早就知道，震级愈大则发生的次数愈少。震级 m 和大于震级 m 出现的地震频数 N 之间存在著名的古登堡–里查德（Gutenberg-Richter）关系：

$$\log N(>m) = a - bm。 \tag{7.17}$$

式中：a、b 为系数，经验表明 b 值非常接近于 1，通常为 $0.8 < b < 1.5$。地震所表现出来的这种幂函数的规律以及在自然界出现的"$1/f$"噪声规律正是自组织临界现象的产物。

通过计算发现，干旱灾害粮食损失与累积频率的关系与著名的古登堡–里查德关系类似，呈现良好的幂律关系，其关系式为：

$$\ln N(>G) = 426 - 0006G \quad (R^2 = 09956，p < 005)。 \tag{7.18}$$

式中：G 为年粮食损失；N 为大于某一粮食损失 G 的年数。

受灾面积与累积频率的关系式为：

$$N(>D_A) = 65869 - 00014D_A \quad (R^2 = 09712，p < 005)。 \tag{7.19}$$

式中：D_A 为年受灾面积；N 为大于某一受灾面积 D_A 的年数。

成灾面积与累积频率的关系式为：

$$N(>I_A) = 62105 - 00027I_A \quad (R^2 = 0.992，p < 005)。 \tag{7.20}$$

式中：I_A 为年成灾面积；N 为大于某一受灾面积 I_A 的年数。

由上述关系，可以定量得出不同干旱灾害因灾成灾面积、受灾面积和粮食损失的累积频率分布状况。一般情况下，就像其他结构和工程领域一样，在控制风险的过程中有一条经常用到的原理：可容忍的或者可接受的风险级别与其破坏后果成反比；对于生命损失风险进行确定可容忍或者可接受的水平的时候，一般用 F（频率）–N（人员伤亡数量）准则。其最早由法默（Famer）在 1967 年提出且用于衡量核电厂放射性碘的释放水平，是由大于或等于一定死亡人数（N）及其累积频率（F）组成的。与之类似，干旱灾害的年粮食损失、受灾面积和成灾面积与累积频率的关系也间接定义了可接受与不可接受灾情的界线，如图7.3 至图 7.5 所示。图的拟合直线右上角为不可接受区，左下角为可接受区。

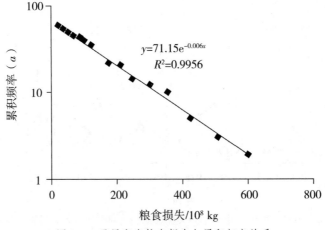

图 7.3 干旱灾害粮食损失与累积频率关系

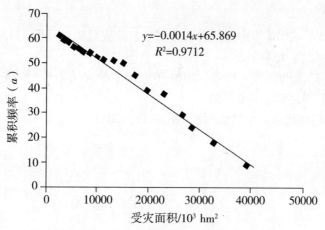

图 7.4　干旱灾害受害面积与累积频率关系

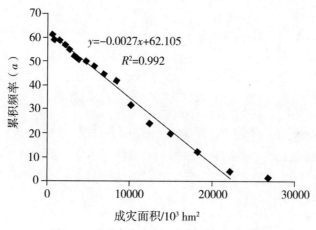

图 7.5　干旱灾害成灾面积与累积频率关系

思考题

1. 简述洪水的种类。
2. 影响洪水的因素有哪些?
3. 简述干旱的种类。
4. 评价干旱有什么指标?
5. 简述我国洪灾和旱灾的情况。

● **本章参考文献**

李莹，赵珊珊. 2001—2020 年中国洪涝灾害损失与致灾危险性研究[J]. 气候变化研究进
　　展，2022，18(2)：154-165.

邱海军，曹明明，郝俊卿，等. 1950—2010 年中国干旱灾情频率-规模关系分析[J]. 地
　　理科学，2013，33(5)：576-580.

徐向阳. 水灾害[M]. 北京：中国水利水电出版社，2006.

第8章　气候变化与水文气象

8.1　气候变化原因

8.1.1　太阳辐射的变化

太阳辐射是气候形成的最主要的因素。气候变化与到达地表的太阳辐射能的变化关系最为密切，引起太阳辐射能变化的条件是多方面的。

8.1.1.1　地球轨道因素的改变

地球在自己的公转轨道上，接收太阳辐射能。而地球公转轨道的三个因素——偏心率、地轴倾角和春分点的位置都以一定的周期变动着，这就导致地球上所受到的天文辐射发生变动，引起气候变化。

(1)地球轨道偏心率的变化。到达地球表面单位面积上的天文辐射强度是与日地距离的平方成反比的。地球绕太阳公转轨道是一个椭圆形，现在这个椭圆形的偏心率约为0.016。目前北半球冬季位于近日点附近，因此北半球冬半年比较短(从秋分至春分，比夏半年短7.5日)，但偏心率是在0.00～0.06之间变动的，其周期约为96000年。以目前情况而论，地球在近日点时所获得的天文辐射量(不考虑其他条件的影响)较现在远日点的辐射量约大1/15；当偏心率值为极大时，则此差异就成为1/3。如果冬季在远日点，夏季在近日点，则冬季长而冷，夏季热而短，使一年之内冷热差异非常大。这种变化情况在南北半球是相反的。

(2)地轴倾斜度的变化。地轴倾斜(即赤道面与黄道面的夹角，又称黄赤交角)是产生四季的原因。由于地球轨道平面在空间有变动，所以地轴对于这个平面的倾斜度也在变动。现在地轴倾斜度是23.44°，最大时可达24.24°，最小时为22.1°，变动周期约40000年。这个变动使得夏季太阳直射达到的极限纬度(北回归线)和冬季极夜达到的极限纬度(北极圈)发生变动(图8.1)。

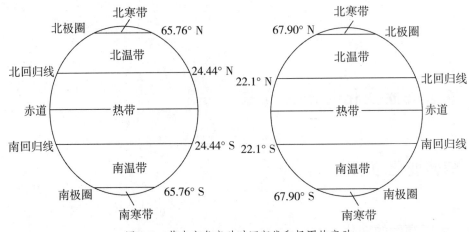

图 8.1 黄赤交角变动时回归线和极圈的变动

当倾斜度增加时，高纬度地区的年辐射量要增加，赤道地区的年辐射量会减少。例如，当地轴倾斜度增大1°时，在极地年辐射量增加4.02%，而在赤道却减少0.35%。可见地轴倾斜度的变化对气候的影响在高纬度地区比低纬度地区大得多。此外，倾斜度愈大，地球冬夏接受的太阳辐射量差值就愈大，特别是在高纬度地区必然是冬寒夏热，气温年较差增大；相反，当倾斜度小时，则冬暖夏凉，气温年较差减小。夏凉最有利于冰川的发展。

(3)春分点的移动。春分点沿黄道向西缓慢移动，大约每21000年，春分点绕地球轨道一周。春分点位置变动的结果，引起四季开始时间的移动和近日点与远日点的变化。地球近日点所在季节的变化，每70年推迟1天。大约在1万年前，北半球在冬季是处于远日点的位置(现在是近日点)，那时北半球冬季比现在要更冷，南半球则相反。

上面三个轨道要素的不同周期的变化，是同时对气候发生影响的。米兰柯维奇(M. Milanković)曾综合这三者的作用计算出65°N上夏季太阳辐射量在60万年内的变化，并用相对纬度来表示。例如，23万年前在65°N上的太阳辐射量和现在77°N上的一样，而在13万年前又和现在59°N上的一样。他认为，当夏季温度降低4～5℃，冬季反而略有升高的年份，冬天降雪较多，而到夏天雪还未来得及融化时，冬天又接着到来，这样反复进行，就会形成冰期。他制成65°N上夏季辐射量在60万年内的变化(用相对纬度表示)图，并在图上标出第四纪冰期中历次亚冰期出现的时期(图略)。近人按米兰柯维奇的思路，利用大型电子计算机重新计算在距今100万年以前至100万年以后65°N的相对纬度(图8.2)，图中相对纬度在68°N以上时涂黑，表示冰期，并标出过去定出的冰期。其计算结果大体上对过去第四纪中几个著名的冰期均有明显的反映。

图8.2中还给出今后100万年由于太阳辐射量的变化还将出现的多次亚冰期和亚间冰期。气候变化受多种因子的制约，这仅是因地球轨道因素改变而引起的太阳辐射量变化的一个值得参考的因子。

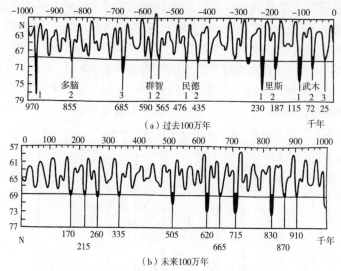

图 8.2　过去 100 万年及未来 100 万年 65° N 的相对纬度

8.1.1.2　火山活动引起大气透明度的变化

到达地表的太阳辐射的强弱要受大气透明度的影响。火山活动对大气透明度的影响最大。强火山爆发喷出的火山尘和硫酸气溶胶能喷入平流层，由于不会受雨水冲刷跌落，它们能强烈地反射和散射太阳辐射，削弱到达地面的直接辐射。据分析，火山尘在高空停留的时间一般只有几个月，而硫酸气溶胶可形成火山云，在平流层飘浮数年，能长时间对地面产生净冷却效应。据历史记载 1815 年 4 月初 Tambora 火山($8.25°$ S，$118.0°$ E)爆发时，500 km 内有三天不见天日，各方面喷出的固体物质估计可达 $100 \sim 300 \ km^3$。大量浓烟云长期环绕平流层漂浮，显著减弱太阳辐射，欧美各国在 1816 年普遍出现了"无夏之年"。据 Bryson(1977)估计，当年整个北半球中纬度地区气温平均比常年偏低 1 ℃左右。在英格兰夏季气温偏低 3 ℃，在加拿大 6 月即开始下雪。再从我国华东沿海各省近 500 年历史气候资料中可见，在 1817 年六月廿九日(阳历 8 月 11 日)赣北彭泽($29.9°$ N，$116.0°$ E)见雪，木棉多冻伤；皖南东至县($30.1°$ N，$117.0°$ E)在同年七月二日(阳历 8 月 14 日)降雨雪，平地寸许。在我国中部夏季有两处以上出现霜雪记载的这类严重冷夏，在 1500—1865 年间竟有 35 年。这说明"六月雪"是确有其事的，它们绝大多数出现在大火山爆发后的两年间。

20 世纪以来，火山强烈喷发后，太阳直接辐射(Q)的减弱有实测记录可稽。例如：①Santa-Maria 火山($14.8°$ N，$91.6°$ W，1902 年)1903 年 Q 比 1902 年下降 15%；②Katmal 火山($58.3°$ N，$155.2°$ W，1912 年)，1912 到 1913 年 Q 下降 11%；③St-Helen 火山($46.2°$ N，$122.2°$ W，1980 年)1980 年我国 5 站 Q 下降 15%；④El-Chichón 火山($17.3°$ N，$93.2°$ W，1982 年)在 1982—1983 年冬使我国日本和夏威夷的 Q 值分别下降 20%左右。

1991 年 6 月，菲律宾 Pinatubo 火山爆发是近 80 年来最强的一次。图 8.3 给出这次爆发后其气溶胶光学厚度对 1989—1990 年平均值的距平。从图上可以看出，在热带($20°$ S—

30° N），在火山爆发后 3 个月后气溶胶厚度达到峰值，直到 1993 年 5 月（亦即约两年后）恢复到正常；在南北半球中纬度地区（40°—80° N，40°—60° S），气溶胶光学厚度的峰值出现较晚，但均在春夏之际。显然，气溶胶光学厚度增大，太阳辐射削弱的程度亦增大。有资料证明，1992 年 4—10 月北半球两个大陆气温距平在 -0.5～1.0 ℃ 之间。此外，1990 年和 1991 年曾经是近百年来最暖的两年，但 1992 年全球气温平均下降了 0.2 ℃，北半球下降 0.4 ℃。不少学者认为，这主要是 Pinatubo 火山爆发的影响。

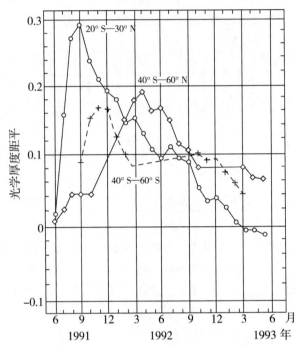

图 8.3　1991 年 6 月菲律宾 Pinatubo 火山爆发后气溶胶光学厚度的变化

　　火山爆发呈现着周期性的变化，历史上寒冷时期往往与火山爆发次数多、强度大的活跃时期有关。Baldwin 等（1976）指出，火山活动的加强可能是小冰期以至最近一次大冰期出现的重要原因。Bray（1977）则指出，过去 200 万年间几乎每次冰期的建立和急剧变冷都和大规模火山爆发有关。例如，在 1912 年以前的 150 年，北半球火山爆发较频，所以气候相对比较寒冷；1912 年以后至 20 世纪 40 年代，北半球火山活动很少，大气混浊度减小，可以吸收更多的太阳辐射，因此气温增高，形成一温暖时期。

　　总之，火山活动的这种"阳伞效应"是影响地球上各种空间尺度范围为时数年以上气候变化的重要因子。

8.1.1.3　太阳活动的变化

　　太阳黑子活动具有大约 11 年的周期。据 1978 年 11 月 16 日到 1981 年 7 月 13 日雨云 7 号卫星（装有空腔辐射仪）共 971 天的观测，证明太阳黑子峰值时太阳常数减少。富卡尔和马利安（Fonkal and Lean，1986）的研究指出，太阳黑子使太阳辐射下降只是一个短期行为，但太阳光斑可使太阳辐射增强。太阳活动增强，不仅太阳黑子增加，太阳光斑也增加。光斑增加所造成的太阳辐射增强，抵消掉因黑子增加而造成的削弱还有余。因此，在11 年周期太阳活动增强时，太阳辐射也增强，即从长期变化来看太阳辐射与太阳活动为正相关。

据最新研究，太阳常数可能变化为 1%～2%。模拟试验证明，太阳常数增加 2%，地面气温可能上升 3 ℃；太阳常数减少 2%，地面气温可能下降 4.3 ℃。我国近 500 年来的寒冷时期正好处于太阳活动的低水平阶段，其中三次冷期对应着太阳活动的不活跃期。如第一次冷期(1470—1520 年)对应着 1460—1550 年的斯波勒极小期；第二次冷期(1650—1700 年)对应着 1645—1715 年的蒙德尔极小期；第三次冷期(1840—1890 年)较弱，也对应着 19 世纪后半期的一次较弱的太阳活动期。而中世纪太阳活动极大期间(1100—1250年)正值我国元初的温暖时期，说明我国近千年来的气候变化与太阳活动的长期变化也有一定联系。

8.1.2　下垫面地理条件的变化

在整个地质时期中，下垫面的地理条件发生了多次变化，对气候变化产生了深刻的影响。其中以海陆分布和地形的变化对气候变化影响最大。

8.1.2.1　海陆分布的变化

在各个地质时期地球上海陆分布的形势也是有变化的。以晚石炭纪为例，那时海陆分布和现在完全不同(图 8.4)，在北半球有古北极洲、北大西洋洲(包括格陵兰和西欧)和安加拉洲三块大陆。前两块大陆是相连的，在三大洲之南为特提斯海。在此海之南为冈瓦纳大陆，这个大陆连接了现在的南美、亚洲和澳大利亚。在这样的海陆分布形势下，有利于赤道太平洋暖流向西流入特提斯海。这个洋流分出一支经伏尔加海向北流去，因此这一带有温暖的气候。从动物化石可以看到，石炭纪北极区和斯匹次卜尔根地区的温度与现代地中海的温度相似，即受此洋流影响的缘故。冈瓦纳大陆由于地势高耸，有冰河遗迹，在其南部由于赤道暖流被东西向的大陆隔断，气候比较寒冷。此外，在古北极洲与北大西洋洲之间有一个向北的海湾，同样由于与暖流隔绝，其附近地区有显著的冰原遗迹。

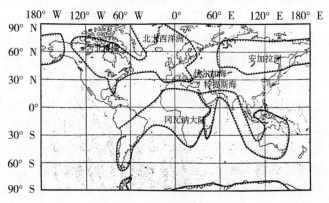

图 8.4　晚石炭纪世界海陆分布

又例如，大西洋中从格陵兰到欧洲经过冰岛与英国有一条水下高地，这条高地因地壳运动有时会上升到海面之上，而隔断了墨西哥湾流向北流入北冰洋。这时整个欧洲西北部受不到湾流热量的影响，因而形成大量冰川。有不少古气候学者认为，第四纪冰川的形成就与此有密切关系。当此高地下沉到海底时，就给湾流进入北冰洋让出了通道，西北欧气候即转暖。这条通道的阻塞程度与第四纪冰川的强度关系密切。

8.1.2.2　地形变化

在地球史上地形的变化是十分显著的。高大的喜马拉雅山脉，在现代有"世界屋脊"之称，可是在地史上，这里却曾是一片汪洋，称为喜马拉雅海。直到距今约 7000 万至 4000 万年的新生代早第三纪，这里地壳才上升，变成一片温暖的浅海，在这片浅海里缓慢地沉积着以碳酸盐为主的沉积物。从这个沉积层中发现有不少海生的孔虫、珊瑚、海胆、介形虫、鹦鹉螺等多种生物的化石，足以证明当时那里确是一片海区。由于这片海区的存在，有海洋湿润气流吹向今日我国西北地区，所以那时新疆、内蒙古一带气候是很湿润的。其后由于造山运动，出现了喜马拉雅山等山脉，这些山脉成了阻止海洋季风进入亚洲中部的障碍，因此新疆和内蒙古的气候才变得干旱。

8.1.3　温室效应

温室效应是指大气中的某些气体，如水蒸气、二氧化碳、甲烷等能够吸收地球表面辐射的一部分，将其转化为热能，并将部分热能重新辐射回地球表面，从而导致地球表面温度升高的过程。这些气体被称为温室气体。

工农业生产排出的大量废气、微尘等污染物质进入大气，这些污染物质主要有二氧化碳（CO_2）、甲烷（CH_4）、一氧化二氮（N_2O）和氟氯烃化合物（CFCs）等。据确凿的观测事实证明，近数十年来大气中这些气体的含量都在急剧增加，平流层的臭氧（O_3）总量则明显下降。如第 2 章所述，这些气体都具有明显的温室效应，如图 8.5 所示。在波长 9500 μm 及 12500～17000 μm 有两个强的吸收带，这就是 O_3 及 CO_2 的吸收带。特别是 CO_2 的吸收带，吸收了 70%～90% 的红外长波辐射。地气系统向外长波辐射主要集中在 7000～13000 μm 波长范围内，这个波段被称为大气窗。上述 CH_4、N_4O、CFCs 等气体在此大气窗内均各有其吸收带，这些温室气体在大气中浓度的增加必然对气候变化起着重要作用。

大气中 CO_2 的含量一直比较稳定，但 20 世纪以来，CO_2 的含量呈上升趋势。1750 年大气中的 CO_2 浓度为 280×10^{-6}，2005 年增加到 379×10^{-6}。截至 2019 年，CO_2 浓度已达到 410.5×10^{-6}，为工业化前水平的 148%。据研究，排放入大气中的 CO_2 有一部分（约有 50%）为海洋所吸收，另有一部分被森林吸收，变成固态生物体，贮存于自然界。但由于目前人类活动排放的增加，加上森林大量被毁，致使森林不但减少了对大气中 CO_2 的吸收，而且由于被毁森林的燃烧和腐烂，更增加大量的 CO_2 排放至大气。在最新的政府间气候变化专门委员会（IPCC）在第六次评估报告（AR6）中也提到，自工业革命以来，全地表温度持续上升，现在已经比工业化前水平高出了 1.1 ℃，这主要源于人类排放过多的 CO_2

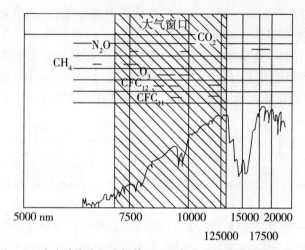

图 8.5 地球系统的长波辐射及温室气体的吸收带阴影部分

造成的升温。

甲烷(CH_4，沼气)是另一种重要的温室气体。它主要由水稻田、反刍动物、沼泽地和生物体的燃烧而排放入大气。在距今 200 年以前直到 11 万年前，CH_4 含量均稳定于 $0.75\times10^{-3}\sim0.80\times10^{-3}$ml/L，但近年来增长很快。1950 年 CH_4 含量已增加到 1.25×10^{-3}ml/L，1990 年为 1.72×10^{-3}ml/L。Dlugokencky 等根据全球 23 个陆地定点测站和太平洋上 14 个不同纬度的船舶观测站观测记录，估算出 1983—1993 年全球逐年 CH_4 在大气中混合比的变化值(图 8.6)。根据目前增长率外延，大气中 CH_4 含量将在 2000 年达 2.0×10^{-3}ml/L，2030 年和 2050 年分别达到 2.34×10^{-3} ml/L、2.50×10^{-3} ml/L。

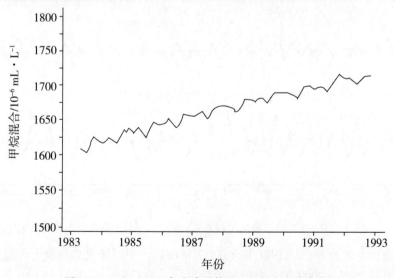

图 8.6 1983—1993 年全球甲烷(CH_4)混合比的变化

一氧化二氮(N_2O)向大气排放量与农田面积增加和施放氮肥有关。平流层超音速飞行也可产生 N_2O。在工业化前大气中 N_2O 含量约为 2.85×10^{-3}ml/L，1985 年和 1990 年分别增加到 3.05×10^{-3}ml/L 和 3.10×10^{-3}ml/L。考虑今后排放，预计到 2030 年大气中 N_2O 含量

可能增加到 $3.50×10^{-3} \sim 4.50×10^{-3}$ ml/L。N_2O 除了引起全球增暖外，还可通过光化学作用在平流层引起臭氧 O_3 离解，破坏臭氧层。

氟氯烃化合物（CFCs）是制冷工业（如冰箱）、喷雾剂和发泡剂中的主要原料。此族的某些化合物，如氟利昂 11（CCl_2F，CFC-11）和氟利昂 12（CCl_2F_2，CFC-12），是具有强烈增温效应的温室气体，近年来还认为它们是破坏平流层臭氧的主要因子。因此，限制 CFC-11 和 CFC-12 已成为国际上突出的问题。

在制冷工业发展前，大气中本没有这种气体成分。CFC-11 在 1945 年、CFC-12 在 1935 年开始有工业排放。到 1980 年，对流层低层 CFC-11 含量约为 $168×10^{-3}$ ml/L，CFC-12 含量约为 $285×10^{-3}$ ml/L，到 1990 年则分别增至 $280×10^{-3}$ ml/L 和 $484×10^{-3}$ ml/L，其增长是十分迅速的。

臭氧（O_3）也是一种温室气体，它受自然因子（太阳辐射中紫外辐射对高层大气氧分子进行光化学作用而生成）影响而产生，但受人类活动排放的气体破坏，如氟氯烃化合物、卤代烷化合物、N_2O 和 CH_4、CO 均可破坏臭氧。其中以 CFC-11 和 CFC-12 起主要作用，其次是 N_2O。相关研究表明，受人类活动影响，在大气平流层臭氧浓度减小的同时，对流层臭氧浓度却有持续增加的趋势。平流层臭氧浓度在 1750—2000 年间明显减少，对流层臭氧浓度却增加了（35±15）%。就全球而言，20 世纪 90 年代的 10 年间全球平均臭氧总量减少 2.7%，2000—2009 年臭氧总量仍在持续减少。由图 8.7 可知，1979—2008 年，30 年全球平均臭氧总量减少了 5.43%，大约为 16.66 DU，每年平均减少 0.19%，大约为 0.57 DU；北半球平均臭氧总量减少了 3.46%，大约为 11.09 DU，每年平均减少 0.12%，大约为 0.38 DU。同时，全球臭氧总量减少的量和速度从低纬度地区向高纬度地区增大。

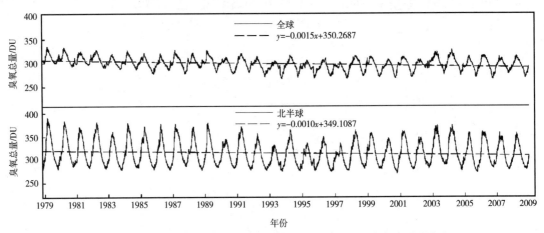

图 8.7　1979—2008 年全球平均臭氧总量和北半球平均臭氧总量的变化

此外，由图 8.8 可知，从 1981 年至 1997 年前后，中国臭氧总量呈下降趋势；从 1997 年开始，尤其是 2005—2009 年，中国臭氧总量呈上升趋势。在 1981—2010 年期间，中国上空臭氧总量减少了 3.3%，大约为 10.73 DU，每年平均减少 0.11%，大约为 0.36 DU，整体呈下降趋势，这与全球平均臭氧总量的变化趋势基本一致。上述分析结果表明，1979—2009 年，中国臭氧总量减少的速度小于全球，而与北半球变化规律基本一致。中国位于北半球中低纬度地区，臭氧总量减少速度低于全球高纬度地区，也略低于北半球臭氧总量减少的速度。

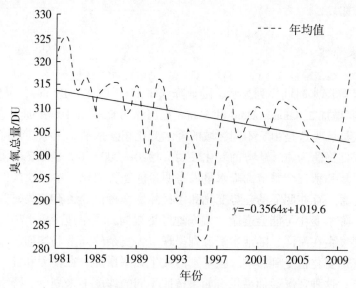

图 8.8　1981—2009 年中国臭氧总量的年均值变化

　　温室气体的增加会导致全球地表温度升高,从而影响大气环流形势,进一步影响气候变化。例如,西太平洋副热带高压(简称"西太副高")是东亚夏季风系统的重要成员之一,受全球变暖的影响,西太副高出现了西进和东退的年际演变特征,这与东亚地区雨带位置移动直接相关。西太副高增强西进,阻碍了东亚夏季风将印度洋、孟加拉湾地区上空的暖湿空气输送至东亚地区,特别是我国北方地区,容易造成北方干旱而南方过量降水;反之,西太副高减弱东退,阻碍东亚夏季风输送暖湿空气的障碍消失,东亚夏季风便有了足够的动力将水汽输送至我国北部,导致雨带偏北。温室效应还会对热带气旋的形成和强度产生影响。海洋表面温度的升高是热带气旋形成和强度增强的一个重要因素。随着全球气温的上升,海洋表面温度也在不断升高。Webster 等和 Hoyos 等的研究相继表明,1970—2004 年间,全球范围内超强热带气旋生成频数有增多的趋势,并指出这种变化趋势与海洋表层温度(SST)的增暖有着紧密联系。

　　据研究,上述大气成分的浓度一直在变化着,引起这种变化的原因有自然的发展过程,也有人类活动的影响。这种变化有数千年甚至更长时间尺度的变化,也有几年到几十年就明显表现出来的变化。而人类活动是造成几年到几十年时间尺度变化的主要原因。因此,未来控制全球地表温度升幅对于缓解温室效应至关重要。

8.2　气候变化对水文气象的影响

8.2.1　降水模式变化

　　全球变暖背景下,陆地降水的趋势及年代际变化已经成为近些年气候变化的重要关注点，对于陆地降水的趋势和不同时间尺度上的变化以及各种因子对水循环的影响及其机制，已有不少研究。

8.2.1.1 全球降水

20世纪的年均降水时间序列显示，陆地降水每10年增加0.89 mm，呈微弱上升趋势，全球降水每10年增加2.4 mm。Held和Soden提出这可能是由于辐射通量被限制的原因，也有不少研究人员认为这是由于不同区域的降水变化相互抵消。全球陆地降水变化的尺度特征以年代际周期振荡为主，趋势的变化较弱。1920—2000年，全球冬季降水量有明显的增加趋势，春、夏和秋三个季节的降水量没有明显的趋势变化。中国地区的陆地水循环受气候变化影响显著，存在明显的趋势变化和年代际变率特征。也有相关研究人员提出，全球变暖背景下，降水变化可能会遵循"湿润地区更湿润，干旱地区更干旱"这一原则。然而这个现象主要发生在海洋，陆地水资源则呈现更为复杂的高度非均匀分布。全球变暖背景下，极端天气的变化也受到影响，强降水的发生频率增加。在澳大利亚、英国、美国和德国的夏秋季节，这种情况显而易见。如果按照不同的纬度带来划分，降水时间序列表现出多种趋势。北半球中高纬度地区，降水大幅增加。其中，欧洲和北美洲水分循环的加强趋势尤为明显。南半球和北半球的热带地区，降水趋势相对平稳，但近年来呈现减少趋势；南美洲的热带地区却是一个例外，它的降水呈现增加趋势。

美国本土逐年降水差异（图8.9）与降水空间分布形式转变、年降水量增加以及受海洋-大气影响的季节性降水分布变化有关。在10年的时间尺度上，降水对大气环流变化的响应比对温度的响应更敏感。1900—2005年，平均降水800 mm，强降水和强降水变率都出现增加的趋势。降水每10年增加3 mm，上半年的变异系数是下半年的2倍。降水最多的是1983年（957 mm），在1952年以后的16年里，有12年的降水超过了860 mm。最干旱的是1917年（660 mm），在1952年以前的13年里，有8年的降水少于730 mm。

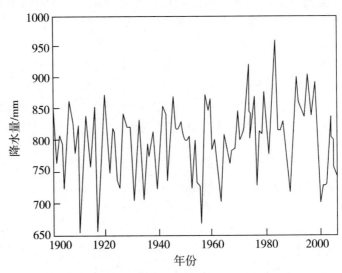

图8.9　1900—2005年美国本土的年降水变化

　　此外，美国航天局戈达德航天中心的研究人员通过对 14 种气候模型进行电脑模拟分析，测算出全球变暖对降雨模式的影响。分析显示，全球气温每升高 1 华氏度(0.56 摄氏度)，暴雨量增加 3.9%，影响最大的是赤道附近的热带地区，其中太平洋赤道地区和亚洲季风区出现暴雨的概率将增加。与此同时，部分地区也将更干旱少雨。该研究显示，全球气温每升高 1 华氏度，全球无雨时间将增加 2.6%。在北半球，受影响最大的包括美国西南部、中国西北部、巴基斯坦和北非、中东等干旱地区；在南半球，南非、澳大利亚西北部、巴西东北部以及中美洲沿岸地区等可能会面临更多干旱。

8.2.1.2　单站降水

　　Dai 等的研究报告指出，观测站数据显示北半球中纬度地区的降水呈增加趋势，但并非所有地区都表现得很明显。缅因州的波特兰(Portland)(46° N)和北美华盛顿州的长滩(Long Beach)(44° N)分别位于东、西部海岸，它们最早的记录数据始于 1870 年(图 8.10)。波特兰的平均年降水量是 1090 mm，而长滩是 1900 mm；波特兰每 10 年增加 16 mm，而长滩的增幅不足 1 mm。此外，这两个测站在湿润年和干旱年上几乎没有相似性。波特兰降水最多的是 1983 年，为 1690 mm；最干旱的是 1941 年的 640 mm。长滩降水最多的是 1968 年，为 2830 mm；最干旱的是 1929 年，仅有 1090 mm。这两站都有相对集中的湿润年或干旱年，但并没发现它们同时发生的测站记录。有个明显的例外，即 1903—1930 年的持续干旱年。长滩的干旱年份一直持续到 1952 年，而 1931—1945 年波特兰主要为湿润年份。这两个站的情况表明，即使在同一个呈现强劲增长趋势的纬度带内，不同地点的降水趋势也存在时空差异。

　　对于东部和西部海岸存在的完全相反的干湿模态，很难找到令人信服的物理机制。气候系统的动力驱动以及海洋-大气相互作用对水文气候变化的影响都是造成这种现象的基本因素，但是这些过程中复杂的相互作用仍然得不到确切的解释。长期降水是反映水文循环强度的一个有用的综合指标，而降水分布的时空分布细节则对确定降水变化的影响至关重要。

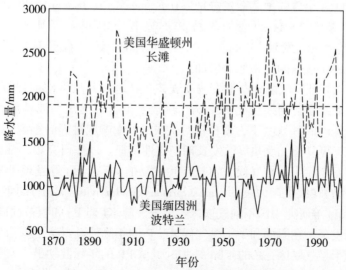

图 8.10　1870—2002 年美国华盛顿长滩地区和缅因州波特兰地区的年降水量(破碎水平线表示 1870—2002 年的均值)

8.2.2　蒸散发变化

随着全球变暖和人类活动加剧，气温不断升高，降雨模式改变，极端干旱、洪涝等气象灾害频率和强度增加，严重影响区域和全球蒸散发过程。

蒸散发的年际变化规律主要包括变化趋势和变异特征两方面。有相关研究表明，全球陆地平均蒸散发的年际变化趋势具有较好的一致性，20 世纪 80 年代后整体上有增加趋势。区域上，蒸散发增加的区域主要分布在中国东北和西北干旱地区、中部和华北平原及南方湿润地区，美国东北地区、美国本土地区，以及非洲西部、加拿大北部、伊朗西部、土耳其、以色列等各大地区；蒸散发减少的区域主要分布在中国，美国中西部部分流域、美国东北地区西南部，以及加拿大北部、欧洲中部大部分流域、墨西哥、澳大利亚、新西兰、非洲等，其中北半球地区的蒸散发在过去 50 年间以 2～4 mm/a 的速率减小。就趋势持续性上而言，过去几十年间，全球陆地蒸散发并没有持续增加，而是在时间上表现出多阶段变化的特征。如 Jung 等基于多种蒸散发产品发现，1982—1997 年间全球陆地蒸散发有增加趋势，1998—2008 年间有减少趋势；Mueller 等基于 LandFlux-EVAL 多源融合数据发现，1989—1997 年全球陆地蒸散发以-0.18 mm/a 的速度显著减少。Zeng 等发现了类似的阶段性变化规律：全球陆地蒸散发在 20 世纪 80—90 年代显著增加，在 2000 年后无显著变化。Teuling 等在区域上也发现了类似的规律：在整个欧洲中部大部分流域，蒸散发在 1958—1982 年间显著减少，在 1983 年后显著增加；在美国中西部地区流域，1983 年前蒸散发增加，之后蒸散发减少。

尽管全球陆地平均蒸散发变化趋势基本一致，蒸散发的变化速率具有很大的不确定性。Zhang 等采用基于 PML 模型生成的蒸散发产品(EPMr)发现，1983—2006 年间全球陆地蒸散发以 1.088 mm/a 的速率显著增加，EMTE 中蒸散发显著增加速率为 0.528 mm/a；Pan 等分析多套基于遥感蒸散发产品、基于机器学习算法的蒸散发产品和多个 LSMs 模拟结果发现，1982—2011 年全球陆地蒸散发分别以 0.62 mm/a、0.38 mm/a、0.23±0.52 mm/a 的速度增加，其中基于 LSMs 的增加趋势并不显著；Miralles 等基于遥感蒸散发产品(EGLEAM 和 EP-LSH)发现，1980—2011 年和 1982—2013 年全球陆地蒸散发分别以 0.32 mm/a 和 0.88 mm/a 的速率显著增加。

蒸散发的变异特征反映陆地蒸散发波动规律。在短时间尺度(如日尺度、月尺度)下，受气候的短期波动或季节周期变化等影响，蒸散发也呈现出短期波动或有季节性变化规律；在长时间尺度(如年尺度)下，受植被对气候的长期响应过程的影响，蒸散发的波动规律比短时间尺度下更复杂，反映蒸散发长期稳定性特征。以往研究中，部分学者在区域尺度上关注了蒸散发年际波动与气候、植被年际波动的关系：Hu 等发现干旱生态系统中植被固碳能力(以植被初级生产力表示，gross primary productivity，GPP)的年际波动比蒸散发年际波动更大；Mo 等研究中国不同气候区蒸散发、降水(即 P)和植被固碳能力(即 GPP)年际波动的关系发现，在湿润和半干旱气候区，P 的年际波动最大，蒸散发的年际波动最小；在半湿润和干旱气候区，P 的年际波动最大，GPP 的年际波动最小。

此外，大量理论和试验证明，短时间尺度(如小时、日、月、季节等)下，蒸散发变化与气候因素紧密联系，尤其是蒸散发与气候的相互作用过程复杂多变。研究发现，过去几十年间，CO_2 浓度升高、温度升高、降水增加、径流减少，这些气象要素的变化进一步导致陆地蒸散发的变化。一方面，全球温度升高改变了大气水分状况，大气水分需求增加，导致土壤-植被-大气的水力梯度增加，蒸散发增加；增加的蒸散发可一定程度提高大气湿度，并通过大气环流增加附近区域降水，缓解水分限制。该过程在能量限制地区较为明显。另一方面，气候变暖导致夜间温度升高大于日间，加上温度升高后日间湿度充分增加，大气水分需求可能保持稳定，甚至降低，最终导致蒸散发减少。蒸散发的年际变化也可以通过陆地-大气耦合系统反向作用到大气系统：蒸散发增加带走大量热量，对地表有冷却效应，造成大气水分需求和日间温度降低，进而减少蒸散发。该过程可以减缓区域和全球变暖的速度，尤其是在湿润地区。

除了上述气候因素的直接影响，植被生长、冠层结构、物候、根系水力特性等与植被特性有关的生物因素也对蒸散发的长期变化有着重要的作用。从用水方式来看，生态系统蒸散发过程包括生物用水（即植物蒸腾）和非生物用水（即土壤蒸发和冠层截留蒸发）两个过程。其中，生物用水由土壤-植被-大气水力梯度驱动：根系吸收深层土壤水，通过根茎运输到植被叶片细胞；当植被光合固碳时，大气中的 CO_2 通过叶片气孔扩散到细胞被羧化还原，同时细胞内的水分通过气孔扩散到大气中。因此，生物用水过程与植被光合生长过程紧密耦合。非生物用水中，土壤蒸发和冠层截留蒸发分别发生于裸露土壤表面和湿润冠层，并未与植被生长过程直接耦合，可视为物理过程。可以看出，生物用水和非生物用水的主要区别在于其与植被的联系。一方面，植被叶片生理过程具有最优气孔变化机制，可以调节蒸腾和碳同化过程对环境变化的响应过程；另一方面，植被也可以控制水分和能量供给过程来间接影响土壤蒸发和冠层截留蒸发对气候变化的响应过程。在长时间尺度下，植被对气候的响应过程包含了长生植被的轮转、植物的繁殖和聚集等复杂过程，这些过程的作用在短时间的尺度下难以体现，但对蒸散发长期变化有不同忽视的作用，这在以往的流域、区域尺度研究中也得到了证实。一些研究认为：植被对蒸散发变化的作用集中在生长季；20 世纪以来，全球变暖导致北半球植被生长季延长了 5～10 天，植被变绿，植物蒸腾增加，蒸散发增加；如果该趋势持续，蒸散发的增加将减少地下及夏季径流，加剧生长季的土壤水分亏缺，增加干旱的强度和持续时间，反过来导致植物蒸腾减少，蒸散发减少。

过去几十年，人类活动排放温室气体增加，大气 CO_2 浓度和气温已分别升高了 50% 和 1 ℃，IPCC 报告预计到本世纪末将至少再上升 1.5 ℃。这将对陆地生态系统的能量平衡、碳循环和水循环（尤其是降水和蒸散发）产生重大影响，如造成北半球大部分地区降水增加，地中海、热带雨林、非洲南部等地区降水减少、年际变化加剧，全球陆地大面积土壤水减少及北半球中高纬度地区径流减少，全球变绿，蒸散发增加等。其中，植被对未来气候变化的响应对地表水热交换过程至关重要。一方面，气温、CO_2 浓度、降水等环境变化影响植被生长过程，改变陆地表面的粗糙度以及显热和潜热的分割过程；另一方面，植被通过光合作用和蒸散发过程吸收 CO_2、水分和能量来调节区域和全球气候。此外，研究发现，全球变暖一方面为植被光合作用提供更合适的气温、更多的营养或更高的氮利用率，另一方面也可能会引起植被受水分胁迫。当植被生长受胁迫时，CO_2 浓度升高促进植被生长（CO_2 的施肥效应），植被同时减小气孔导度来适应环境压力，温度降低；此外，CO_2 浓度增加后气温升高（CO_2 的辐射效应），日气温范围降低也造成植物蒸腾减小，尤其是在热带和中纬度地区。当植被生长不受胁迫时，CO_2 浓度升高后气温升高、大气水分需求增加、水汽扩散过程加快、温度增加、全球变绿（LAI增加），尤其是在寒冷地区，全球变暖延长生长季，导致温度和蒸散发增加。

整体来看，气候变化，尤其是CO_2浓度升高和全球变暖，对全球陆地蒸散发过程影响复杂多变，不仅包括气象因素对蒸散发过程的直接影响，也包括其通过影响植被的生理响应实现的间接作用。

8.2.3　水汽输送变化

水汽输送是大气水分循环过程中的一个关键要素，在海洋与内陆之间、低纬度地区与高纬度地区之间的水分交换过程中扮演着重要角色，对全球干湿或旱涝的空间分布具有重要作用。在全球变暖背景下，极端降水、极端降雪、干旱、洪涝等极端气候灾害频发，对全球社会安全和经济发展造成了巨大威胁，这些极端气候事件也与水汽输送密切相关。

水汽输送过程形成的水汽路径变化会影响不同地区的降水。在我国，比较典型的一个水汽输送变化就是东亚夏季水汽输送。我国的气候变化受季风影响显著，季风环流主导的水汽输送在其中扮演了重要角色。夏季，我国降水主要受与印度季风和东亚夏季风有关的水汽输送影响；冬季，我国降水则主要受与东亚冬季风有关的水汽输送影响。1961—2016年期间，东亚季风环流系统表现出明显的年际和年代际变化特征，东亚夏季降水在20世纪70年代中后期发生了一次明显的变化，亚洲夏季风水汽输送的年代际减弱与西北太平洋地区水汽输送的偶极型异常相配合，导致了长江中下游地区持续偏涝与华南和华北地区持续偏旱。也有相关研究表明，自20世纪70年代末以来，对我国大陆的静止和瞬态涡旋水汽输送均有所减少，导致华南降水偏多，北方降水偏少。东北地区降水在20世纪80年代有所增加，但是90年代末之后明显减少，一方面与季风变化和东北冷涡活动有关，另一方面与西北太平洋水汽输送变化密切相关。21世纪初期我国东南和西南地区降水都呈减少趋势，其中东南地区主要是南海—西北太平洋暖湿气流水汽输送减少所致，西南地区则是孟加拉湾—阿拉伯海西南风减弱起主导作用。

东亚夏季从热带海洋输送过来的暖湿空气充足，加上气温较高，蒸散发大，大部分地区夏季水汽最多。大气运动是水汽输送的载体。作为风场与水汽场相结合的物理量，水汽输送不仅与大气运动有关，还会受到水汽分布的影响。水汽是大气中最活跃的成分，对气候变化的响应十分敏感。近年来，全球气温迅速上升，根据克劳修斯-克拉伯龙方程（Clausius-Clapeyron equation），大气的持水能力随温度的升高而增加，速率约为7%/K。大量研究显示全球变暖背景下我国水汽存在明显的年代际变化，但是不同层次水汽变化趋势并不一致，且还有很大的区域性和季节性差异。郭艳君和丁一汇根据探空资料发现，1979—2005年我国大部分地区对流层下层比湿都有所增加，其中西北区上升最为明显，夏季增幅最大。Zhao等以整层大气为研究对象，也指出1979—2012年我国大部分地区可降水量都显著增加。

北半球夏季(6—8月)，我国水汽输送系统主要由三条水汽输送通道组成：①中纬度西风带水汽输送通道。水汽主要来源于中高纬亚欧大陆地区，经中纬度西风带输送至我国西北、华北、东北地区以及青藏高原地区。②印度季风西南水汽输送通道。水汽主要来源于热带印度洋和孟加拉湾，经印度季风以西南气流的形式输送至我国东部地区以及青藏高原地区。③西太平洋副热带高压西侧的水汽输送通道。水汽直接来源于热带西太平洋和我国南海等地，沿副热带高压西侧边缘以东南气流或自南向北气流的形式输送至我国东部地区[图8.11(a)]。

北半球冬季(12月—次年2月)，我国水汽输送系统主要由两条水汽输送通道组成：①长江以北地区的西北风水汽输送通道。水汽主要来源于中高纬亚欧大陆地区，经东亚冬季风以西北气流的形式输送到我国北方地区。②长江以南的西南风水汽输送通道。水汽主要来源于南亚和东南亚地区，经由青藏高原南侧的西风绕流输送到我国南方地区[图8.11(b)]。

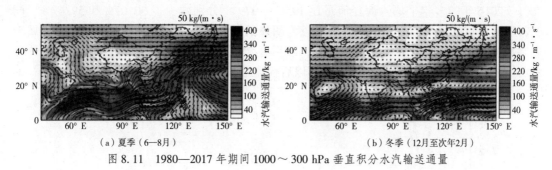

图 8.11　1980—2017 年期间 1000～300 hPa 垂直积分水汽输送通量

8.2.4　河川径流量变化

河流集成了流域内的水文气候变量。河川径流源自水文气候变量在时间和空间上的相互作用。对于一个流域，流域地貌影响着降水/河川径流的转换时间。在全球气候变化背景下，随着社会经济的快速发展，人类活动对区域水循环过程的扰动影响越来越显著。一方面，流域的下垫面特征剧烈变化，在一定程度上改变了流域的产汇流过程；另一方面，水库调蓄、取用水等涉水行为直接扰动了河川径流的原有规律。实测资料表明，全球 200 条较大的河流中，30%的河流的实测径流量呈现显著性减少趋势。我国北方主要江河的实测径流量自 20 世纪 80 年代以来也出现不同程度的减少。

气候变化所带来的气温升高以及降水分布和模式的改变将对流域水循环产生直接的影响，进而改变河川径流的时空分布特征。来自降水或气温平均值的微小变化有可能大大改变极端天气事件出现的频率，进而对区域水资源的总量及时空分布产生显著影响，这在干旱和半干旱地区尤为突出。科学认识河川径流的演变规律，对于支撑经济社会可持续发展和人类生存具有重要意义。

8.2.4.1　黄河流域河川径流演变规律

黄河是中国第二长河，发源于巴颜喀拉山脉，流经青海、四川等 9 省区，于山东省东营市注入渤海。黄河流域位于东经 96°—119°、北纬 32°—42° 之间，流域面积 79.5×10^4 km²(包括内流区面积 4.2×10^4 km²)。内蒙古呼和浩特市托克托县河口镇以上为黄河上游，河口镇至河南省郑州市广武镇桃花峪为中游，桃花峪以下为下游。黄河流域地域广阔，气候空间差异显著，年、季变化大。流域大部分地区年降水量在 200～650 mm 之间，冬干春旱，夏秋多雨，其中 6—9 月降水量占全年的 70%左右。流域蒸发能力强，年水面蒸发量达 1100 mm。黄河流域水资源短缺，多年年平均天然径流量为 $580 \times 10^8 m^3$，人均水资源量和耕地亩均水资源量分别仅占全国平均水平的 30% 和 17%。

鲍振鑫等基于黄河干流上、中、下游不同位置的代表性水文站实测径流，利用 Mann-Kendall 非参数趋势检验方法分析了 1956—2016 年黄河流域年、月径流的历史演变规律。由图 8.12、图 8.13 和表 8.1 可知，1956—2016 年，除了源头区年径流量在均值附近波动变化趋势不显著以外，黄河流域河川径流呈现出显著的下降趋势，达到了 1% 的显著性水平。从上游到下游，河川径流下降幅度越来越大，趋势越来越显著。1980—2000 年和 2001—2016 年的多年平均入海径流量比 1956—1979 年分别减少了 50.07% 和 59.67%。同时，黄河流域的河川径流量演变呈现出较为明显的三阶段特征：20 世纪 50—60 年代属于丰水期，河川径流量较多年平均值偏高；随后在 70—90 年代受气候变化和人类活动等因素的影响，径流量持续下降；在 2000 年以后径流量减少趋势变缓并有所回升。

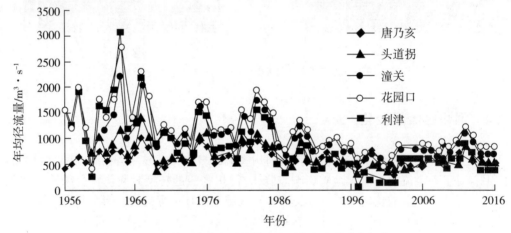

图 8.12 黄河流域主要控制站实测年径流量演变规律

表 8.1 黄河流域主要控制站实测年径流量下降速率

单位：$m^3/(s \cdot a)$

控制站	唐乃亥	头道拐	潼关	花园口	利津
下降速率	-1.07	-7.09	-15.06	-15.39	-21.04

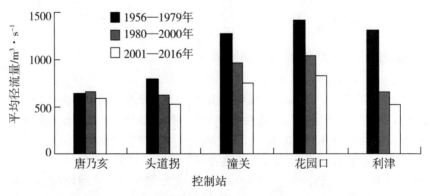

图 8.13 黄河流域主要控制站实测年径流量多年平均变化特征

此外，黄河流域源头区的径流量年内分配变化不大；上游和中游地区的枯水期月径流量占年径流量的比例增大，丰水期月径流量占年径流量的比例减少；下游地区冬季和夏季径流量占年径流量的比例增加，春季和秋季径流量占年径流量的比例减少。除了源头区以外，黄河流域的月径流量总体呈现减少趋势，大部分月份达到了 1% 的显著性水平。

黄河源头区人烟稀少，径流量的年际和年代际变化主要受降水和冰川融雪的影响，人类活动的影响较小，径流量变化趋势不显著。上游区下段径流量受河道取用水影响程度大，随着经济社会的发展，径流量呈现出显著的下降趋势。黄河中游径流量变化影响因素较多，成因十分复杂：一是受上游来水减少的影响；二是受近几十年中游降水减少的影响；三是中游修建了大量的梯田、淤地坝等水土保持设施，拦蓄了部分水量；四是中游植被覆盖增加，导致蒸散发和蓄水能力增强，径流量减少；五是随着经济社会发展的河道取水增加，导致径流量减少。黄河下游汇水区极小，来水主要受小浪底出库径流量调节，同时河道取水量较大，径流量下降程度最大。

8.2.4.2　长江流域河川径流演变规律

长江流域（北纬 24.35°，东经 90°—122°）横跨中国东部、中部和西部三大经济区共计 19 个省、市、自治区，是世界第三大流域，流域总面积 180 万 km^2，占中国国土面积的 18.8%，流域内有丰富的自然资源。长江干流湖北省宜昌市以上为上游，长 4504 km，流域面积 100 万 km^2；宜昌市至江西省九江市湖口县为中游，长 955 km，流域面积 68 万 km^2；湖口县以下为下游，长 938 km，流域面积 12 万 km^2。长江流域多年平均年降水量为 1126.7 mm，属于我国降水丰沛的地区；受局地环流和地形的影响，年降水量的空间分布非常不均匀，自东南向西北呈减少趋势。

肖紫薇等基于长江流域上、中、下游共 6 个控制站的逐日径流观测资料，运用不同指标分析了长江径流年内变化规律。由表 8.2 可知，流域径流年内分配不均匀，年内分配不均匀系数和相对变化幅度的变化规律基本相似。上游的万县和宜昌控制站 21 世纪初的不均匀性最低，20 世纪 50 年代的最高。中游的螺山（三）和汉口控制站 20 世纪 50—90 年代的不均匀性差别不大，21 世纪初较低。下游的两个控制站，湖口控制站各个年代不均匀性变化较大，其中 20 世纪 50 年代最高，21 世纪初最低，并且由于潮汐作用，流量数据为负，故 20 世纪 60 年代的相对变化幅度为负；大通（二）控制站的不均匀性整体偏低，其中 21 世纪初最低。总的来说，长江流域径流年内分配不均匀性存在较为明显的时间变化和空间变化，从 20 世纪 50 年代到 21 世纪初期不均匀性大体上呈减小趋势；从上游向下游不均匀性大体上呈减小趋势，其中湖口控制站由于潮汐影响较为特殊。这种年内分配不均匀性减小的现象可能与长江流域上先后修建的 5 万余个水库有关，水库的修建改变了天然径流原有规律，使得径流的极差变小；同时，流域下游地区经济较上游发达，人类活动对径流的影响较大，径流的不均匀性减弱。

表 8.2　流域各站点实测径流量年内分配不均匀系数 C_v 和相对变化幅度 C_m

年代	万县		宜昌		螺山（三）		汉口（武汉关）		湖口		大通（二）	
	C_v	C_m	C_v	C_m	C_v	C_m	C_v	C_m	C_v	C_m	C_v	C_m
20 世纪 50 年代	0.76	10.19	0.75	9.97	0.59	6.54	0.58	6.38	0.81	3.20	0.53	5.78
20 世纪 60 年代	0.71	9.70	0.70	9.61	0.56	7.21	0.55	6.92	0.70	(7.45)	0.50	6.07
20 世纪 70 年代	0.68	8.80	0.68	8.91	0.57	6.84	0.55	6.08	0.68	9.33	0.51	5.57
20 世纪 80 年代	0.73	9.40	0.72	9.54	0.56	6.96	0.55	6.29	0.58	10.30	0.46	5.21
20 世纪 90 年代	0.72	9.44	0.72	9.91	0.59	7.13	0.57	6.54	0.62	8.19	0.52	5.86
21 世纪初	0.65	7.54	0.65	7.51	0.52	5.02	0.49	4.59	0.53	10.85	0.45	4.31
多年平均	0.71	9.18	0.70	9.27	0.57	6.68	0.55	6.18	0.65	5.69	0.50	5.49

说明：四川省万县 1996 年划属重庆市管辖，1997 年设立重庆市万县区，次年更名万州区。后同。

由图 8.14 可知，长江流域上游两个控制站的累积距平曲线基本上完全重合；中游控制站的累积距平曲线变化趋势大致一样，但是径流数值上有些差距；下游控制站的累积距平曲线差距较大，包括数据大小和变化趋势。另外，6 个水文站在 20 世纪末都有一个明显的上升趋势。总之，从空间上讲，长江流域上游径流序列变化趋势较一致，从上游往下游走，变化趋势差异性逐渐增加。由于越往下游越易受到潮汐影响，导致变化趋势不同。从时间上看，年径流随着时间变化总体上呈减小趋势，其中宜昌水文站有明显的减小趋势。

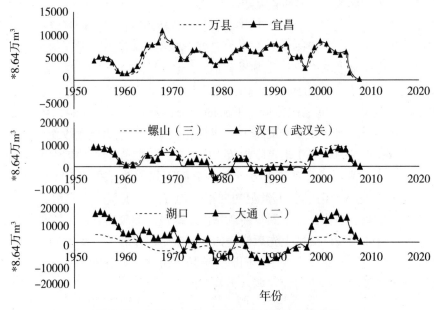

图 8.14　长江上、中、下游控制站累计距平曲线

由表 8.3 的 M-K 突变检验判断长江径流变异点结果可知，长江流域年径流序列突变

年份主要集中在 1961 年和 2004 年，而长江流域在这两年均发生了重大的暴雨洪水灾害。这说明年径流序列出现突变这种不稳定的状态，可能与降水的突然改变有关。

表 8.3　*M-K* 检验初步判断变异点结果

长江	控制站	初识变异点 (年)		
上游	万县	1961	2004	
	宜昌	1961	1972	2000
中游	螺山 (三)	1961	2004	
	汉口 (武汉关)	1963	2004	
下游	湖口	1988		
	大通 (二)	1968	1972	2004

此外，根据小波分析法对径流周期分析发现，流域年径流变化还存在多时间尺度的特征，具有 5 年、6 年、11 年、18 年和 22 年 5 类尺度的周期性变化规律。由于下垫面条件不一致，径流变化周期也不完全一致，流域上、中、下游控制站年径流变化的主周期分别是 18 年、22 年和 22 年。

8.2.5　地下水变化

地下水是人类生活、生产、生态用水的重要水源。在世界范围内，地下水的消耗占总淡水资源消耗的 50%。影响地下水的主要气候要素是气温、降水和蒸发，气候变化通过影响地下水水位、含水量、补给量、排泄量、泉流量、水温、水质、水化学成分、同位素组成、矿化度等来影响地下水资源。近年来，随着大气中温室气体浓度越来越高，全球气候呈现以变暖为主要特征的显著变化。温度的升高会通过地表水蒸发和植物蒸腾对水循环过程产生影响。气候变化可以影响降水强度、持续时间和降水量，会间接影响地表水径流量和地下水存储量；此外，还可能产生其他负面影响，如海水入侵、水质恶化，从而引起饮用水短缺等。气候变化可通过其变量如气温、降水、蒸发的变化对地表水产生影响。气候变化对地下水的影响体现在地下水的补给量、地下水时空分布和地下水水位的变化上。

国外学者在探讨气候变化与地下水响应时，对美国的马萨诸塞州、加拿大的尼泊市、比利时的格尔盆地等地做了大量的研究，发现不同区域气候变化对地下水的影响具有以下特点：①气候变化对地下水补给具有较高的时空变异性，不同气候区域，气候变化对地下水补给的影响各异。湿润地带对地下水影响较小，地下水位对河流影响较大；不同空间区域影响各异，浅层地下水水位变化受气候要素影响较大，年均气温与地下水水温成正相关关系，而承压水层各要素变化趋势与气候变化无关，主要受人为开采影响较大。②地下水受气候周期性变化影响，气候存在 3.4 年小周期变化规律，对地下水影响存在 2 年的滞后期。在河流与地下水关系密切的区域，地下水对气候变化的敏感性很小。③通过建立地表水-地下水和气候变化间数学模型定量分析三者间的关系，通过地下水与气候变化间的相互关系变化趋势判断人为因素干扰的程度。

国内学者在 20 世纪 80 年代中后期在吉林中部平原区、张掖盆地、淮海平原、石羊河流域、西北地区、黄河三角洲、华北平原区等地区做了大量气候与水循环关系的研究工作。研究成果表明：一是地下水水温受全球气候变暖影响，影响不同含水层地下水水温上升的因素不同，孔隙潜水和孔隙承压水受大气气温上升影响，水温呈上升趋势，而白垩纪孔隙承压水受气温变化影响小，受承压水被大量开采，潜水补给承压水导致水温上升。二是不同气候因素对地下水影响程度不同，地下水埋深受降水的影响远大于受温度的影响。气候因素敏感度与埋深成负相关关系，同时发现降水量大小不同，其与地下水埋深之间敏感程度差别较大。例如，章丘地区降水量大于 30 mm 时，对地下水埋深影响较明显，相关系数达 0.86；黄河三角洲降水是浅层地下水水位上升的主要影响因素，其温度变化则是受大气温年度周期变化影响。雨季降水量在 300 mm 是地下水 EC 值对降水响应的阈值。淮海平原地区、富平县等地区气候与地下水要素均有不同程度的相关关系。三是地下水对气候变化的响应具有滞后性。张掖盆地潜水水温受气温、降水变化影响的滞后 2 个月，承压水滞后 3 个月。四是在人口密集的平原区地下水变化主要受人为因素干扰，其次是气候变化。例如，石羊河流域平原地区地下水位大幅下降，生态环境持续恶化，人为因素干扰的贡献占 79.12%；华北平原区降水与地下水开采存在互逆效应，即丰水年农田用水量减少，枯水年增大。五是在干旱地区，地下水水动态变化直接影响气候变化，水位下降会导致干旱气候加剧，且出现恶性循环。西北地区地下水位大幅降低会导致地面温度大幅上升，影响近地面大气环流，使降水减少，最终使得干旱气候进一步加剧。

由于地下水与气候变化的关系以及地下水的补给方式要比地表水复杂得多，同时不同区域水文地质条件和气候变化迥异，未来各流域地表水变化情况需要在具体研究中进行讨论。

8.2.6　海平面上升

海面高度变化的时间尺度很广，可以从几秒(海浪)到几百万年(大地构造和沉积引起的海盆变化)。目前我们常说的海平面是平均海面高度的概念，指的是某一段时间内海面高度的平均值，可以是月均、年均或其他时间尺度的海面平均值，高频的潮汐和海浪等已经被剔除。在全球气候变化背景下，全球海平面呈现出一个加速上升的趋势。海平面上升是气候变化的一项重要指标，因为它直接威胁到沿海社区的生存和发展。

另外，冰盖融化也是一个非常重要的指标，因为它不仅导致海平面上升，还可能对全球气候系统产生复杂的影响。自 2013 年 IPCC 第五次评估报告和 2018 年气候变化中的海洋和冰冻圈特别报告以来，冰盖加速消失的证据变得更加清晰。在过去 10 年中，全球平均海平面以每年约 4 mm 的速度上升。这种增加是由两个主要因素造成的：山地冰川和极地的冰融化，以及海洋中的水在吸收热量时膨胀。

在 2023 年发布的 IPCC 第六次评估报告中提出了一些关键结论，其中包括：如果温室气体排放量不受控制，未来几个世纪内海平面将继续上升；冰盖的变化可以被锁定数百年和数千年；如果世界成功地将升温限制在 1.5 ℃，我们预计在未来 2000 年海平面将上升 2.3 m；如果地球继续变暖并达到 5 ℃ 的升高，我们预计在接下来的 2000 年里会看到海平面上升大约 20 米。

除此之外，冰盖融化还可能引起其他复杂的影响，如可能对大西洋经向翻转环流（AMOC）产生影响。AMOC 是大西洋中的一种大规模海洋环流模式，对全球气候产生了重要影响。古气候证据表明，过去 AMOC 变化很快，预计本世纪 AMOC 会减弱。如果 AMOC 崩溃，它将对欧洲和美国的气候产生深远影响，包括改变风暴路径和季风。

海平面变化作为气候变化的一种表现，它的出现将会对自然环境、生态系统和人类社会产生广泛而深远的影响。首先是环境影响。由于全球气候变暖和沿海地壳的垂直运动，未来相对海平面上升可能导致以下结果：

(1) 沿海湿地的损失和湿地生物迁移。目前世界湿地和红树林沼泽面积约为 100 万 km²，其生物量超过任何其他的自然或农业系统；人类所捕获鱼类的 2/3 以及许多鸟类和动物，都依靠沿海湿地和沼泽作为其生命周期的一部分。研究结果表明，这些地区能够适应非常缓慢的海平面上升，但难以适应大于 2.0 mm/a 的快速上升。海平面上升速度过快，湿地就会向内陆延伸，这将使人类进一步丧失良田。

(2) 台风和风暴潮灾害加剧。因全球变暖，热带海洋温度升高，西太平洋地区生成台风的概率可能增加。敏感性分析表明，当全球气温升高 1.5 ℃时，西北太平洋台风发生频率可能增加 2 倍左右，在我国登陆的台风将增加 1.76 倍。与此相应，风暴潮在沿海地区的发生频率和强度都会有所增加。

(3) 洪涝威胁加重。海平面上升与高潮位和台风相遇，其影响将被极大地加强。海平面上升幅度增大，极值水位的发生将激增。台风汇聚的低气压一方面将导致大的风浪出现，另一方面将导致高海平面出现。同样，低气压会引起近岸地区洪水泛滥，增加了防波堤和其他建筑被淹没的危险。海平面上升会对洪水起顶托作用，从而加大洪水的威胁。

(4) 沿海城市排污困难加大。海平面上升以后，将导致排污口被淹没，海水出现倒灌，排污设施需要改建。

(5) 咸潮上溯加重。这在自然、经济和社会等方面都将造成重要影响。首先是自然影响。海平面上升必将改变河口的盐水入侵强度，也会使三角洲江河潮水顶托范围上溯。会潮点和盐水楔的上移不仅会引起河道泥沙沉积的变化，影响整个河口的生态环境，也会对河流两岸的城乡供水带来新的问题。其次是经济影响。海平面上升淹没沿海城市大量面积，造成沿海工业、耕地、盐田遭受巨大损失，海岸面积减少，海洋生态景观被破坏，旅游业蒙受极大损失。最后是社会影响。海平面上升将会给沿海及岛国居民的就业、人群健康、人居设施等带来很多负面效应。即使是轻微的海平面上升，也会带来严重破坏。因为并不是只有岛国才需要担心海平面上升的问题，全球有超过 70%人口生活于沿岸平原；超过 15 亿人居住在海拔 1 米以下，25 亿人居住在海拔 5 米以下；全球前 15 大城市中，有 11 个位于沿海或河口地区；预计到 2010 年，全球前 30 个特大城市将有 20 个以上都位于沿海（2018 年，全球前 33 个特大城市有 14 个位于沿海）。面临洪灾、海水入侵、土地侵蚀流失、强热带风暴的威胁，人口密集、经济发达的沿海城市群是最脆弱的地区。沿海国家地势低洼的地区，如孟加拉国，现约有 7%的可居住土地位于海拔不足 1 米的地方，约有 25%的可居住土地低于海拔 3 米。就我国而言，如果海平面上升 0.5 米，在没有任何防潮设施情况下，粗略估算我国东部沿海地区可能约有 4 万 km² 的低洼冲积平原将被淹没，由此造成的经济损失将是天文数字。

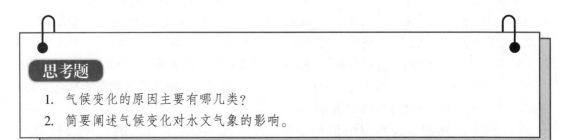

思考题

1. 气候变化的原因主要有哪几类？
2. 简要阐述气候变化对水文气象的影响。

● 本章参考文献

鲍振鑫，严小林，王国庆，等. 1956—2016 年黄河流域河川径流演变规律[J]. 水资源与水工程学报，2019，30(5)：52-57.

蔡琳，陶丽，赵久伟，等. 全球变暖、AMO、IPO 对全球陆地降水变化的相对贡献[J]. 大气科学学报，2022，45(5)：755-767.

高艳红，张萌，刘伟. 陆地水资源变化对变暖的响应及其影响因素[J]. 大气科学学报，2021，44(3)：325-335.

郭纯青，方荣杰，代俊峰. 水文气象学[M]. 北京：中国水利水电出版社，2012.

郭艳君，丁一汇. 1958—2005 年中国高空大气比湿变化[J]. 大气科学，2014，38(1)：1-12.

胡晓利，卢玲. 黑河中游张掖绿洲地下水时空变异性分析[J]. 中国沙漠，2009，29(4)：777-784.

景朝霞. 陆地蒸散发年际变化规律及其驱动机制[D]. 武汉：武汉大学，2021.

李琦. 渭河流域地下水对气候变化的响应研究[D]. 西安：长安大学，2015.

林小春. 全球变暖将加剧降水分布失衡[J]. 浙江大学学报(农业与生命科学版)，2013，39(4)：412.

申乐琳，何金海，周秀骥，等. 近 50 年来中国夏季降水及水汽输送特征研究[J]. 气象学报，2010(6)：918-931.

孙博，王会军，周波涛，等. 中国水汽输送年际和年代际变化研究进展[J]. 水科学进展，2020，31(5)：644-653.

肖钟湧，江洪. 利用遥感监测青藏高原上空臭氧总量 30a 的变化[J]. 环境科学，2010，31(11)：2569-2574.

肖紫薇，石朋，瞿思敏，等. 长江流域径流演变规律研究[J]. 三峡大学学报(自然科学版)，2016，38(6)：1-6.

谢正辉，梁妙玲，袁星，等. 黄淮海平原浅层地下水埋深对气候变化响应[J]. 水文，2009(1)：30-35.

张文化, 魏晓妹, 李彦刚. 气候变化与人类活动对石羊河流域地下水动态变化的影响[J].
　　水土保持研究, 2009, 16(1): 183-187.

周淑贞. 气象学与气候学[M]. 3 版. 北京: 高等教育出版社, 1997.

ALLEN M R, INGRAM W J. Constraints on future changes in climate and the hydrologic cycle
　　[J]. Nature, 2002, 419(6903): 224-232.

DAI A, FUNG I Y, DEL GENIO A D. Surface observed global land precipitation variations
　　during 1900-88[J]. Journal of climate, 1997, 10(11): 2943-2962.

DIRMEYER P A, BRUBAKER K L. Evidence for trends in the northern hemisphere water cycle
　　[J]. Geophysical research letters, 2006, 33(14): L14712.

DONG W, YUAN W, LIU S, et al. China-Russia gas deal for a cleaner China[J]. Nature
　　climate change, 2014, 4(11): 940-942.

HELD I M, SODEN B J. Robust responses of the hydrological cycle to global warming[J].
　　Journal of climate, 2006, 19(21): 5686-5699.

HU Z, YU G, FU Y, et al. Effects of vegetation control on ecos ystem water use efficiency
　　within and among four grassland ecosystems in China[J]. Global change biology, 2008, 14
　　(7): 1609-1619.

JUNG M, REICHSTEIN M, CIAIS P, et al. Recent decline in the global land
　　evapotranspiration trend due to limited moisture supply[J]. Nature, 2010, 467(7318):
　　951-954.

KIRSHEN P H. Potential impacts of global warming on groundwater in Eastern Massachusetts[J].
　　Journal of water resources planning and management, 2002, 128(3): 216-226.

MIRALLES D G, VAN DEN BERG M J, GASH J H, et al. El Niño-La Niña cycle and recent
　　trends in continental evaporation[J]. Nature climate change, 2014, 4(2): 122-126.

MO X, LIU S, MENG D, et al. Exploring the interannual and spatial variations of ET and GPP
　　with climate by a physical model and remote sensing data in a large basin of Northeast China
　　[J]. International journal of climatology, 2014, 34(6): 1945-1963.

MUELLER B, HIRSCHI M, JIMENEZ C, et al. Benchmark products for land
　　evapotranspiration: LandFlux-EVAL multi-data set synthesis[J]. Hydrology and earth system
　　sciences, 2013, 17(10): 3707-3720.

NEW M, TODD M, HULME M, et al. Precipitation measurements and trends in the twentieth
　　century[J]. International journal of climatology, 2001, 21(15): 1889-1922.

PAN S, PAN N, TIAN H, et al. Evaluation of global terrestrial evapotranspiration using state-
　　of-the-art approaches in remote sensing, machine learning and land surface modeling[J].
　　Hydrology and earth system sciences, 2020, 24(3): 1485-1509.

TEULING A J, HIRSCHI M, OHMURA A, et al. A regional perspective on trends in
　　continental evaporation[J]. Geophysical research letters, 2009, 36(2).

WALLING D E, FANG D. Recent trends in the suspended sediment loads of the world's rivers

[J]. Global and planetary change, 2003, 39(1): 111-126.

ZENG Z, PIAO S, LIN X, et al. Global evapotranspiration over the past three decades: Estimation based on the water balance equation combined with empirical models [J]. Environmental research letters, 2012, 7(1).

ZHANG Y, LEUNING R, CHIEW F H S, et al. Decadal trends in evaporation from global energy and water balances[J]. Journal of hydrometeorology, 2012, 13(1): 379-391.

ZHAO T, WANG J, DAI A. Evaluation of atmospheric precipitable water from reanalysis products using homogenized radiosonde observations over China[J]. Journal of geophysical research: Atmospheres, 2015, 120(20): 10703-10727.